重庆市强对流天气分析图集

主　编　张亚萍

副主编　邓承之　牟　容

　　　　刘　德　何　军

气象出版社

China Meteorological Press

内 容 简 介

本书是一本以图像为线索、利用各种观测资料对强对流天气进行综合分析的图集。通过遴选重庆市 54 个强对流天气历史个例,重点分析了各类强对流天气的特点、天气系统配置,以及探空图、气象卫星云图、天气雷达回波、闪电定位等资料的特征,分类建立了强对流天气概念模型。本图集提供了信息丰富的彩色图表,实用性强,可作为预报员分析研判强对流天气的参考。

图书在版编目(CIP)数据

重庆市强对流天气分析图集/张亚萍主编.
—北京:气象出版社,2015.7
ISBN 978-7-5029-6138-1

Ⅰ.①重…　Ⅱ.①张…　Ⅲ.①强对流天气-天气分析-
重庆市-图集　Ⅳ.①P425.8-64

中国版本图书馆 CIP 数据核字(2015)第 096865 号

出版发行:气象出版社

地　　址:北京市海淀区中关村南大街 46 号	邮政编码:100081
总 编 室:010-68407112	发 行 部:010-68409198
网　　址:http://www.qxcbs.com	E-mail:qxcbs@cma.gov.cn
责任编辑:吴庭芳	终　审:章澄昌
封面设计:博雅思企划	责任技编:都　平
印　　刷:北京地大天成印务有限公司	
开　　本:889 mm×1194 mm　1/16	印　张:17.25
字　　数:460 千字	
版　　次:2015 年 7 月第 1 版	印　次:2015 年 7 月第 1 次印刷
定　　价:110.00 元	

《重庆市强对流天气分析图集》
编 写 组

主　　编：张亚萍

副 主 编：邓承之　　牟　容　　刘　德　　何　军

编　　委：翟丹华　　廖　峻　　张　勇　　黎中菊

何　跃　　龙美希　　方德贤　　杨　春

邹　倩　　李　晶　　刘婷婷　　陈　群

丁明星　　张　焱　　易　田　　李　红

陈　鹏　　李　江

序

　　重庆是我国辖区面积最大的直辖市,幅员面积8.24万平方千米。辖区内山脉纵横,水系发达,地貌类型多样,短时强降水、大风、冰雹、雷电等强对流天气在每年3—10月时有发生,加之地处三峡腹地、自然生态环境脆弱、致灾条件低等原因,强对流天气及其次生灾害造成的经济损失巨大,严重威胁着人民生命财产安全。

　　强对流天气因其突发性、局地性特征,一直是天气预报中的重点和难点。随着新一代天气雷达投入业务应用,经过不断加强技术培训和分析总结,强对流天气的监测预警能力有所提升。然而,实际工作中仍暴露出预报员对各种观测资料综合分析能力的欠缺、对强对流天气形成机理认识肤浅等问题。鉴于此,重庆市气象局于2011年成立了由一线预报业务骨干组成的强对流天气预警预报技术研究团队,梳理出强对流天气预警预报的关键技术问题,系统地开展分析研究,《重庆市强对流天气分析图集》即是研究团队的一项重要成果。

　　《重庆市强对流天气分析图集》遴选了1981—2014年发生在重庆的54个强对流天气个例,分析了强对流天气发生的环流背景、形成条件及卫星云图和雷达回波特征,并从强对流天气形成条件入手对强对流天气过程进行分类,建立了预报概念模型。本图集与《重庆市天气预报技术手册》《重庆市暴雨天气分析图集》共为姊妹篇,希望全市预报业务和科研人员加强学习和实践,不断提高灾害性天气预报精细化水平,为重庆市经济社会发展和人民群众的福祉安康作出新贡献。

（王银民,重庆市气象局局长）

2015年3月

前 言

编写《重庆市强对流天气分析图集》旨在为天气预报业务和科研人员提供一些强对流天气分析预报思路和方法。

2011年在参与编撰《重庆市天气预报技术手册》之际,重庆市气象局局长王银民提出应另外编写一本较详细的强对流天气个例分析图集作为天气预报技术手册的补充。为此,重庆市气象局于次年启动了《重庆市强对流天气分析图集》的编撰工作。

图集编撰之初,编写组赴武汉学习调研。武汉中心气象台龙利民首席预报员将《湖北省中尺度暴雨天气分析图集》编写过程中的经验倾囊相授,并与编写组人员共同分析了重庆市10个典型强对流天气过程的中尺度天气环境场,基本确定了分析原则。武汉暴雨研究所肖艳姣博士对雷达原始资料处理和显示给予帮助,提高了雷达回波垂直剖面图制作的效率。

图集编撰中还得到有关专家的悉心指导。北京市气象台孙继松首席预报员、中国气象局气象干部培训学院俞小鼎教授和周小刚教授、中国气象科学研究院刘黎平研究员以及国家气象中心毛冬艳、张涛和沃伟峰等专家受邀参加了编写组在北京组织的研讨,认真审阅了图集初稿,提出了修改意见,为本图集顺利出版提供了帮助。

本图集中的各种图像尽量与概念模型和天气图相配。这种以图像为线索的编写方式使得预报员尽可能用图像对天气类型进行识别和判断,从而形成引起强对流天气的参数和特征的时间变化及三维结构的整体概念。图集中给出了一些基本气流结构和图像特征等的简要描述。我们假定本书的读者已经受过基本的卫星气象学和雷达气象学等方面的培训,同时建议参阅俞小鼎等编著的《多普勒天气雷达原理与业务应用》、孙继松等编著的《强对流天气预报的基本原理与技术方法——中国强对流天气预报手册》和刘德等编著的《重庆市天气预报技术手册》等书籍或文献。

本图集概述了重庆市强对流天气的旬分布特点,并基于经过遴选的重庆市1981—2014年54个强对流天气个例的常规气象观测、气象卫星、天气雷达、地面自动气象站和闪电定位仪等资料,建立了强对流天气的概念模型,重点分析了各类强对流天气的发生时段、强度、区域、天气系统配置以及探空图、气象卫星云图、天气雷达回波、闪电定位等资料的特征。附录中给出了图集制作说明和相关图例。

图集中有关重庆市强对流天气旬分布图制作及分析由何军负责;重庆市强对流天气概念模型,由刘德主持,邓承之、翟丹华、张亚萍和何军主研;天气实况(含自动雨量站资料提取及质量控制)和灾情收集由廖峻、张亚萍、李晶、何军、何跃、邹倩、陈群、丁明星、张勇、张焱、陈鹏和李江完成;实况图由张亚萍制作;天气形势图、中尺度天气环境场分析图、影响系统和系统配置及演变描述,由邓承之主持,刘德指导,编写组其他人员参与讨论,邓承之完成分析图终稿;探空稳定度参数分布图由何跃和黎中菊制作;探空图制作及分析由张亚萍、黎中菊和翟丹华完成;卫星云图资料收集、制图及分析由牟容和张亚萍完成;SWAN产品制图及分析由张亚萍、翟丹华、张勇和方德贤完成;PUP的VWP产品读取及时间轴反向显示程序由张勇编制;雷达PPI、VIL、ET图选取及分析由张亚萍、翟丹华、牟容、杨春、方德贤、刘婷婷、易田和张勇承担;地闪资料收集及地闪密度图计算程序编制由黎中菊和邓承之负责;与天津悦盛公司合作进行天气雷达资料三维视图软件开发及图像选取和分析,由张亚萍、龙美希、翟丹华、牟容、张勇和杨春承担;天气雷达回波垂直剖面图由张亚萍制作。全书由张亚萍和牟容统稿,刘德审校,李红参与校对。

本图集的出版得到了重庆市气象局以及2012年公益性行业(气象)科研专项"三峡库区典型流域山洪监测预警技术方法研究"的资助。重庆市气象局王银民局长、顾骏强副局长对本书的编写给予了大力支持,中国气象局预报与网络司顾建峰司长、上海中心气象台戴建华首席预报员、中国气象科学研究院张沛源研究员等专家从不同方面给予了帮助和指导。重庆市气象局李轲、周国兵、喻桥、王中、向鸣、汤德本、史利汉、李泽明等专家对图集编撰工作也给予了帮助。编者在此感谢为本图集编撰提供支持和帮助的领导和专家!编者在此还要感谢武汉中心气象台和武汉暴雨研究所的支持!我们也将感谢读者对本图集不妥之处的指正。

编者

2015年3月

目 录

第 1 章　重庆市强对流天气旬分布

1.1　资料来源

本图集中,强对流天气主要涉及雷电、冰雹、大风、短历时强降水(以下简称短时强降水)。雷电或冰雹天气一般指气表-1中有雷电或冰雹发生的记录。大风指平均风力≥6级、阵风≥7级且伴有雷雨的天气。短时强降水定义为 1 h 降水量≥20 mm 的降水。利用 1973—2008 年重庆市 34 个气象站地面观测资料统计雷暴日的旬分布特征,利用 1955—2004 年重庆市 34 个气象站及当地记录到有冰雹发生的日期统计冰雹日旬分布特征,利用 1991—2013 年重庆市 34 个气象站逐时观测资料统计短时强降水日旬分布特征。由于重庆市地处山区,大风受测站位置影响较大,未进行大风日的旬分布特征统计,大风站次月变化可参见《重庆市天气预报技术手册》的图 6.1.3。

1.2　强对流天气旬分布特征

重庆市每年从 3 月起雷电活动开始明显,上旬较活跃区域位于东南部,多年平均最多可有 1 个雷暴日,西部地区基本没有雷电产生,中下旬西部逐渐开始有雷电活动,但雷电活动中心仍位于东南部,最大可达 2 个雷暴日。4 月雷暴日继续增多,其空间分布的等值线走向基本为东北—西南向,东南部仍为雷电活动高频区域。5 月上旬后雷暴日开始减少,减少趋势一直持续到 6 月中旬。6 月下旬雷暴日数急剧增加,到 7 月下旬达到一年中雷暴日最多的时段,旬雷暴日最大可达 4.6 d,3 个雷暴中心分别为万州、万盛和秀山。8 月下旬开始雷暴日急剧减小,下降幅度大于春季的增长幅度,但到 10 月下旬各地仍有闪电活动,只是一旬平均仅有 0.1～0.4 个雷暴日(图 1.1、图 1.2)。

3 月上旬开始有分散的冰雹产生,之后冰雹逐渐增多,4 月下旬达一年中最多,中心位于东北部的万州,旬冰雹日可达 0.28 d,次中心位于璧山—江津,旬冰雹日可达 0.2 d。5 月上旬至 6 月中旬冰雹活动频次减少,6 月下旬冰雹日数又呈增加趋势,到 7 月上旬达到一年中冰雹活动频次的次高峰阶段,中心仍然位于万州,旬冰雹日可达 0.2 d。7 月下旬以后冰雹日数又呈下降趋势,9 月以后冰雹活动很少,旬日数基本都在 0.02 d 以下(图 1.3、图 1.4)。

短时强降水从 3 月上旬开始于东北部,中旬移至西部偏北地区。3 月下旬短时强降水的发生范围增大,4 月以后全市均有短时强降水发生,但其大值区在该月各旬具有跳跃性。进入 5 月后短时强降水日数继续增多,此时东南部比其他区域日数明显偏多。6 月短时强降水日数继续增加,旬短时强降水日数 0.1～0.4 d。到 7 月中旬达到一年中短时强降水发生最多时段,最多可达 0.65 d,中心位于巫溪和大足。7 月下旬短时强降水日数开始减少,但在 8 月日数相对较多,9 月开始急剧减少,10 月仅部分地区有短时强降水产生,且各旬空间分布相对差距较大(图 1.5、图 1.6)。

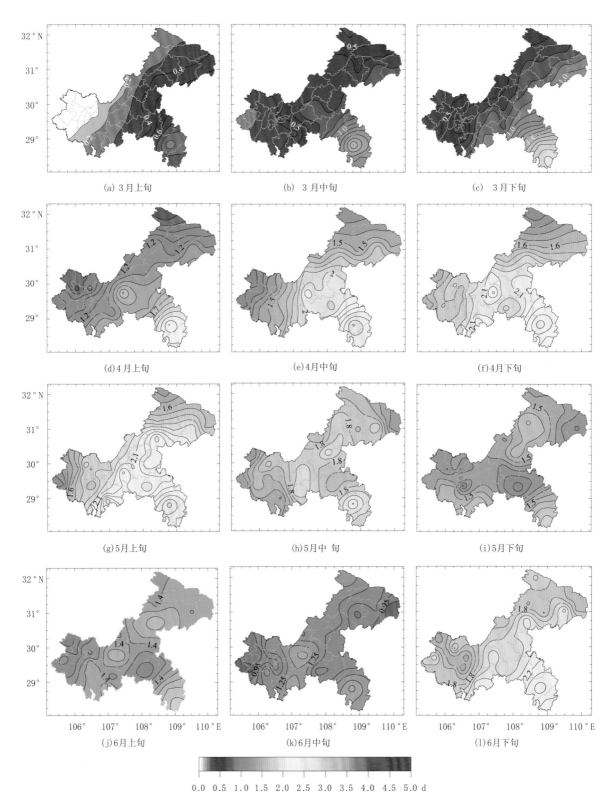

图 1.1　重庆市 3—6 月雷暴日旬平均空间分布图(1973—2008 年)

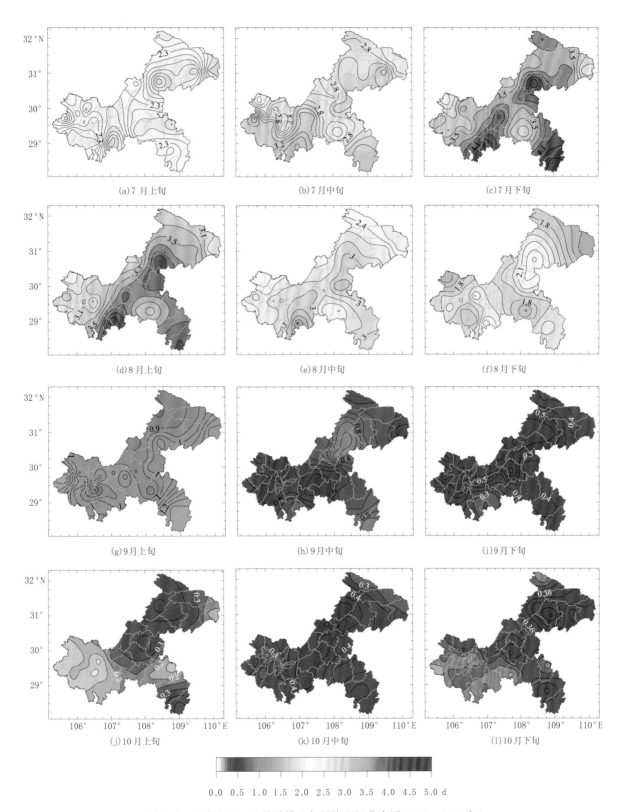

图 1.2 重庆市 7—10 月雷暴日旬平均空间分布图(1973—2008 年)

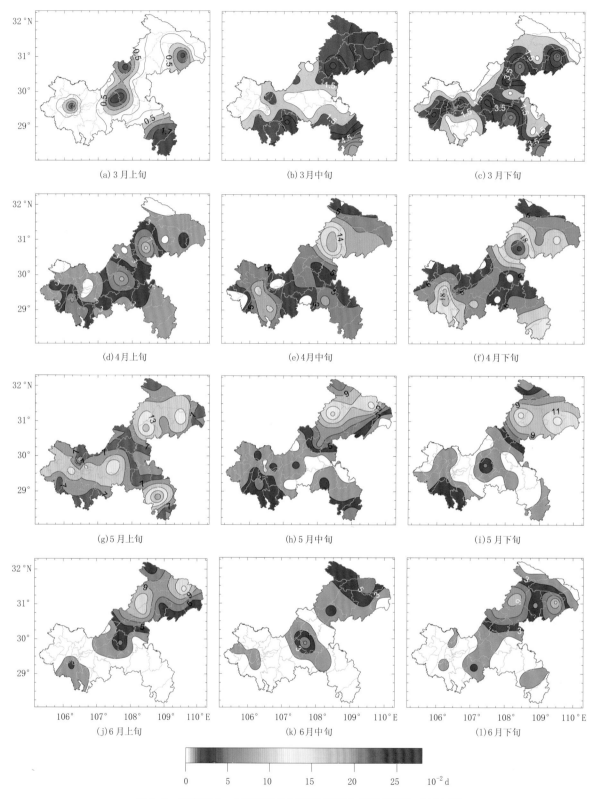

图 1.3　重庆市 3—6 月冰雹日旬平均空间分布图（1955—2004 年）

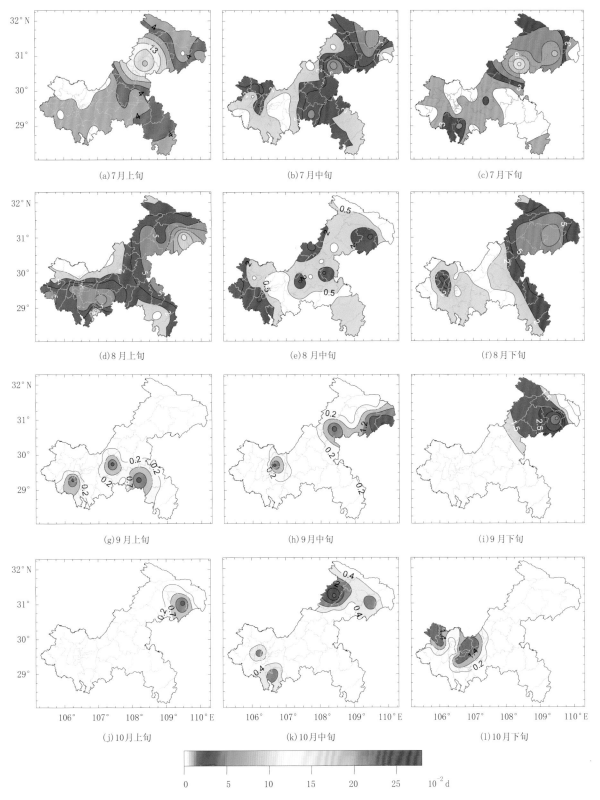

图 1.4　重庆市 7—10 月冰雹日旬平均空间分布图(1955—2004 年)

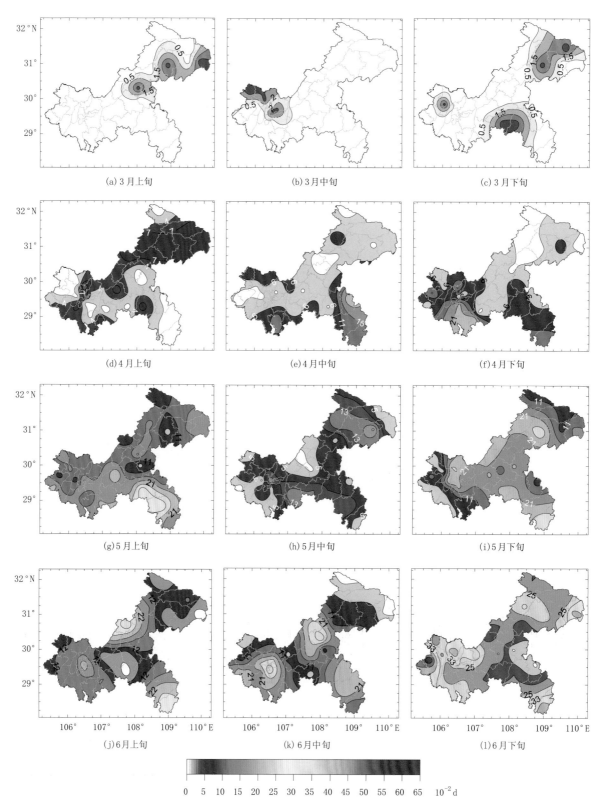

图 1.5　重庆市 3—6 月短时强降水日旬平均空间分布图(1991—2013 年)

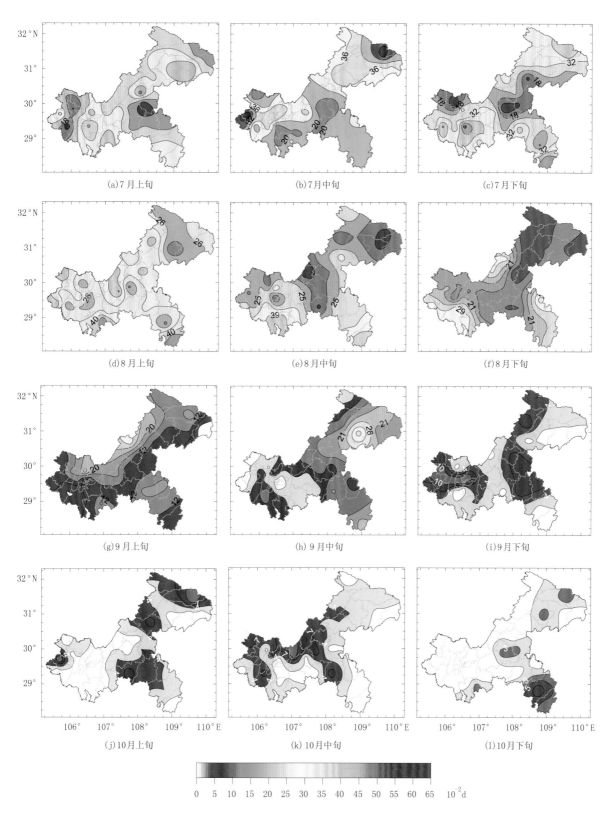

图 1.6　重庆市 7—10 月短时强降水日旬平均空间分布图(1991—2013 年)

第 2 章　重庆市强对流天气概念模型

2.1　强对流天气个例选择

本书定义重庆市 3 个区县以上(含 3 个区县)发生冰雹(无大风)为 1 次冰雹天气过程,6 个区县以上(含 6 个区县)大风(或冰雹)为 1 次大风(或风雹)天气过程,(个别不满足以上条件,但局地风雹造成较重灾情的个例也选取到本书中,如 2010 年 5 月 6 日大风冰雹、2013 年 3 月 10 日冰雹大风等)。资料来源于气表－1 记录及自动气象站等资料。2000 年以前的个例根据资料收集完整度、灾情等进行选择。短时强降水个例从 2007 年开始,主要结合雨量测值与受灾情况进行选择,同时兼顾不同降水类型。最终选择了 54 个强对流天气个例。在一些个例中,冰雹、大风、短时强降水同时发生。由于强对流天气常常伴随雷电,因此不进行"雷电天气个例"选择。

选取强对流天气发生前最近时次及下一时次的 MICAPS 高空及地面观测资料(时次间隔 12 h),寻找对发生在重庆市辖区内的强对流天气有影响的大尺度及中尺度天气系统,根据天气系统的演变规律及影响机理绘制中尺度天气环境条件场分析图(图例说明见附录 2),务求清晰简洁地表达强对流天气发生前后的天气系统配置及热力和动力条件。参考《强对流天气预报的基本原理与技术方法—中国强对流天气预报手册》(孙继松等,2014)中强对流天气的分类方法,将所选个例归为"高空冷平流强迫类"、"低层暖平流强迫类"、"斜压锋生类"和"准正压类"四类,按照天气形势特征归纳天气系统概念模型。

2.2　高空冷平流强迫类

主要影响系统:500 hPa 及 700 hPa 干线,500 hPa 及 700 hPa 温度槽,700 hPa 及 850 hPa 切变线,地面至 850 hPa 弱热低压或均压场。

高空冷平流强迫类常出现在华北(东北)冷涡后部的偏北气流中,或者青藏高压与副热带高压之间切变的后部。500 hPa 受较强偏北风控制,有显著流线存在,强偏北风导致的强垂直风切变以及偏北风上存在的弱槽或切变线共同提供了垂直方向上的动力不稳定条件。500 hPa 冷涡后部或大陆高压前部存在干冷平流,地面至 850 hPa 为弱的热低压或均压场,有暖湿舌(区)存在,对流不稳定性较强,中低层 θ_{se} 垂直递减率较大,条件不稳定特征明显。在探空图上,从低层到高层风向通常逆转,有冷平流存在,且 500 hPa 以上风速较强,垂直风切变较大。强对流天气出现前,天气以多云或晴天为主,地面增温显著,层结不稳定进一步加强,在高空干冷平流的作用下,强对流天气一般出现在午后至前半夜,以雷雨大风和冰雹为主,有时伴有短时强降水。此类强对流天气常见于夏季(图 2.1)。

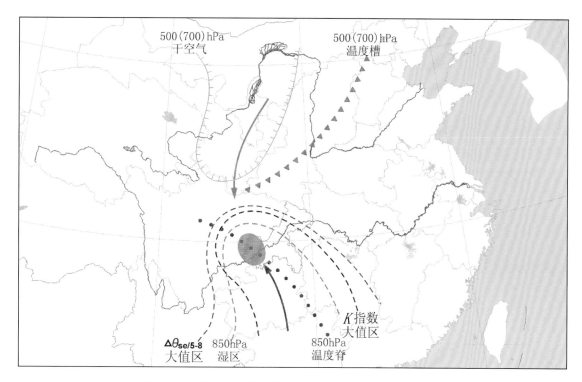

图 2.1 高空冷平流强迫类中尺度天气环境条件场概念模型

2.3 低层暖平流强迫类

主要影响系统：500 hPa 低槽，700 hPa 及 850 hPa 切变线或低涡，700 hPa 及 850 hPa 低空急流。

低空暖平流强迫类常出现在 700 hPa 以下强烈发展的暖湿平流中，并与低空急流密切相关。低空急流带来的强暖湿平流有利于对流不稳定条件的建立，同时其左前侧的辐合区也为不稳定能量的释放提供了动力条件。这类强对流天气多发生在 500 hPa 低槽前部，槽前的正涡度平流有利于低空低值系统的发展。700 hPa 与 850 hPa 常有切变线存在，少数情况下为强西南气流北侧的风速辐合，700 hPa 与 850 hPa 切变线之间、风速辐合线南侧的深厚暖湿气流内部是强对流天气的主要落区。低空另一种常见的低值系统为西南低涡，强对流天气常位于低涡中心附近及低涡移动方向的前侧。

由于此类强对流天气发生前偏南暖湿气流强盛，湿层通常能达到 700 hPa 以上。强对流天气类型以短时强降水为主，且大多出现在夜间。当 500 hPa 或 700 hPa 有显著干空气存在时，则会伴有显著的雷雨大风和冰雹天气。此类强对流天气常见于春季和夏季，以夏季居多(图 2.2)。

2.4 斜压锋生类

主要影响系统：500 hPa 低槽和温度槽，700 hPa 及 850 hPa 切变线或低涡，低空急流，地面冷锋。

斜压锋生类是指发生在中低层冷暖空气强烈交汇，并伴有明显温度锋区和锋生作用的强对流天气过程，地面有明显的冷锋活动。显著的冷暖平流导致斜压锋生和强烈辐合抬升形成的动力强迫是这类强对流天气发生的重要条件。

此类强对流天气可出现于春季、夏季和秋季，以春季居多。春季，地面冷锋入侵四川盆地，盆地热低压控制区域的大气低层暖湿特征显著，高空低槽及切变线后部有干冷平流存在，在低槽及冷锋的强迫作用下，暖湿空气强烈抬升，不稳定能量得到释放，出现大风、冰雹及短时强降水等强对流天气，大风天气

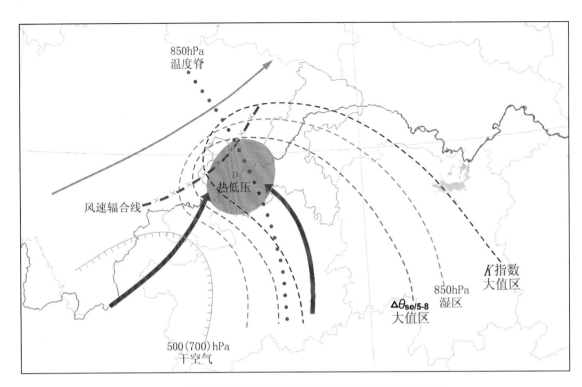

图 2.2　低层暖平流强迫类中尺度天气环境条件场概念模型

常表现为雷雨大风与冷锋锋后大风的混合型大风。夏季和秋季,冷空气南下至长江流域,与副热带高压外围的低空西南气流对峙形成强切变线,锋生作用显著,在低槽、切变线及冷锋共同的辐合抬升作用下出现以短时强降水为主的强对流天气,个别个例以雷雨大风为主(如 1994 年 6 月 24 日的大风过程)(图2.3)。

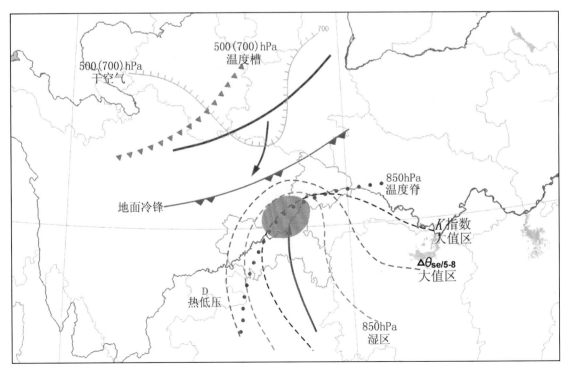

图 2.3　斜压锋生类中尺度天气环境条件场概念模型

2.5　准正压类

主要影响系统：500 hPa 低槽或切变线，700 hPa 及 850 hPa 切变线或低涡。

重庆地区此类强对流天气个例较少，一般出现在夏季副高北侧的高原槽中，或在大陆高压与副热带高压之间存在 500 hPa 及 700 hPa 切变线，天气形势与低空暖平流强迫类相似，但大气斜压性特征较弱，虽然高低空有一定的冷暖平流，但不如高空冷平流强迫类、低层暖平流强迫类及斜压锋生类显著。动力强迫条件主要来源于高空低槽（或切变线）、低层切变线及地面辐合线等形成的强迫抬升运动，热力不稳定条件主要来源于低空的暖湿平流及局地受热不均等。此类强对流天气以短时强降水为主，有时伴有大风等强对流天气。此类强对流天气常见于夏季（图 2.4）。

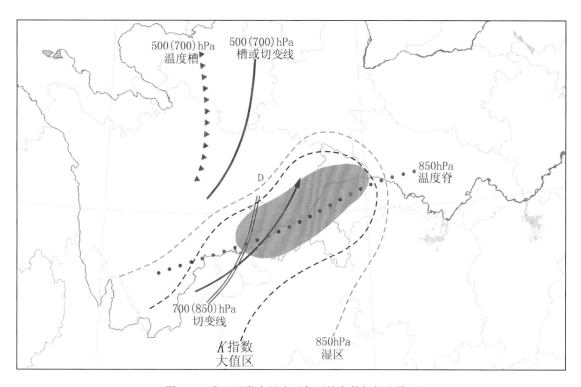

图 2.4　准正压类中尺度天气环境条件场概念模型

第3章 高空冷平流强迫类 强对流天气分析图

高空冷平流强迫类强对流天气过程简表

序号	天气过程时间	主要天气类型	主要影响系统	天气雷达特征	页码
1	1986 年 8 月 7 日 下午到夜间	大风、冰雹	500 hPa 低槽,850 hPa 及 700 hPa 切变线,700 hPa 温度槽,850 hPa 温度脊		13
2	1991 年 6 月 24 日 午后到夜间	大风、冰雹	500 hPa 温度槽,850 hPa 温度脊,850 hPa 切变线,地面冷锋		15
3	1999 年 7 月 28 日 午后	大风	500 hPa 切变线及温度槽,850 hPa 温度脊		17
4	2000 年 7 月 19 日 下午到夜间	大风、冰雹	500 hPa 温度槽,850 hPa 切变线,850 hPa 温度脊		19
5	2001 年 8 月 2 日 16—18 时	冰雹、大风	500 hPa 温度槽,850 hPa 辐合线,850 hPa 温度脊		21
6	2004 年 7 月 13 日 下午	冰雹、大风	500 hPa 低槽和温度槽,925 hPa 至 700 hPa 切变,850 hPa 温度脊		23
7	2004 年 7 月 19 日 下午	冰雹、大风	500 hPa 低槽和温度槽,850 hPa 温度脊		25
8	2008 年 6 月 5 日 午后到傍晚	冰雹、大风	500 hPa 低槽与温度槽,850 hPa 温度脊,700 hPa 急流	弓形回波,中气旋,后侧入流,回波悬垂	27
9	2011 年 7 月 23 日 16—20 时	大风、冰雹、短时强降水	850 hPa 至 500 hPa 低涡切变,500 hPa 温度槽,850 hPa 温度脊,低空急流	低层径向速度大值区,中层径向辐合,后侧入流,部分短时强降水回波具有低质心特征	37
10	2011 年 7 月 27 日 16—21 时	大风、冰雹、短时强降水	500 hPa 低槽,925 hPa 至 850 hPa 切变,850 hPa 温度脊	回波悬垂,低层强辐散	45

3.1　1986年8月7日大风冰雹

　　实况：强对流天气主要发生在重庆东北部、西部，以及东南部偏北等地。以大风（16站）和冰雹（6个区县）为主。主要发生时段为7日下午到夜间，从东北部先开始，向西南方向发展。

　　主要影响系统：500 hPa低槽，850 hPa及700 hPa切变线，700 hPa温度槽，850 hPa温度脊。

　　系统配置及演变：7日08时（北京时间，下同），重庆850 hPa至700 hPa为高压环流后部的暖湿不稳定区，500 hPa受青藏高压前侧的西北气流影响，青藏高压外缘多波动槽移动，并伴有弱温度槽；20时，副高西伸，青藏高压北抬，高压外围波动槽加深影响重庆。重庆位于850 hPa暖湿舌内，南风较强，随着午后地面显著增温，层结不稳定性显著加强，在高低空温度差动平流、500 hPa冷槽加深和低空较强南风的影响下，出现强对流天气。

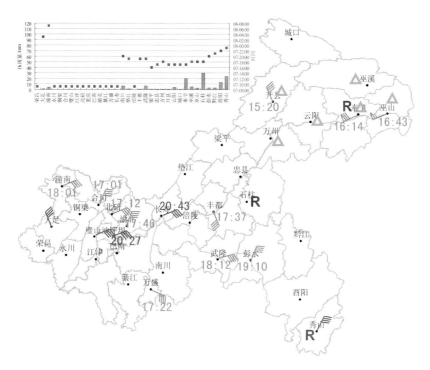

1986年8月7日08时—8日08时，大风、冰雹和短时强降水分布

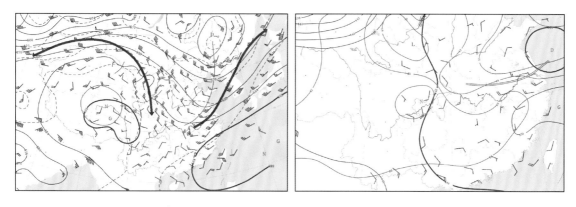

1986年8月7日08时500 hPa（左）和850 hPa（右）天气形势

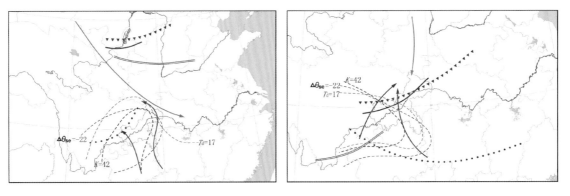

1986 年 8 月 7 日 08 时(左)和 20 时(右)中尺度天气环境条件场分析

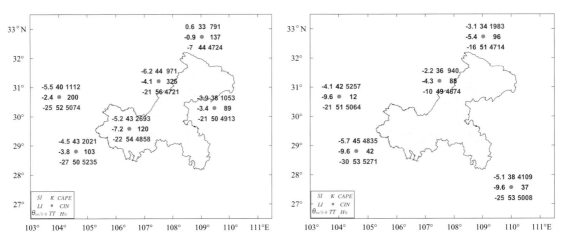

1986 年 8 月 7 日 08 时(左)和 20 时(右)对流参数和特征高度分布

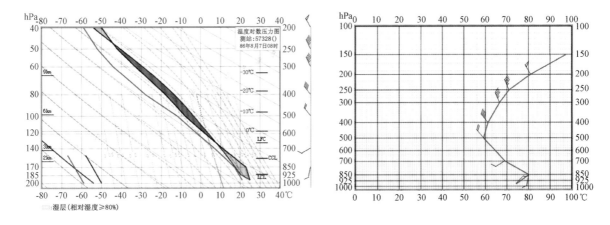

1986 年 8 月 7 日 08 时 57328 (达州)T-$\ln p$ 图(左)和假相当位温变化图(右)

　　从达州探空资料分析,8 月 7 日 08 时的环境条件有利于大风冰雹的发生:1)从 850 hPa 到 500 hPa,θ_{se}下降了 21℃,条件不稳定特征明显;2)从 850 hPa 到 700 hPa,温度层结曲线与干绝热线基本平行;3)对流有效位能较强(971 J/kg),有一定的对流抑制(325 J/kg);4)LI、TT、SI 和 K 指数分别达 -4.1℃、56℃、-6.2℃和 44℃,表明对流层中层和中下层存在热力不稳定层结;5)温湿层结整层偏干,500 hPa 到 200 hPa 为西北到西北偏北风,风速随高度增加。7)0℃层高度 4.72 km,-20℃层高度 7.85 km,有利于冰雹发生。

3.2　1991 年 6 月 24 日大风冰雹

　　实况：强对流天气主要发生在重庆长江沿线及以北地区，以大风（25 站）为主。自 24 日午后到 21 时前后，从东北部开始，最晚发生在西部的荣昌。长寿站瞬时风速达 30 m/s。此次过程巴南、长寿等地因灾死亡 12 人。

　　主要影响系统：500 hPa 温度槽，850 hPa 温度脊，850 hPa 切变线，地面冷锋。

　　系统配置及演变：24 日 08 时，重庆受东北冷涡后部的西北气流控制，河套南部地区 700 hPa 有干空气存在，并向南侵入；重庆地区 850 hPa 有弱切变存在，且暖湿而不稳定；地面弱冷锋位于重庆东北部，自东北向西南移动。至 24 日 20 时，弱冷锋迅速侵入重庆地区，温度槽及干区也迅速南移，重庆地区出现了大范围的大风及局地冰雹天气。

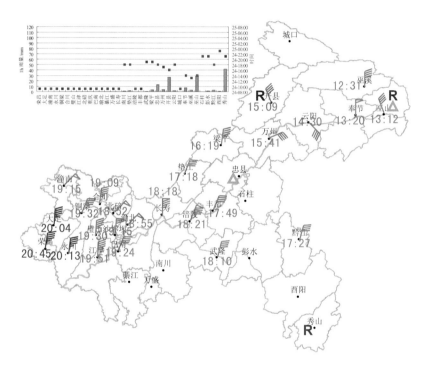

1991 年 6 月 24 日 08 时—25 日 08 时，大风、冰雹和短时强降水分布

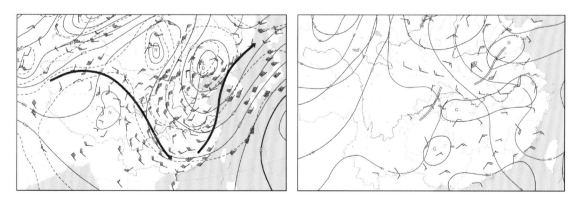

1991 年 6 月 24 日 08 时 500 hPa（左）和 850 hPa（右）天气形势

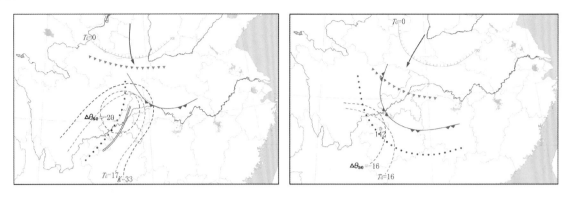

1991 年 6 月 24 日 08 时(左)和 20 时(右)中尺度天气环境条件场分析

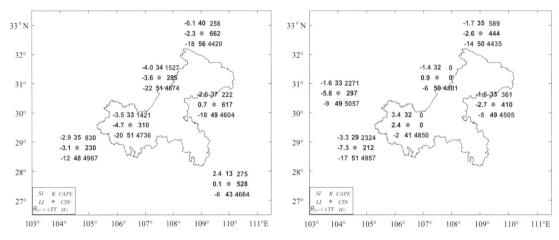

1991 年 6 月 24 日 08 时(左)和 20 时(右)对流参数和特征高度分布

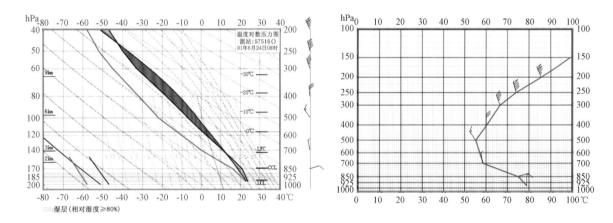

1991 年 6 月 24 日 08 时 57516(沙坪坝)T-$\ln p$ 图(左)和假相当位温变化图(右)

从沙坪坝探空资料分析,6 月 24 日 08 时的环境条件有利于雷暴大风的发生:1)从近地面到 700 hPa,θ_{se} 下降了 20℃,条件不稳定特征明显;2)对流有效位能较强,$CAPE$ 值达 1421 J/kg;3)LI 指数达 −4.7℃,表明对流层中层,即 LFC(约 717 hPa 或 2878 m)至 500 hPa(约 5790m)存在热力不稳定层结;4) 850 hPa 到 500 hPa 风随高度逆转(偏东风逆转到偏北风),700 hPa 以上风速垂直切变明显,200 hPa 存在 40 m/s 以上的北偏西高空急流;5)对流层高层到 850 hPa 有明显的干空气层,低层湿层较薄,温湿层结曲线形成向上开口的喇叭口形状,具有“上干冷、下暖湿”特征;6)0℃层高度 4.74 km,−20℃层高度 7.78 km,较有利于冰雹发生。

3.3　1999 年 7 月 28 日大风

　　实况:强对流天气主要发生在重庆西部以及中部的部分地区,以大风(11 站)为主,局地有短时强降水。主要发生时段为 28 日午后。

　　主要影响系统:500 hPa 切变线及温度槽,850 hPa 温度脊。

　　系统配置及演变:28 日 08—20 时,500 hPa 青藏高压与东北冷涡之间维持一条显著的东北气流,垂直风向从 850 hPa 至 500 hPa 呈逆转,有弱冷平流流向 850 hPa 温度脊之上,08 时低层水汽含量高,由此形成重庆西部的不稳定层结,且近地面有弱的逆温层存在;副热带高压西进,推动副热带高压与青藏高压之间的切变线西移,与偏东冷流及地面弱冷空气的共同作用,触发强对流天气。

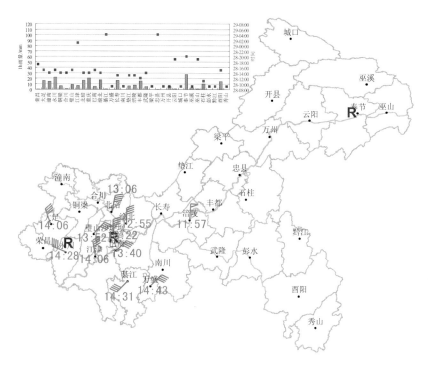

1999 年 7 月 28 日 08 时—29 日 08 时,大风和短时强降水分布

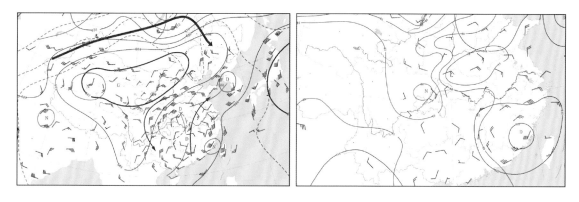

1999 年 7 月 28 日 08 时 500 hPa(左)和 850 hPa(右)天气形势

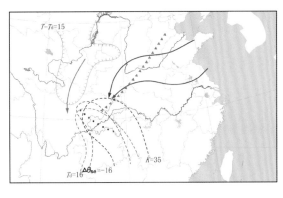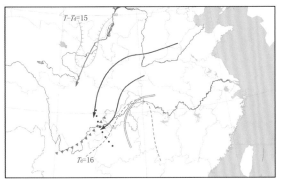

1999 年 7 月 28 日 08 时(左)和 20 时(右)中尺度天气环境条件场分析

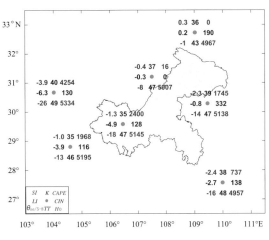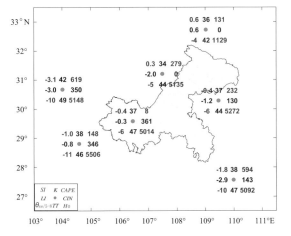

1999 年 7 月 28 日 08 时(左)和 20 时(右)对流参数和特征高度分布

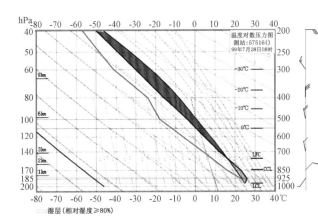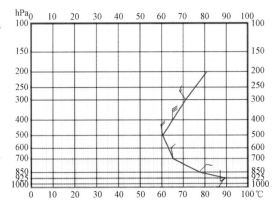

1999 年 7 月 28 日 08 时 57516(沙坪坝)T-$\ln p$ 图(左)和假相当位温变化图(右)

　　从沙坪坝探空资料分析,7 月 28 日 08 时的环境条件有利于雷雨大风的发生:1)从 925 hPa 到 500 hPa,θ_{se} 下降了 29℃,条件不稳定特征非常明显;2)对流有效位能很强(2400 J/kg);3)LI 指数达 −4.9℃,表明对流层中层,即 LFC(约 751 hPa 或 2.49 km)至 500 hPa(约 5.83 km)存在热力不稳定层结;4)TT 指数达 47℃,850 hPa 与 500 hPa 温差为 27℃;5)湿层浅薄,850 hPa 温度 23℃,比湿 13 g/kg,温湿层结曲线具有一定的"上干冷、下暖湿"特征。

3.4　2000 年 7 月 19 日大风冰雹

实况:强对流天气主要发生在重庆中西部,以大风(5 站)和冰雹(4 个区县)为主,局地有短时强降水。主要发生时段为 19 日下午到夜间。由于大风吹翻一只油船(长寿),造成 3 人失踪,1 人重伤,2 人轻伤。

主要影响系统:500 hPa 温度槽,850 hPa 切变线,850 hPa 温度脊。

系统配置及演变:19 日 08—20 时,500 hPa 青藏高压与副高之间的切变维持在湖南中部,重庆受青藏高压东南侧的东北风影响,850 hPa 也由偏南风逐渐转为偏东风;500 hPa 有偏东冷流侵入暖湿区域上空,925 hPa 至 850 hPa 重庆中西部为湿舌内部的暖湿不稳定区域,14 时地面增温显著。重庆中西部的暖湿不稳定区域午后出现强对流天气。

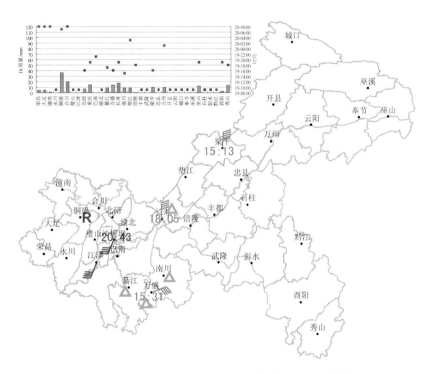

2000 年 7 月 19 日 08 时—20 日 08 时,大风、冰雹和短时强降水分布

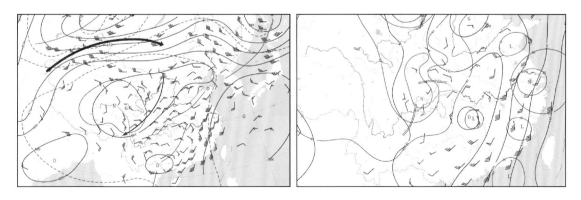

2000 年 7 月 19 日 08 时 500 hPa(左)和 850 hPa(右)天气形势

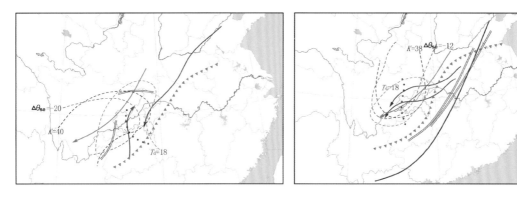

2000 年 7 月 19 日 08 时(左)和 20 时(右)中尺度天气环境条件场分析

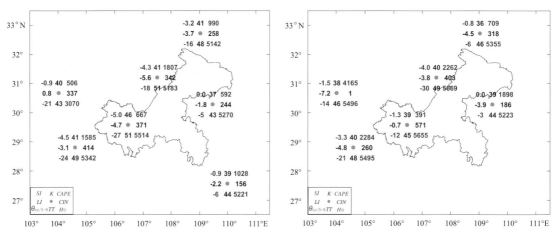

2000 年 7 月 19 日 08 时(左)和 20 时(右)对流参数和特征高度分布

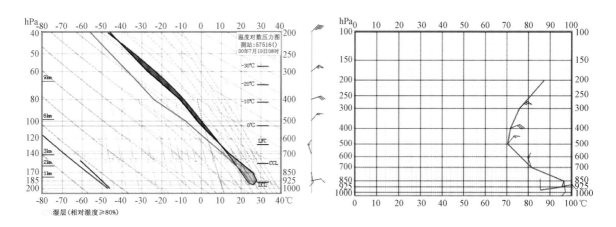

2000 年 7 月 19 日 08 时 57516(沙坪坝)T-ln$p$ 图(左)和假相当位温变化图(右)

从沙坪坝探空资料分析,7 月 19 日 08 时的环境条件有利于雷暴大风的发生:1)从 850 hPa 到 500 hPa,θ_{se} 下降了 27℃,条件不稳定特征非常明显;2)LI、TT、SI 和 K 指数分别达 −4.7℃、51℃、−5.0℃ 和 46℃,850 hPa 与 500 hPa 温差为 28℃,表明对流层中层和中下层存在热力不稳定层结;3)风向垂直切变明显,850 hPa 和 700 hPa 风向呈南北"对头风";4)对流层高层到 500 hPa 有明显的干空气层,低层较暖湿,850 hPa 相对湿度为 74%,温度达 26℃(露点达 21℃,比湿 18 g/kg),温湿层结有"上干冷、下暖湿"特征;5)0℃层高度 5.51 km,−20℃层高度 8.81 km,较不利于冰雹发生,但地面仍记录到直径达 1.5 cm 的冰雹,说明在高空可能有较大冰雹。

3.5　2001 年 8 月 2 日冰雹大风

实况:强对流天气主要发生在重庆西部,以冰雹(4 个区县)为主。自 2 日 16 时到 18 时期间,强对流发生地点依次为:荣昌、沙坪坝、璧山、铜梁。无短时强降水记录。

主要影响系统:500 hPa 温度槽,850 hPa 辐合线,850 hPa 温度脊。

系统配置及演变:2 日 08—20 时,副高西伸,推动华北冷涡缓慢西移,重庆地区 500 hPa 受涡后脊前东北风控制,850 hPa 至 700 hPa 为偏东气流,伴有弱的冷平流。500 hPa 温度槽与 850 hPa 温度脊在重庆西部重叠,同时,500 hPa 东北风自干区吹向 850 hPa 湿舌上空,重庆西部地区层结不稳定显著。在 850 hPa 辐合线、偏东冷流、地面显著增温(14 时,沙坪坝站气温 35 ℃)的条件下,午后重庆西部出现局地强对流天气。

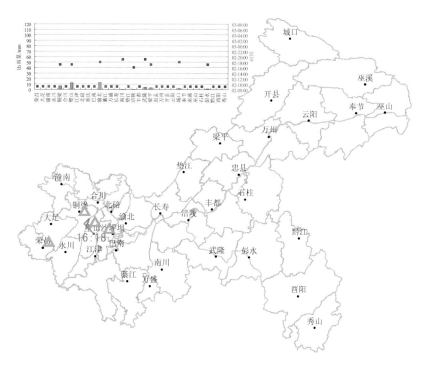

2001 年 8 月 2 日 08 时—3 日 08 时,冰雹、大风分布

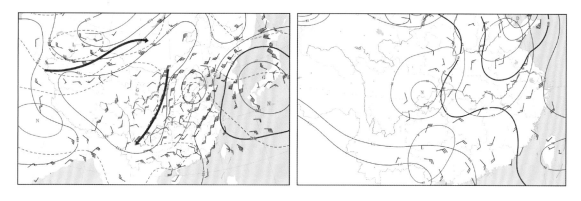

2001 年 8 月 2 日 08 时 500 hPa(左)和 850 hPa(右)天气形势

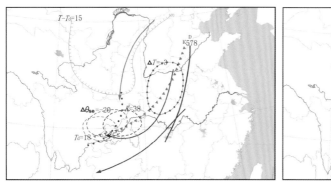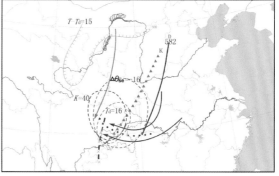

2001 年 8 月 2 日 08 时(左)和 20 时(右)中尺度天气环境条件场分析

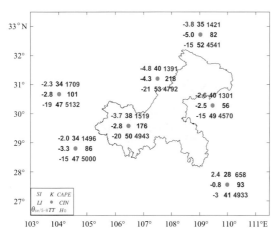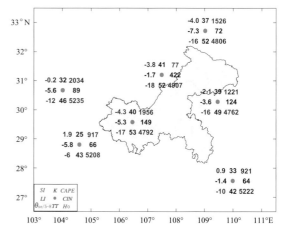

2001 年 8 月 2 日 08 时(左)和 20 时(右)对流参数和特征高度分布

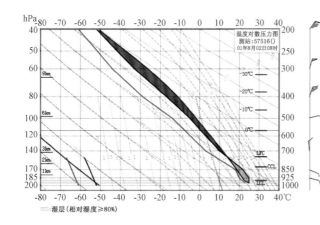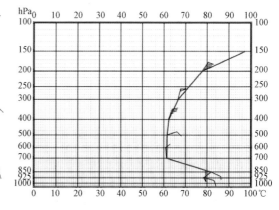

2001 年 8 月 2 日 08 时 57516(沙坪坝)$T-\ln p$ 图(左)和假相当位温变化图(右)

从沙坪坝探空资料分析,8 月 2 日 08 时的环境条件有利于冰雹大风的发生:1)从 850 hPa 到 700 hPa,θ_{se} 下降了 21℃,条件不稳定特征明显;2)对流有效位能较强,$CAPE$ 值达 1519 J/kg;3)LI 指数为 −2.8℃,表明对流层中层,即 LFC(约 744 hPa 或 2.61 km)至 500 hPa(约 5.85 km)存在热力不稳定层结;4) 850 hPa(东偏南风)和 700 hPa(偏北风)存在明显的风向垂直切变,200 hPa 存在 30 m/s 以上的北偏东高空急流;5)对流层高层到 850 hPa 有明显的干空气层,虽然低层湿层较薄,但 850 hPa 相对湿度有 78%,比湿达 15 g/kg,整个温湿层结曲线形成向上开口的喇叭口形状,具有"上干冷、下暖湿"特征;6) 0℃层高度 4.94 km,−20℃层高度 7.95 km,较有利于冰雹发生。

3.6　2004 年 7 月 13 日冰雹大风

　　实况：强对流天气主要发生在重庆中部偏东、东北部和东南部，以冰雹（6 个区县）为主，局地有大风和短时强降水。主要发生时段在 13 日下午。酉阳清泉 13 日 16 时出现的冰雹直径达 2 cm。

　　主要影响系统：500 hPa 低槽和温度槽，925 hPa 至 700 hPa 切变线，850 hPa 温度脊。

　　系统配置及演变：13 日 08 时，500 hPa 温度槽与 850 hPa 温度脊叠置在重庆中西部地区，重庆中部地区暖湿不稳定特征显著；700 hPa 存在干侵入，850 hPa 存在冷平流指向盆地东部地区。08—20 时，500 hPa 冷槽东移影响重庆，850 hPa 至 700 hPa 切变维持在重庆南部地区，在低槽、切变线和干冷侵入的共同作用下，重庆中部地区出现强对流天气。

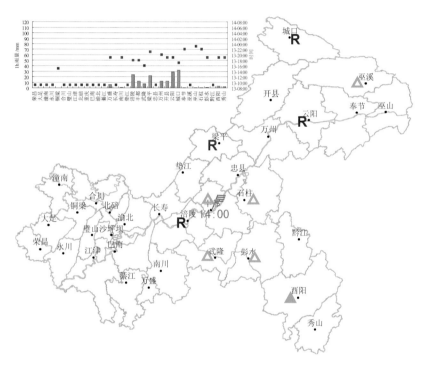

2004 年 7 月 13 日 08 时—14 日 08 时，冰雹、大风和短时强降水分布

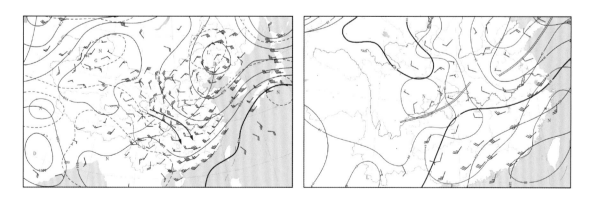

2004 年 7 月 13 日 08 时 500 hPa（左）和 850 hPa（右）天气形势

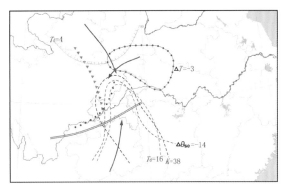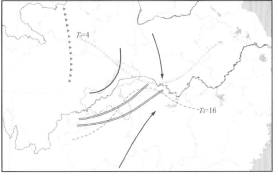

2004 年 7 月 13 日 08 时(左)和 20 时(右)中尺度天气环境条件场分析

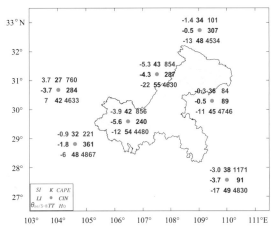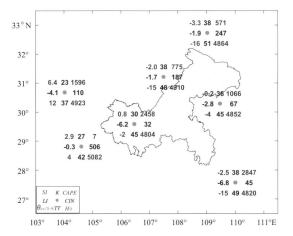

2004 年 7 月 13 日 08 时(左)和 20 时(右)对流参数和特征高度分布

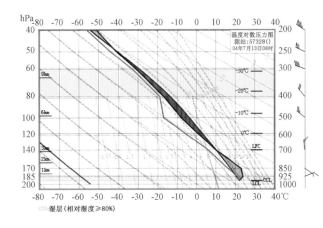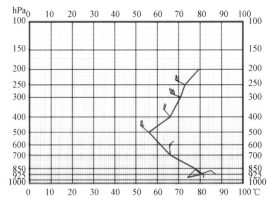

2004 年 7 月 13 日 08 时 57328(达州)$T\text{-}\ln p$ 图(左)和假相当位温变化图(右)

从达州探空资料分析,13 日 08 时的环境条件有利于冰雹大风的发生:1)从 925 hPa 到 500 hPa,θ_{se} 下降了 24℃,条件不稳定特征明显;2)具有一定的对流有效位能,$CAPE$ 值为 854 J/kg;3)LI、TT、SI 和 K 指数分别达 -4.3℃、55℃、-5.3℃ 和 43℃,表明对流层中层和中下层存在热力不稳定层结;4)风向垂直切变明显,850 hPa 为东偏南风,700 hPa 为偏北风;5)925 hPa 和 850 hPa 温度(露点)分别达 24℃(21℃)和 23℃(16℃),低层暖湿可能是该次过程有短时强降水发生的原因之一。

3.7　2004 年 7 月 19 日冰雹大风

　　实况:强对流天气主要发生在重庆西部,以冰雹(3 个区县)为主,璧山发生雷雨大风和短时强降水。主要发生时段为 19 日下午,最早于 13 时左右从潼南开始。此次过程大足因灾受伤 2 人。

　　主要影响系统:500 hPa 低槽和温度槽,850 hPa 温度脊。

　　系统配置及演变:19 日 08—20 时,500 hPa 温度槽与 850 hPa 温度脊持续影响重庆西部地区,盆地北部 700 hPa 上存在干侵入,重庆西部地区低空暖湿且不稳定性较显著;500 hPa 冷槽自盆地西部东移,为强对流的触发提供了有利的条件。

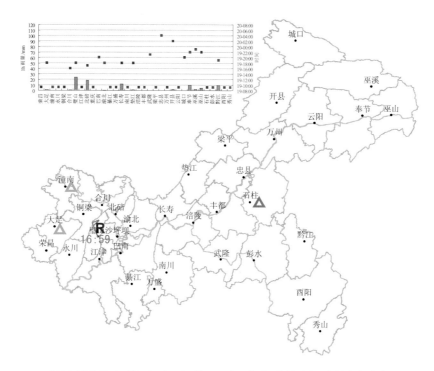

2004 年 7 月 19 日 08 时—20 日 08 时,冰雹、大风和短时强降水分布

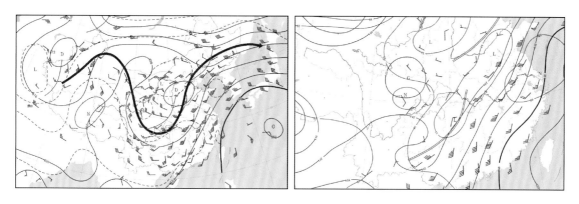

2004 年 7 月 19 日 08 时 500 hPa(左)和 850 hPa(右)天气形势

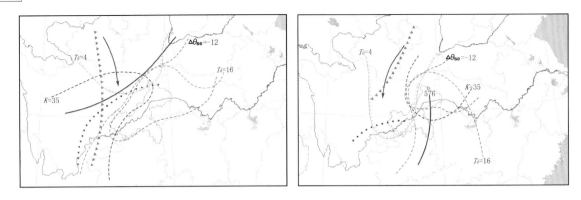

2004 年 7 月 19 日 08 时(左)和 20 时(右)中尺度天气环境条件场分析

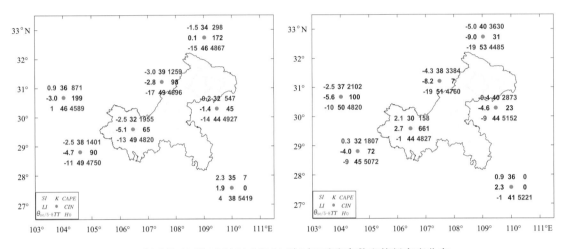

2004 年 7 月 19 日 08 时(左)和 20 时(右)对流参数和特征高度分布

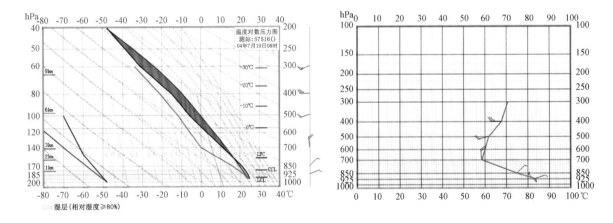

2004 年 7 月 19 日 08 时 57516（沙坪坝）T-$\ln p$ 图（左）和假相当位温变化图（右）

　　从沙坪坝探空资料分析，7 月 19 日 08 时的环境条件有利于冰雹大风的发生：1)从近地面到 700 hPa，θ_{se} 下降了 24℃，条件不稳定特征明显；2)对流有效位能很强，$CAPE$ 值高达 1955 J/kg；3)LI 指数达－5.1℃，表明对流层中层，即 LFC(约 782 hPa 或 2.12 km)至 500 hPa(约 5.78 km)存在热力不稳定层结；4)850 hPa 到 500 hPa 为明显的干空气层，且风向随高度逆转，存在冷平流；5)低层湿层较薄，温湿层结曲线形成向上开口的喇叭口形状，具有"上干冷、下暖湿"特征；6)0℃层高度 4.82 km，－20℃层高度 8.16 km，较有利于冰雹发生。

3.8　2008 年 6 月 5 日冰雹大风

　　实况:强对流天气主要发生在重庆中部,以及西部偏东、东北部偏南和东南部偏北地区,以冰雹(9 个区县,其中 4 个区县出现直径 2 cm 以上的大冰雹)和大风(6 个区县)为主,局地伴有短时强降水。主要发生时段为 5 日午后到傍晚。此次过程因灾受伤 5 人。

　　主要影响系统:500 hPa 低槽与温度槽,850 hPa 温度脊,700 hPa 急流。

　　系统配置及演变:5 日 08—20 时,重庆中部地区 500 hPa 温度槽及干区叠加于 850 hPa 温度脊及湿区之上,暖湿不稳定特征显著;500 hPa 低槽东移,为不稳定能量的释放提供了有利的动力条件。

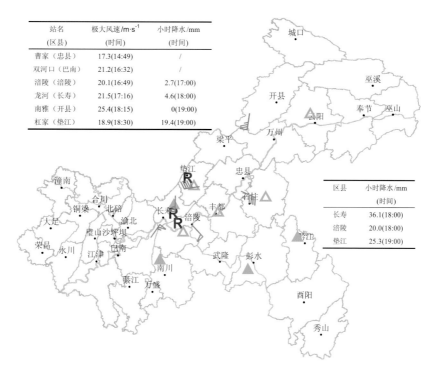

站名	极大风速/m·s⁻¹	小时降水/mm
(区县)	(时间)	(时间)
曹家(忠县)	17.3(14:49)	/
双河口(巴南)	21.2(16:32)	/
涪陵(涪陵)	20.1(16:49)	2.7(17:00)
龙河(长寿)	21.5(17:16)	4.6(18:00)
南雅(开县)	25.4(18:15)	0(19:00)
杠家(垫江)	18.9(18:30)	19.4(19:00)

区县	小时降水/mm
	(时间)
长寿	36.1(18:00)
涪陵	20.0(18:00)
垫江	25.3(19:00)

2008 年 6 月 5 日 08 时—6 日 08 时,冰雹、大风和短时强降水分布

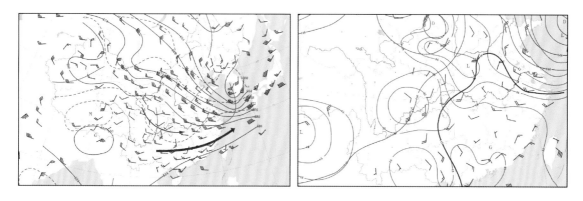

2008 年 6 月 5 日 08 时 500 hPa(左)和 850 hPa(右)天气形势

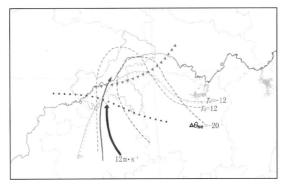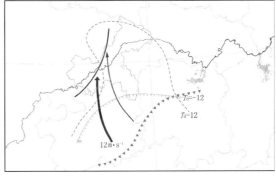

2008 年 6 月 5 日 08 时(左)和 20 时(右)中尺度天气环境条件场分析

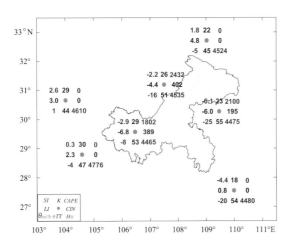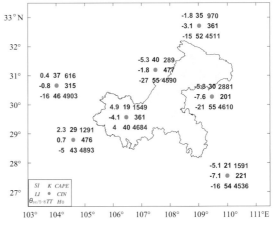

2008 年 6 月 5 日 08 时(左)和 20 时(右)对流参数和特征高度分布

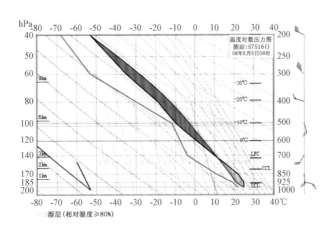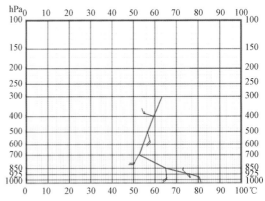

2008 年 6 月 5 日 08 时 57516 (沙坪坝) $T\text{-}\ln p$ 图(左)和假相当位温变化图(右)

　　从沙坪坝探空资料分析,6 月 5 日 08 时的环境条件有利于冰雹和雷雨大风的发生:1)从 925 hPa 到 700 hPa,θ_{se} 下降了 23 ℃,条件不稳定特征明显;2)对流有效位能较强(1802 J/kg),对流抑制能适中(389 J/kg);3)温湿层结整层偏干,但 LI、TT 指数分别达 -6.8 ℃、53 ℃,850 hPa 与 500 hPa 温差达 32 ℃,表明对流层中层存在热力不稳定层结;4)925 hPa 到 700 hPa 风向顺转超过 90°,700 hPa 到 500 hPa 风向逆转;5)0 ℃层高度 4.47 km,-20 ℃层高度 7.64 km,有利于冰雹发生。另外,08 时恩施探空资料显示 0 ℃层高度 4.48 km,-20 ℃层高度 7.36 km。

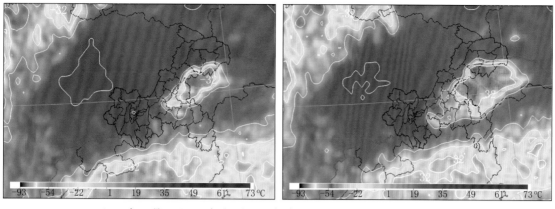

2008年6月5日14时(左)和15时(右)FY2C卫星IR1通道TBB云图

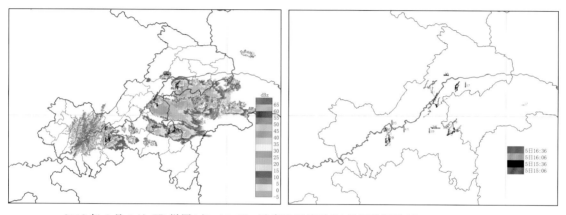

2008年6月5日CR拼图(左,15:36,重庆和恩施雷达)及回波跟踪(右,15:06—16:36)

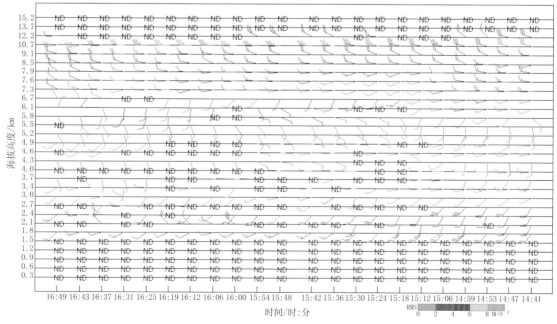

2008年6月5日14:41—16:49恩施雷达VWP演变图

　　6月5日下午15:30—15:50期间,黔江的小南海和中塘出现冰雹,直径最大达2 cm。14:00,最冷云顶位于恩施附近,之后其周边发展出对流云团。位于黔江北部的强回波为东北移向,在黔江北部持续时间约2 h(15:00—17:00)。从恩施雷达VWP可见,15:30左右,1.8 km左右高度上风速为约6 m/s的西南风,5 km左右为约2 m/s的偏东风,具有一定的风切变。

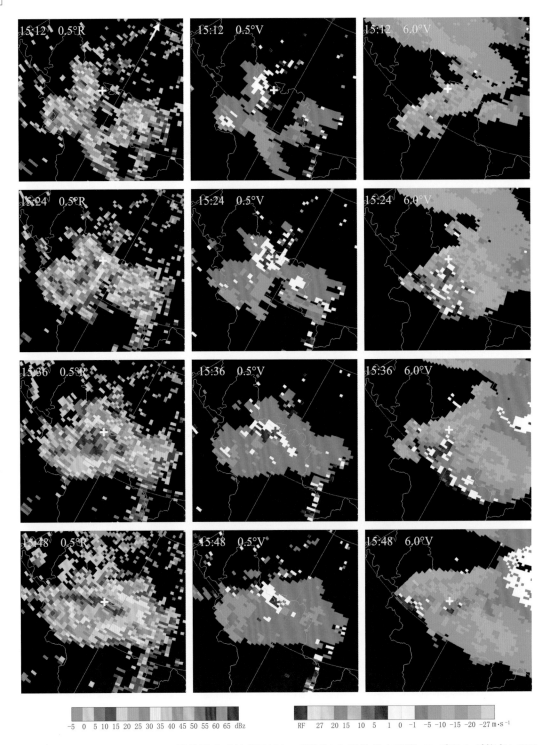

2008年6月5日15:12—15:48恩施雷达反射率因子(0.5°仰角)和平均径向速度(0.5°和6.0°仰角)PPI

(图中白色或紫色"+"为黔江小南海位置,白色粗箭头指向雷达,小南海相对于恩施雷达方位215°,距离86 km)

　　雷达回波向东北移动,前方反射率因子梯度大,15:36和15:48在黔江小南海附近有弓形回波特征(参考三维视图);0.5°径向速度图上,15:12—15:48在回波移动前方有朝向回波的入流(参考径向速度剖面),6.0°径向速度图上,15:24—15:36小南海附近为辐散;VIL高达60 kg/m²,18 dBz回波顶高在12～14 km,10 min地闪密度为1～5次/78.5 km²。需要注意,恩施雷达所在高度达1700 m以上,其0.5°仰角波束中心在小南海附近达3 km左右,可能造成VIL低估,同时也监测不到低层回波。

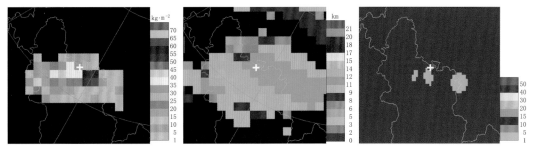

2008 年 6 月 5 日 15:36 恩施雷达 VIL(左)、ET(中)和 15:30—15:40 的地闪密度图(右,单位:次/78.5 km²)

(图中白色 "＋"为黔江小南海位置)

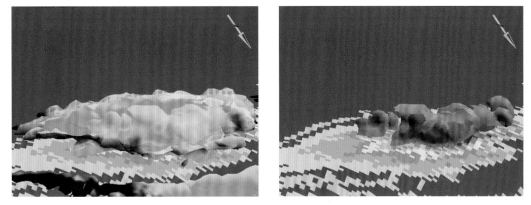

2008 年 6 月 5 日 15:36 恩施雷达得到的黔江小南海附近反射率因子三维视图

(左图:外层 18 dBz,内层 40 dBz;右图:外层 40 dBz,内层 55 dBz)

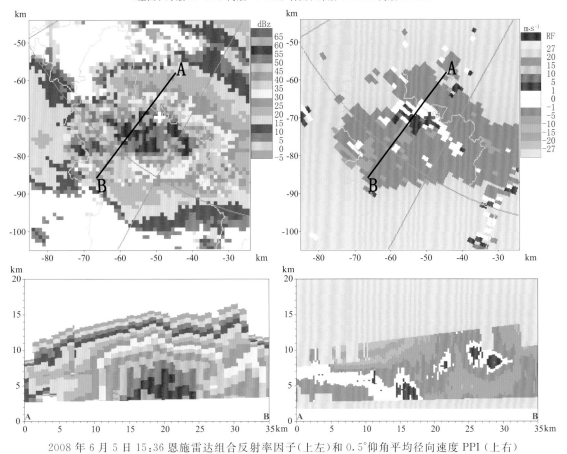

2008 年 6 月 5 日 15:36 恩施雷达组合反射率因子(上左)和 0.5°仰角平均径向速度 PPI(上右)

以及沿 217°径向,距离雷达 73～108 km(A—B)的反射率因子垂直剖面(下左)和平均径向速度垂直剖面(下右)

(图中白色或紫色"＋"为黔江小南海位置)

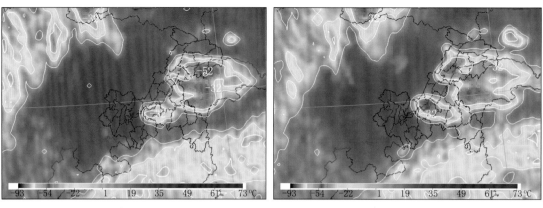

2008 年 6 月 5 日 16:00(左)和 17:00(右)FY2C 卫星 IR1 通道 TBB 云图

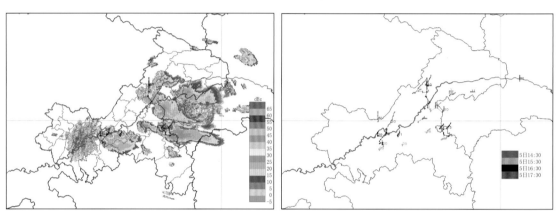

2008 年 6 月 5 日 CR 拼图(左，16:30，重庆和恩施雷达)及回波跟踪(右，14:30—17:30)

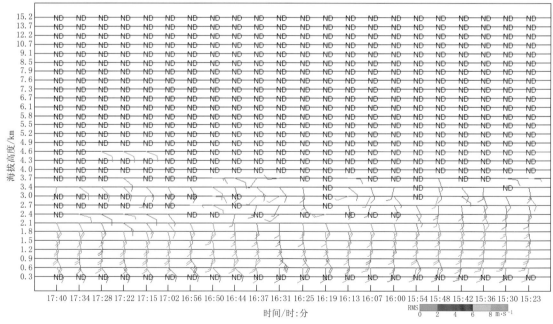

2008 年 6 月 5 日 15:23—17:40 重庆雷达 VWP 演变图

　　6 月 5 日 16:32 和 17:16,巴南的双河口和长寿的龙河分别出现 21.2 和 21.5 m/s 的大风。长寿渡舟等地出现冰雹,最大冰雹直径 3 cm。16:00—17:00,重庆中部到西部偏东地区有对流云团发展,冷云顶向偏北方向伸展,雷达回波偏北移动。17:00 后,强回波向东北移动。强回波从南川北部发展,经巴南东部、涪陵西部、长寿、垫江、梁平南部,共持续约 3.5 h(15:30—19:00)。

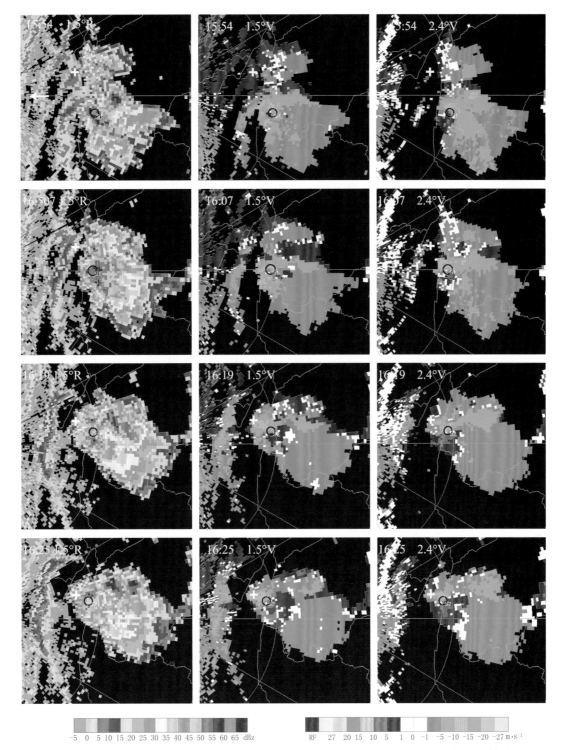

－5　0　5　10　15　20　25　30　35　40　45　50　55　60　65 dBz　　　　RF　27　20　15　10　5　1　0　－1　－5　－10　－15　－20　－27 m·s⁻¹

2008 年 6 月 5 日 15：54—16：25 重庆雷达反射率因子（1.5°仰角）和平均径向速度（1.5°和 2.4°仰角）PPI

（图中黑色空心圆为中气旋，白色或紫色"＋"为巴南双河口位置，白色粗箭头指向雷达，

双河口相对于重庆雷达方位 77°，距离 42 km）

　　雷达回波向偏北移动，前方反射率因子梯度大（参考三维视图）；15：54—16：25 平均径向速度图上有中气旋，沿垂直于 83°径向的速度剖面上，离开雷达与朝向雷达的速度回波之间切变明显，中气旋深厚，从 1 km 左右伸展到 5 km，中气旋中心的反射率因子则比周围弱（见反射率因子剖面）；VIL 从 16：07 的 35～40 kg/m² 迅速发展到 16：13 的 55～60 kg/m²（图略），18 dBz 回波顶高在 15～17 km，10 min 地闪密度为 5～10 次/78.5 km²。需要注意，对距离雷达较近的回波顶高和 VIL 可能低估（参考三维视图）。

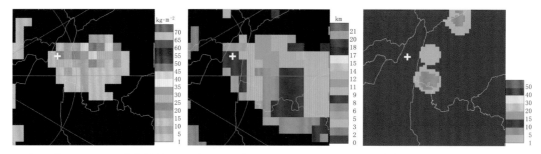

2008 年 6 月 5 日 16：19 重庆雷达 VIL（左）、ET（中）和 16：10—16：20 的地闪密度图（右，单位：次/78.5 km²）

（图中白色"＋"为巴南双河口位置）

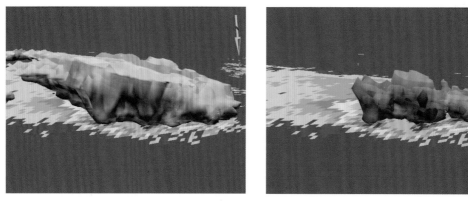

2008 年 6 月 5 日 16：19 重庆雷达得到的巴南双河口附近反射率因子三维视图

（左图：外层 18 dBz，内层 40 dBz；右图：外层 40 dBz，内层 55 dBz）

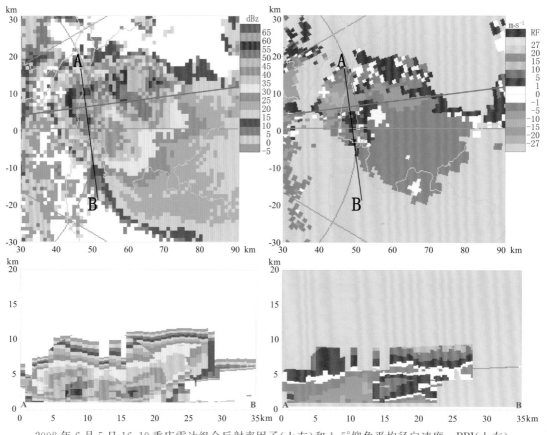

2008 年 6 月 5 日 16：19 重庆雷达组合反射率因子（上左）和 1.5°仰角平均径向速度 PPI（上右）

以及沿垂直于 83°径向（A—B）的反射率因子垂直剖面（下左）和平均径向速度垂直剖面（下右）

（图中白色"＋"为巴南双河口位置）

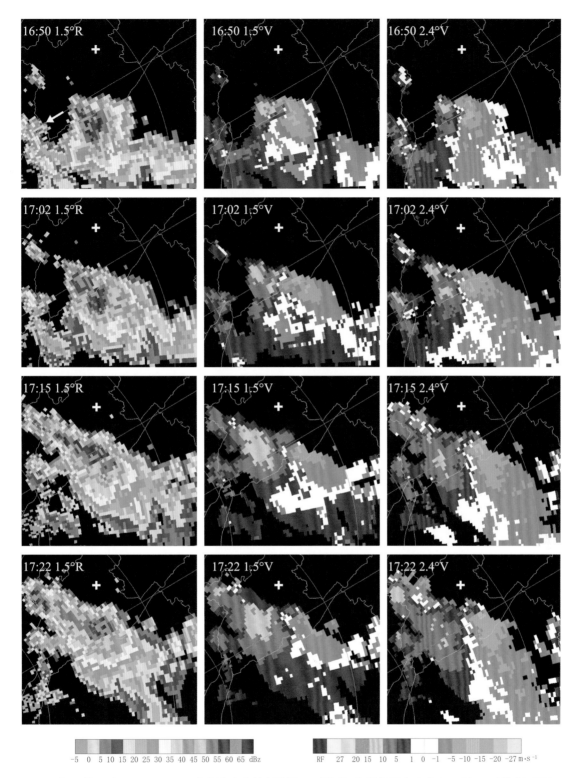

2008 年 6 月 5 日 16:50—17:22 重庆雷达反射率因子(1.5°仰角)和平均径向速度（1.5°和 2.4°仰角）PPI
（图中白色"＋"为长寿龙河位置，白色粗箭头指向雷达，龙河相对于重庆雷达方位 50°，距离 89 km）

雷达回波向东北移动,前方反射率因子梯度大,整个回波向东北方向倾斜(参考三维视图);16:50—17:22 的 1.5°平均径向速度图上,离开雷达的径向速度高达 15～20 m/s,后侧入流特征明显(参考径向速度剖面图);回波前侧的上升气流导致出现回波悬垂(参考径向速度和反射率因子剖面图);VIL 从 16:31 的 35～40 kg/m² 迅速发展到 16:37 的 65～70 kg/m²,并持续到 17:16 左右(图略),18 dBz 回波顶高在 15～17 km,地闪不明显。

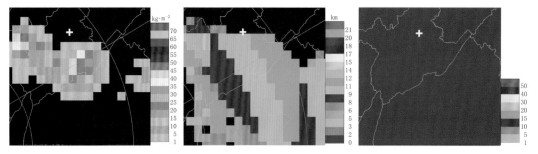

2008 年 6 月 5 日 17:22 重庆雷达 VIL(左)、ET(中)和 17:20—17:30 的地闪密度图(右,单位:次/78.5 km²)

(图中白色"＋"为长寿龙河位置)

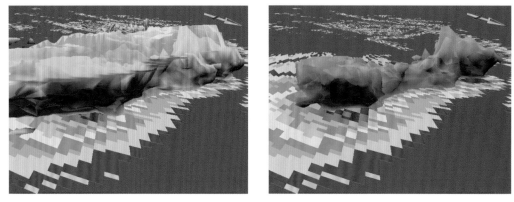

2008 年 6 月 5 日 17:22 重庆雷达得到的长寿龙河附近反射率因子三维视图

(左图:外层 18 dBz,内层 40 dBz;右图:外层 40 dBz,内层 55 dBz)

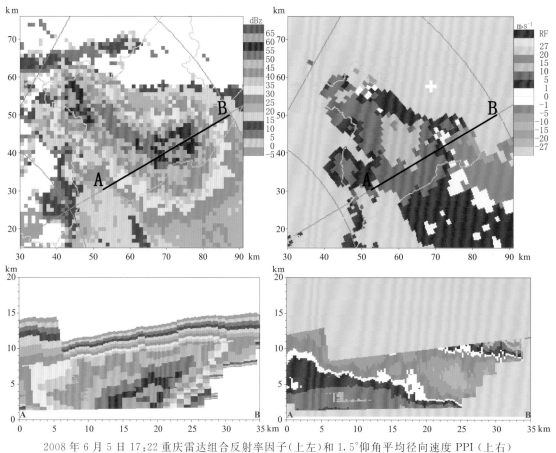

2008 年 6 月 5 日 17:22 重庆雷达组合反射率因子(上左)和 1.5°仰角平均径向速度 PPI(上右)

以及沿 60°径向,距离雷达 64～99 km(A—B)的反射率因子垂直剖面(下左)和平均径向速度垂直剖面(下右)

(图中白色或紫色"＋"为长寿龙河位置)

3.9　2011 年 7 月 23 日大风冰雹

　　实况:强对流天气主要发生在重庆西部,以大风(13 个区县)为主,伴有冰雹和短时强降水。主要发生时段是 23 日 16 时到 20 时,回波整体自南向北移动。江津的支坪 16:33 极大风速达 37.7 m/s。最大小时雨量出现在江津的珞璜,为 82.6 mm(23 日 17 时)。

　　主要影响系统:850 hPa 至 500 hPa 低涡切变,500 hPa 温度槽,850 hPa 温度脊,低空急流。

　　系统配置及演变:23 日 08—20 时,500 hPa 温度槽与 850 hPa 温度脊相交于重庆中西部的湿舌中,四川北部有西北风穿越 500 hPa 干区吹向重庆西部的湿舌之上,重庆中西部地区不稳定能量显著;850 hPa 至 500 hPa 低涡切变维持在重庆西部地区,并发展加深,贵州—重庆西部有低空急流生成,且 14 时有地面辐合线位于重庆西部地区,有利于西部地区不稳定能量的释放。

站名	极大风速/m·s⁻¹	小时降水/mm	站名	极大风速/m·s⁻¹	小时降水/mm
(区县)	(时间)	(时间)	(区县)	(时间)	(时间)
巴南(巴南)	17.0(16:32)	4.0(17:00)	璧山(璧山)	17.1(19:51)	56.8(20:00)
支坪(江津)	37.7(16:33)	18.2(17:00)	双山(铜梁)	19.6(19:52)	9.5(20:00)
青杠(璧山)	19.8(16:59)	7.1(18:00)	渝北(渝北)	20.7(19:55)	1.1(20:00)
花溪(巴南)	22.1(17:10)	17.9(18:00)			
杨家坪(九龙坡)	27.0(17:14)	33.6(18:00)			
沙坪坝(沙坪坝)	18.8(17:25)	19.5(18:00)			
井口(沙坪坝)	19.6(17:29)	8.2(18:00)			
北碚(北碚)	18.7(17:43)	0(18:00)			
三汇(合川)	20.9(18:13)	7.1(19:00)			
革命水库(永川)	24.4(18:25)	36.3(19:00)			
双河(荣昌)	22.8(18:25)	2.6(19:00)			
荣昌(荣昌)	18.2(18:33)	1.5(19:00)			
高升(大足)	18.9(19:07)	7.8(20:00)			
金佛山(南川)	18.1(19:30)	0(20:00)			

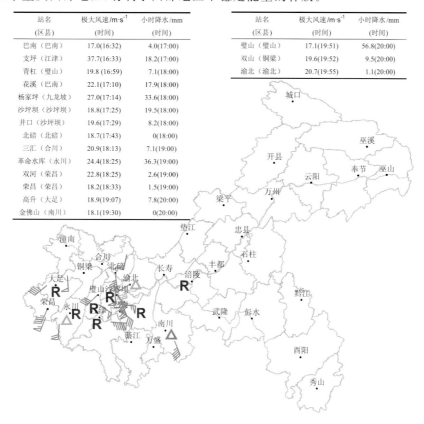

2011 年 7 月 22 日 20:00—23 日 20:00,大风、冰雹和短时强降水分布

2011 年 7 月 23 日 08:00 500 hPa(左)和 850 hPa(右)天气形势

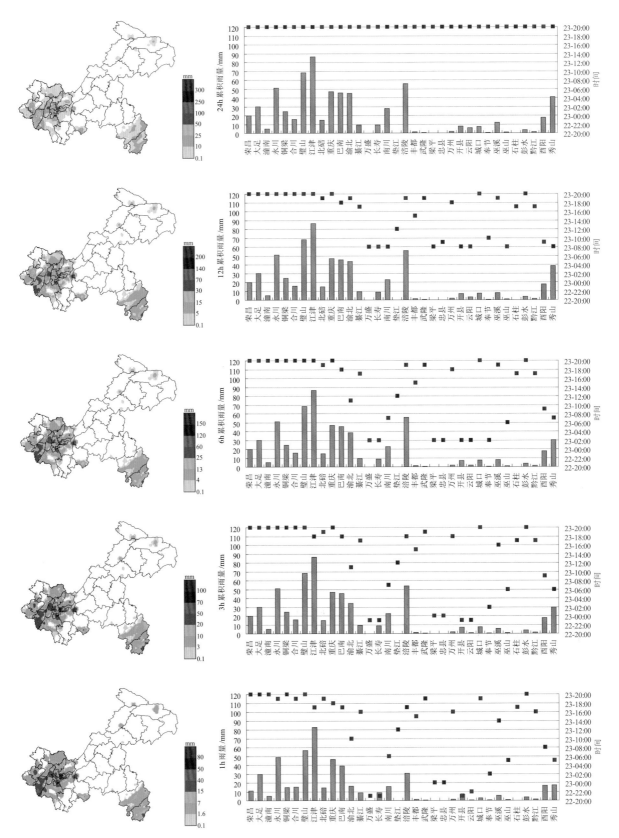

2011 年 7 月 22 日 20：00—23 日 20：00 的 24 h、12 h、6 h、3 h 和 1 h 最大降水分布（932 个雨量站）

（其中最大 24 h、12 h、6 h、3 h 和 1 h 累积雨量分别为 86.5 mm、86.5 mm、86.5 mm、86.4 mm 和 82.6 mm）

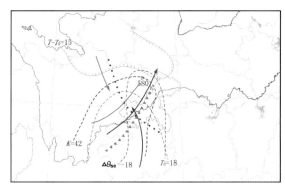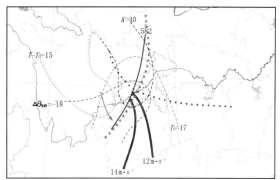

2011 年 7 月 23 日 08 时(左)和 20 时(右)中尺度天气环境条件场分析

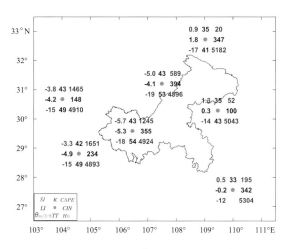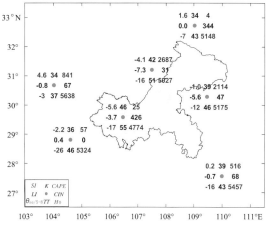

2011 年 7 月 23 日 08 时(左)和 20 时(右)对流参数和特征高度分布

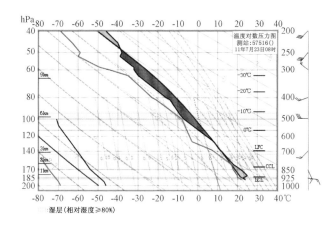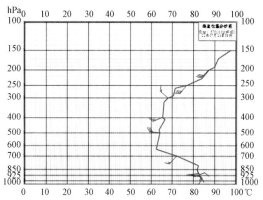

2011 年 7 月 23 日 08 时 57516 (沙坪坝)T-$\ln p$ 图(左)和假相当位温变化图(右)

　　从沙坪坝探空资料分析,7 月 23 日 08 时的环境条件有利于雷雨大风、短时强降水和冰雹的发生:
1)从 800 hPa 到 630 hPa,θ_{se} 下降了 20 ℃,条件不稳定特征明显;2)从 925 hPa 到 800 hPa,温度层结曲线
与干绝热线基本平行;3)对流有效位能较强(1245 J/kg),对流抑制能适中(355 J/kg);4)LI、TT、SI 和
K 指数分别达 -5.3 ℃、54 ℃、-5.7 ℃ 和 43 ℃,表明对流层中层和中下层存在热力不稳定层结;5)有两层
较厚的湿层位于 800 hPa 和 500 hPa 上下,850 hPa 比湿达 15 g/kg;6)540 hPa 到 700 hPa 有明显的干空
气层,温湿层结曲线"上干冷、下暖湿"特征明显;7)0 ℃层高度 4.92 km,-20 ℃层高度 8.07 km,较有利
于冰雹发生。

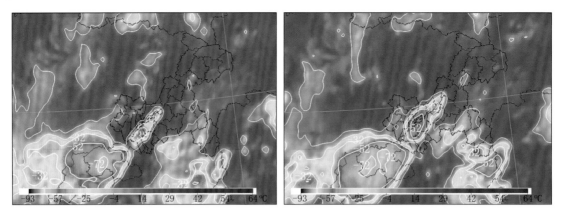

2011年7月23日16:00(左)和17:00(右)FY2E卫星IR1通道TBB云图

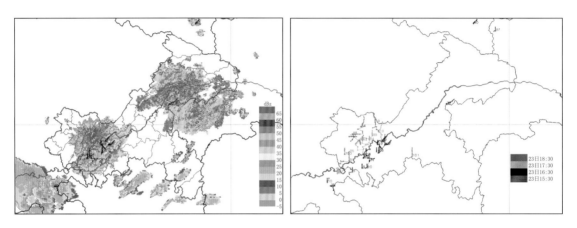

2011年7月23日CR拼图(左,16:30,重庆、万州和恩施雷达)及回波跟踪(右,15:30—18:30)

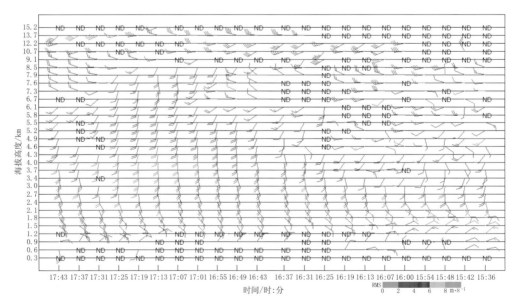

2011年7月23日15:36—17:43重庆雷达VWP演变图

　　卫星云图上,16:00前后,以江津北部为中心有对流云团迅速发展。15:00左右,雷达回波从江津南部发展并向偏北方向缓慢移动,到16:30左右在江津北部达到最强。强对流回波影响重庆西部大部分地区,持续时间约5 h(15:00—20:00)。重庆雷达VWP上,16:37以后,900 m左右为偏北风,1.5 km为东南风,表明低层有明显的垂直风切变。

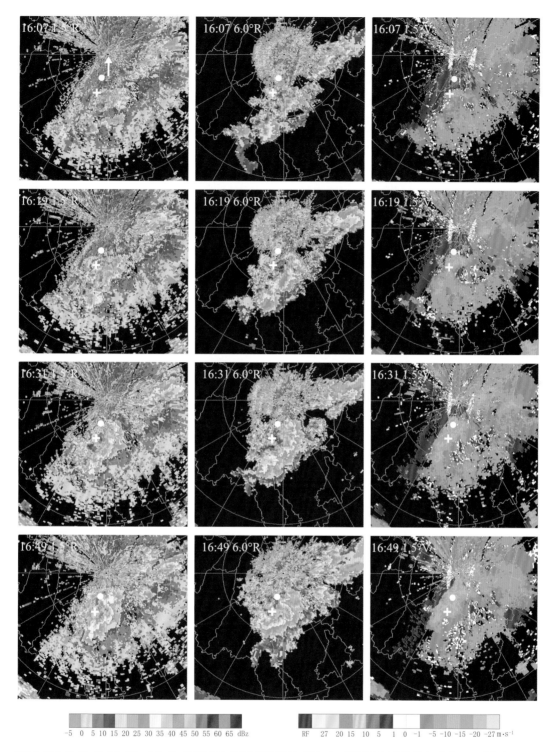

2011 年 7 月 23 日 16：07—16：49 重庆雷达反射率因子（1.5 和 6.0°仰角）和平均径向速度（1.5°仰角）PPI
（图中白色"＋"为江津支坪位置，白色圆点为江津珞璜位置，白色粗箭头指向雷达，支坪相对于重庆雷达
方位 196.5°，距离 32 km，珞璜相对于重庆雷达方位 195.5°，距离 20 km）

　　雷达回波向偏北移动，前方反射率因子梯度大（参考三维视图）；后侧入流明显，有 20 m/s 以上的低层径向速度大值区（参考径向速度剖面）；VIL 高达 65～70 kg/m²（16：55—17：01，渝北东南部，图略），18 dBz 回波顶高大于 17 km（15：48—16：25，江津北部，图略），10 min 地闪密度 15～20 次/78.5 km²。16：49 左右，与珞璜短时强降水有关的回波具有低质心特征（参考反射率因子剖面图），45 dBz 的回波多在 5 km 以下。需要注意，对距离雷达较近的回波顶高和 VIL 可能低估（参考三维视图）。

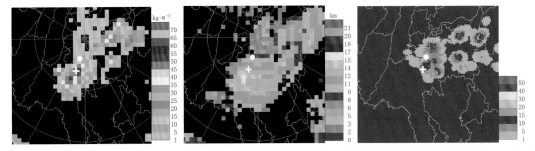

2011 年 7 月 23 日 16:31 重庆雷达 VIL（左）、ET（中）和 16:30—16:40 的地闪密度图（右，单位：次/78.5 km²）

（图中白色"＋"为江津支坪位置，白色圆点为江津珞璜位置）

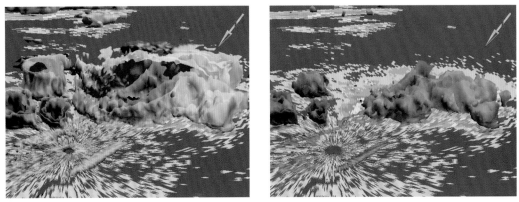

2011 年 7 月 23 日 16:31 重庆雷达得到的江津支坪附近反射率因子三维视图

（左图：外层 18 dBz，内层 40 dBz；右图：外层 40 dBz，内层 50 dBz）

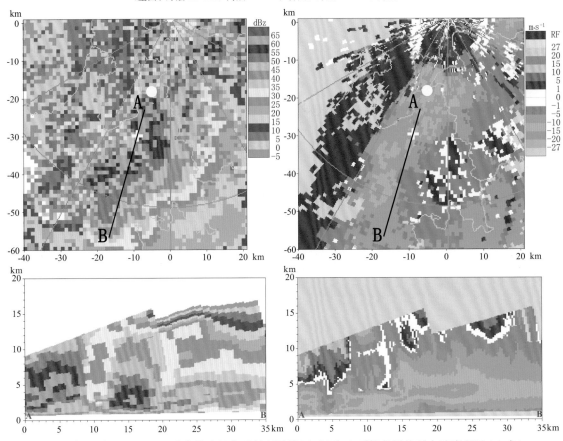

2011 年 7 月 23 日 16:31 重庆雷达组合反射率因子（上左）和 1.5°仰角平均径向速度 PPI（上右）

以及沿 196°径向，距离雷达 25～60 km(A—B)的反射率因子垂直剖面（下左）和平均径向速度垂直剖面（下右）

（图中白色"＋"为江津支坪位置，白色圆点为江津珞璜位置）

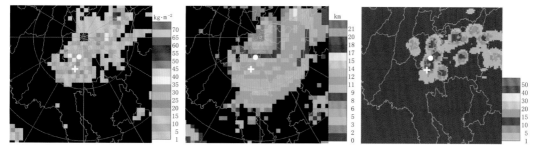

2011 年 7 月 23 日 16:49 重庆雷达 VIL（左）、ET（中）和 16:40—16:50 的地闪密度图（右，单位：次/78.5 km²）

（图中白色"＋"为江津支坪位置，白色圆点为江津珞璜位置）

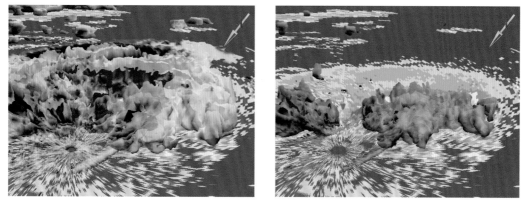

2011 年 7 月 23 日 16:49 重庆雷达得到的江津珞璜附近反射率因子三维视图

（左图：外层 18 dBz，内层 40 dBz；右图：外层 40 dBz，内层 50 dBz）

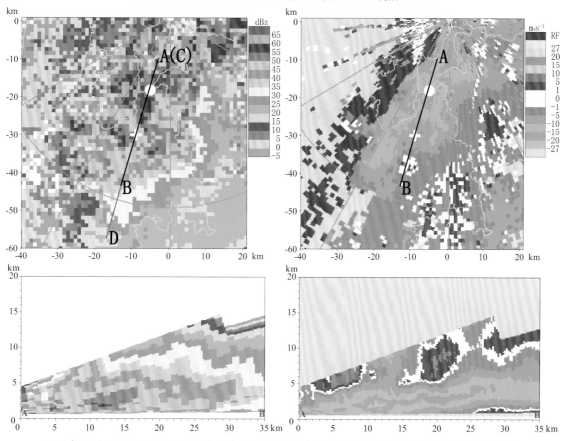

2011 年 7 月 23 日 16:49 重庆雷达组合反射率因子（上左）和 1.5° 仰角平均径向速度 PPI（上右）

以及沿 196° 径向，距离雷达 11～46 km(A—B) 的反射率因子垂直剖面（下左）和平均径向速度垂直剖面（下右）

（图中白色"＋"为江津支坪位置，白色圆点为江津珞璜位置，经过图中 C—D 的剖面演变见下页图）

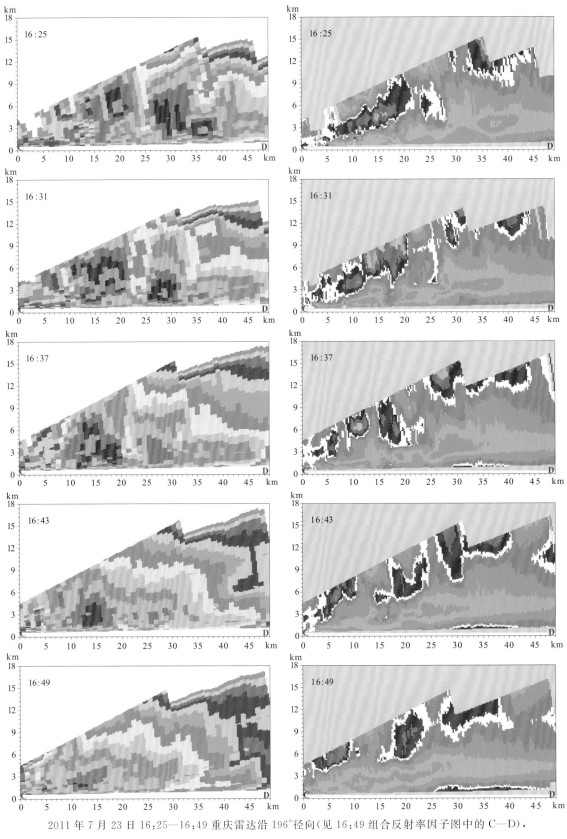

2011 年 7 月 23 日 16:25—16:49 重庆雷达沿 196°径向(见 16:49 组合反射率因子图中的 C—D)，
距离雷达 11～60 km 的反射率因子垂直剖面(左)和平均径向速度垂直剖面(右)

　　从 16:25—16:37 的 12 min 内，高反射率因子核急速下降，低层出现径向速度大值区，在下塌着的反射率因子核顶部偏南一侧出现中层径向辐合(16:31 的平均径向速度垂直剖面图上最为明显)。

3.10　2011 年 7 月 27 日大风冰雹

实况:强对流天气主要发生在重庆中西部和东南部,以大风(14 个区县)和冰雹(2 个区县)为主,伴有短时强降水。主要发生时段为 27 日 16 时到 21 时。渝北的御临 19:28 极大风速达 33.1 m/s,彭水的小厂乡冰雹最大直径约 3 cm。此次过程全市因灾死亡 3 人,受伤 7 人。

主要影响系统:500 hPa 低槽,925 hPa 至 850 hPa 切变线,850 hPa 温度脊。

系统配置及演变:27 日 08 时,500 hPa 低槽西段停滞于重庆南部,从 850 hPa 至 500 hPa 的低槽或切变的位置来看,低槽具有前倾特征,同时,850 hPa 较强西南气流与湿舌自贵州北部伸向重庆南部,重庆南部层结不稳定性显著;午后,前倾低槽、低空切变线、地面辐合线、较强西南气流与层结不稳定性增长等条件有利于强对流天气的产生。

站名	极大风速/m·s⁻¹	小时降水/mm		站名	极大风速/m·s⁻¹	小时降水/mm
(区县)	(时间)	(时间)		(区县)	(时间)	(时间)
石郎(黔江)	17.5(16:59)	0(17:00)		华蓥山(合川)	17.2(20:30)	0(21:00)
凤来(武隆)	21.9(17:13)	8.4(18:00)		大泉(酉阳)	22.6(20:32)	7.4(21:00)
天星寺(巴南)	22.4(18:06)	0(19:00)				
朱杨(江津)	20.8(18:38)	0(19:00)				
健龙(璧山)	24.6(18:56)	37.3(20:00)				
渝北(渝北)	19.7(19:24)	0(20:00)				
南川(南川)	25.1(19:26)	22.1(20:00)				
板桥(永川)	19.8(19:26)	0(20:00)				
御临(渝北)	33.1(19:28)	16.2(20:00)				
虎溪(沙坪坝)	21.0(19:28)	0(20:00)				
宴家(长寿)	19.0(19:28)	0(20:00)				
二坪(铜梁)	19.0(20:28)	0.7(21:00)				
雍溪(大足)	17.0(20:30)	0(21:00)				

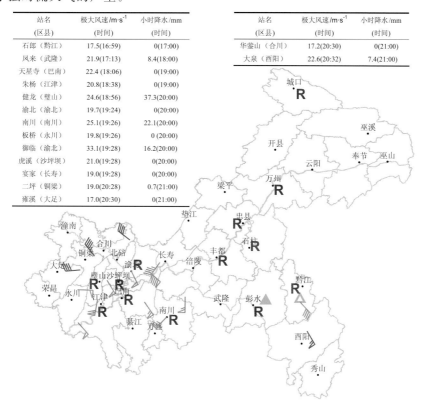

2011 年 7 月 27 日 08:00—28 日 08:00,大风、冰雹和短时强降水分布

2011 年 7 月 27 日 08:00 500 hPa(左)和 850 hPa(右)天气形势

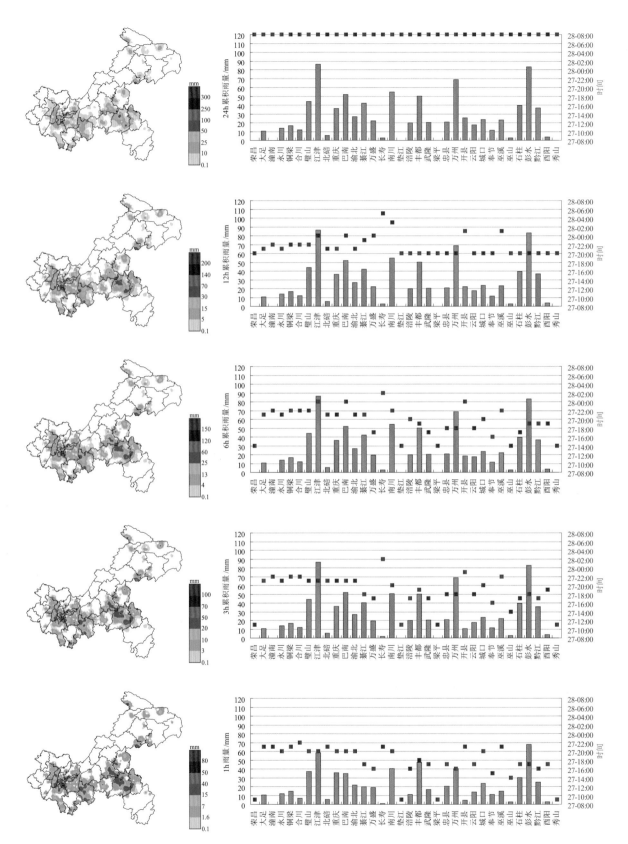

2007 年 7 月 27 日 08：00—28 日 08：00 的 24 h、12 h、6 h、3 h 和 1 h 最大降水分布（929 个雨量站）

（其中最大 24 h、12 h、6 h、3 h 和 1 h 累积雨量分别为 86.7 mm、86.7 mm、86.7 mm、86.6 mm 和 68 mm）

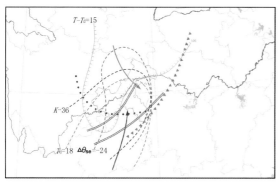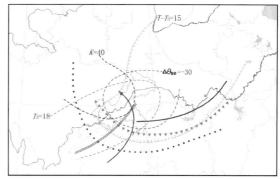

2011 年 7 月 27 日 08 时(左)和 20 时(右)中尺度天气环境条件场分析

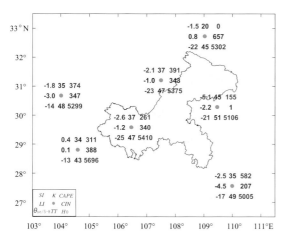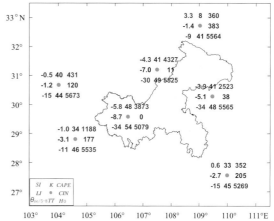

2011 年 7 月 27 日 08 时(左)和 20 时(右)对流参数和特征高度分布

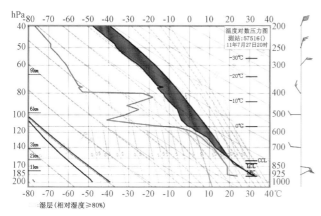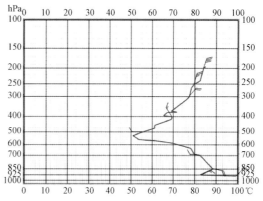

2011 年 7 月 27 日 20 时 57516(沙坪坝)$T-\ln p$ 图(左)和假相当位温变化图(右)

从沙坪坝探空资料分析,7 月 27 日 20 时的环境条件有利于雷暴大风的发生:1)从 850 hPa 到 530 hPa,θ_{se} 下降了 37℃,条件不稳定特征非常明显;2)从近地面到 700 hPa,温度层结曲线与干绝热线基本平行;3)对流有效位能很强,CAPE 值高达 3873 J/kg;4)LI 指数达 −8.7℃,表明从 LFC(接近地面)至 500 hPa(约 5.84 km)存在热力不稳定层结;5)K 指数高达 48℃(850 hPa 与 500 hPa 温差达 30℃,850 hPa 的露点为 19℃,700 hPa 的温度露点差为 1℃),表明对流层中下层存在热力不稳定层结;6)风向垂直切变明显,850 hPa 和 700 hPa 风向呈东西"对头风";7)对流层高层到 600 hPa 以上有明显的干空气层,与 600 hPa 以下到 850 hPa 以上的湿层形成"上干冷、下暖湿"的温湿层结特征。

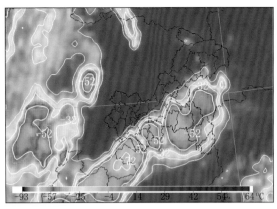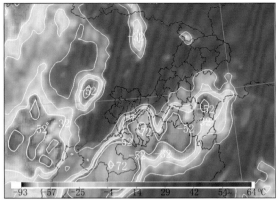

2011 年 7 月 27 日 18 时(左)和 19 时(右)FY2E 卫星 IR1 通道 TBB 云图

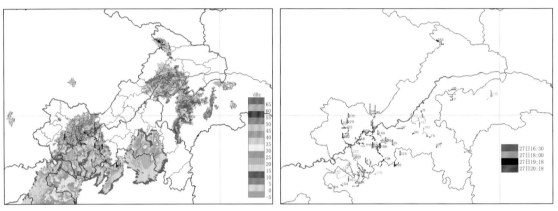

2011 年 7 月 27 日 CR 拼图(左,19:18,重庆、万州和恩施雷达)及回波跟踪(右,16:30—20:18)

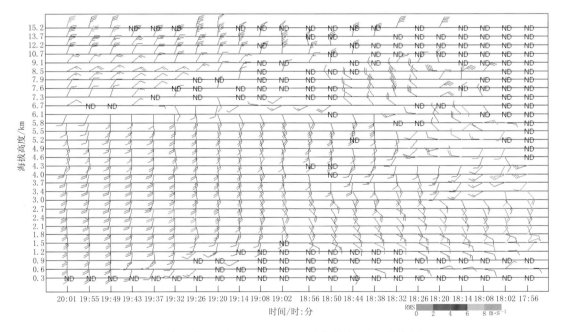

2011 年 7 月 27 日 17:56—20:01 重庆雷达 VWP 演变图

　　卫星云图上,亮温梯度大值区维持在长江沿线及以南。16:00 前后,綦江南部和彭水等地有强对流回波迅速发展,尤其是西部的回波带,一直缓慢北移,影响到西部大部分地区,持续时间约 4 h(16:00—20:00)。重庆雷达 VWP 上,19:30 前后,6 km 以下以 8～12 m/s 的偏南风为主(VWP 主要由平均径向速度反演得到),与探空不一致,表明弱的环境风对回波移向的影响不大。

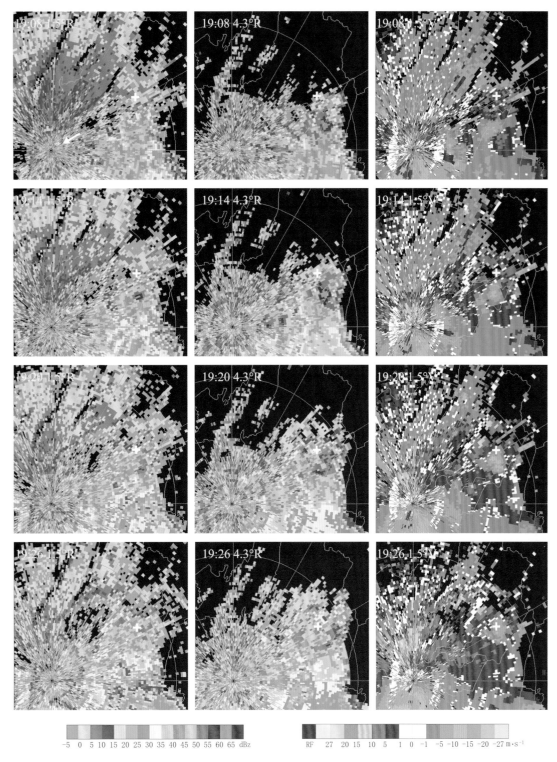

−5　0　5　10　15　20　25　30　35　40　45　50　55　60　65 dBz　　　RF　27　20　15　10　5　1　0　−1　−5　−10　−15　−20　−27 m·s⁻¹

2011 年 7 月 27 日 19:08—19:26 重庆雷达反射率因子(1.5°和 4.3°仰角)和平均径向速度(1.5°仰角)PPI
(图中白色"＋"为渝北御临位置,白色粗箭头指向雷达,御临相对于重庆雷达方位 58°,距离 40 km)

　　雷达回波向偏北移动,前方反射率因子梯度大(参考三维视图),有回波悬垂(参考反射率因子剖面),低层辐散较强(参考径向速度剖面,朝向雷达与离开雷达的径向速度差在 20 m/s 以上),可能存在下击暴流;VIL 高达 70 kg/m²,18 dBz 回波顶高大于 18 km(17:44,巴南东南部,图略),10 min 地闪密度 20～30 次/78.5 km²。需要注意,对距离雷达较近的回波顶高和 VIL 可能低估(参考三维视图)。

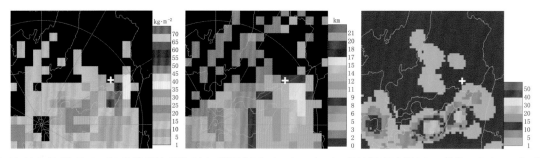

2011年7月27日19：14重庆雷达VIL(左)、ET(中)和19：10—19：20的地闪密度图(右，单位：次/78.5 km²)

(图中白色"＋"为渝北御临位置)

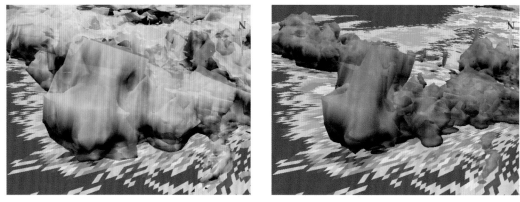

2011年7月27日19：14重庆雷达得到的渝北御临附近反射率因子三维视图

(左图：外层18 dBz，内层40 dBz；右图：外层40 dBz，内层50 dBz)

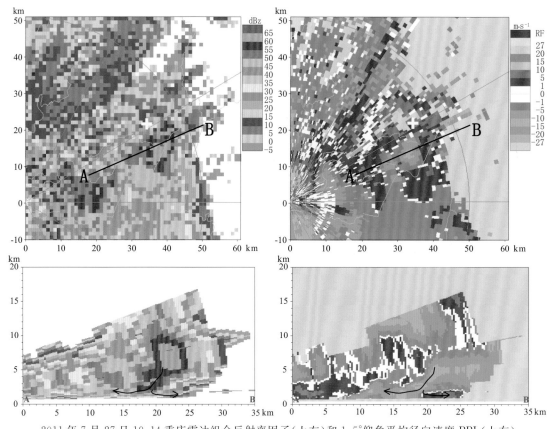

2011年7月27日19：14重庆雷达组合反射率因子(上左)和1.5°仰角平均径向速度PPI(上右)

以及沿67°径向，距离雷达19～54 km(A—B)的反射率因子垂直剖面(下左)和平均径向速度垂直剖面(下右)

(图中白色"＋"为渝北御临位置，剖面图中黑色箭头表明可能存在的低层强辐散)

第4章 低层暖平流强迫类强对流天气分析图

低空暖平流强迫类强对流天气过程简表

序号	天气过程时间	强天气类型	主要天气系统	天气雷达特征	页码
1	1992年4月28日夜间到29日凌晨	冰雹、大风、短时强降水	500 hPa低槽及温度槽，850 hPa至700 hPa切变线，700 hPa急流，地面至850 hPa热低压，850 hPa温度脊		52
2	2002年8月25日凌晨到早晨	大风、短时强降水	500 hPa低槽，500 hPa温度槽，925 hPa至700 hPa低涡切变，850 hPa及700 hPa低空急流，925 hPa至850 hPa温度脊，地面辐合线		54
3	2007年7月17日凌晨到夜间	短时强降水	850 hPa至500 hPa低涡，850 hPa至700 hPa急流		56
4	2009年8月3日凌晨到下午	短时强降水	500 hPa低槽，850 hPa及700 hPa低涡，850 hPa温度脊	低空急流，列车效应，后侧入流，中气旋	60
5	2010年6月19日凌晨到下午	短时强降水	500 hPa低槽，700 hPa及850 hPa低涡，700 hPa及850 hPa急流，850 hPa温度脊	低空急流，局地气旋性涡旋	66
6	2012年8月30日夜间到31日上午	短时强降水	500 hPa低槽，700 hPa切变线，850 hPa低涡，低空急流	低空急流，后向传播，列车效应，低回波质心	73
7	2013年6月24日白天到25日凌晨	短时强降水	500 hPa低槽，700 hPa及850 hPa切变线，850 hPa温度脊	低层辐合，低回波质心，回波稳定少动	79
8	2013年6月30日夜间到7月1日白天	短时强降水	850 hPa至500 hPa低涡，低空急流，850 hPa温度脊	低空急流，局地气旋性涡旋，后向传播，列车效应	85
9	2014年4月18日凌晨到下午	冰雹、大风、短时强降水	500 hPa低槽，700 hPa辐合线，低空急流，地面至850 hPa热低压，850 hPa温度脊	回波悬垂，低层径向速度大值区	91
10	2014年6月3日凌晨到早晨	短时强降水	500 hPa低槽，700 hPa及850 hPa低涡，850 hPa温度脊，地面辐合线	低空急流，低层辐合，回波稳定少动	97
11	2014年8月30日夜间到31日下午	短时强降水	500 hPa低槽，700 hPa及850 hPa切变线，700 hPa急流及温度槽，850 hPa温度脊	部分强降水回波稳定少动且有低回波质心特征	103
12	2014年9月1日凌晨到下午	短时强降水	500 hPa低槽，700 hPa及850 hPa切变线，700 hPa及850 hPa急流，700 hPa温度槽，850 hPa温度脊	低空急流，低回波质心	109

4.1 1992年4月28日冰雹大风

实况:强对流天气主要发生在重庆西部,以冰雹(6站)和大风(4站)为主,伴有短时强降水。主要发生时段为28日夜间到29日凌晨。璧山和綦江最大冰雹直径分别达5 cm和4 cm。

主要影响系统:500 hPa低槽及温度槽,850 hPa至700 hPa切变线,700 hPa急流,地面至850 hPa热低压,850 hPa温度脊。

系统配置及演变:28日20时,重庆地区为冷槽前部的热低压控制,重庆西部700 hPa有西南低空急流存在,850 hPa有较强东南气流;至29日08时,冷槽及切变东移。在槽前切变线、强偏南气流、热低压与700 hPa干空气的共同作用下,重庆西部的暖湿不稳定区域产生强对流天气。

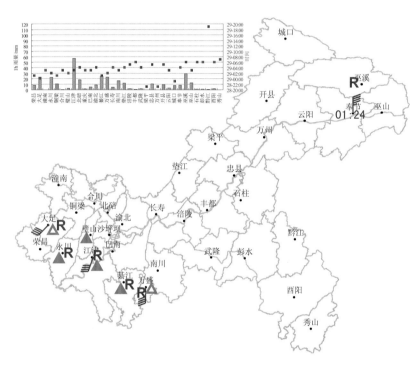

1992年4月28日20时—29日20时,冰雹、大风和短时强降水分布

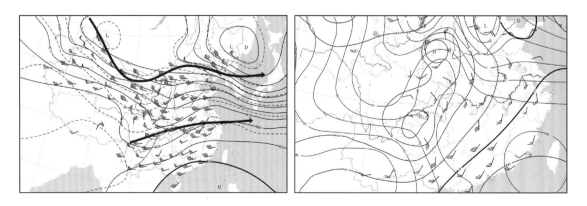

1992年4月28日20时500 hPa(左)和850 hPa(右)天气形势

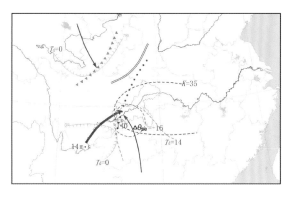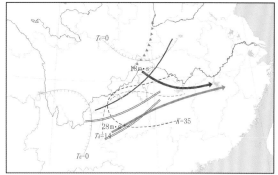

1992年4月28日20时(左)和29日08时(右)中尺度天气环境条件场分析

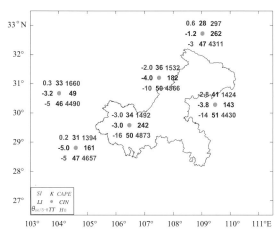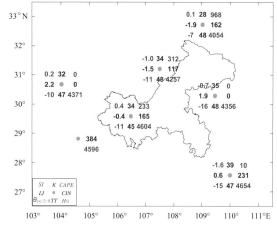

1992年4月28日20时(左)和29日08时(右)对流参数和特征高度分布

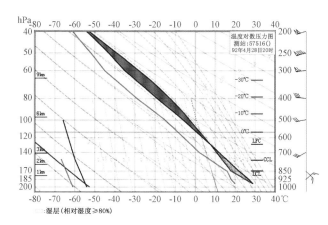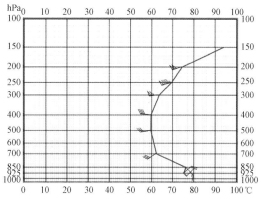

1992年4月28日20时57516(沙坪坝)T-$\ln p$图(左)和假相当位温变化图(右)

　　从沙坪坝探空资料分析,4月28日20时的环境条件有利于冰雹和雷雨大风的发生:1)从850 hPa到700 hPa,θ_{se}下降了14℃,条件不稳定特征明显;2)对流有效位能较强(1492 J/kg),对流抑制能适中(242 J/kg);3)LI、TT和SI指数分别达−3.0℃、50℃、−3.0℃,表明对流层中层存在热力不稳定层结;4)850 hPa与700 hPa之间垂直风切变很大,形成东南风与西偏南风对吹;5)温湿层结整层偏干,500 hPa到200 hPa为偏西风,风速随高度增加,200 hPa存在40m/s的偏西高空急流;6)0℃层高度4.87 km,−20℃层高度7.62 km,有利于冰雹发生。

4.2 2002 年 8 月 25 日大风

实况:强对流天气主要发生在重庆中西部的长江沿线及以北地区,以大风(6站)和短时强降水为主。主要发生时段在 25 日凌晨到早晨。荣昌因洪灾死亡 1 人。

主要影响系统:500 hPa 低槽,500 hPa 温度槽,925 hPa 至 700 hPa 低涡切变,850 hPa 及 700 hPa 低空急流,925 hPa 至 850 hPa 温度脊,地面辐合线。

系统配置及演变:24 日 20 时—25 日 08 时,500 hPa 冷槽自盆地中部东移至重庆北侧,850 hPa 偏南气流发展,切变逐渐北移,在湿舌内部、低空急流北侧、冷槽与低涡切变之间、地面辐合线附近产生强对流天气。

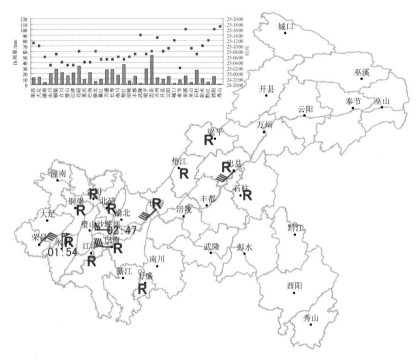

2002 年 8 月 24 日 20 时—25 日 20 时,大风和短时强降水分布

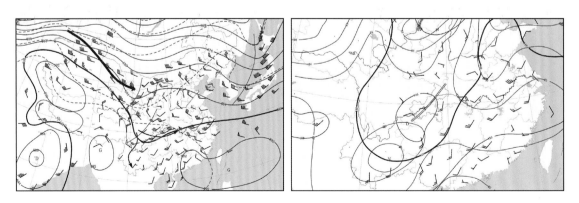

2002 年 8 月 24 日 20 时 500 hPa(左)和 850 hPa(右)天气形势

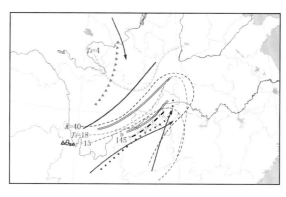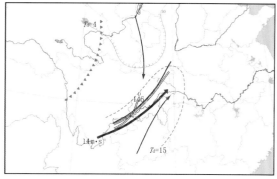

2002年8月24日20时(左)和25日08时(右)中尺度天气环境条件场分析

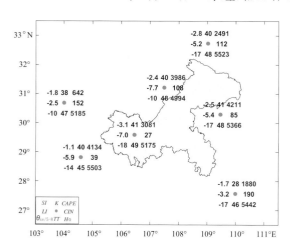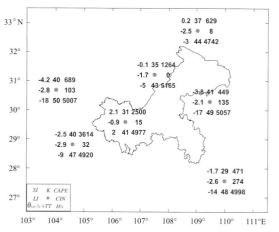

2002年8月24日20时(左)和25日08时(右)对流参数和特征高度分布

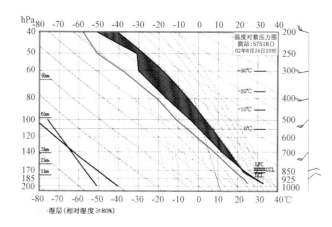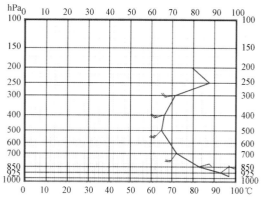

2002年8月24日20时57516(沙坪坝)T-$\ln p$图(左)和假相当位温变化图(右)

　　从沙坪坝探空资料分析,8月24日20时的环境条件有利于大风和短时强降水的发生:1)从近地面到500 hPa,θ_{se}下降了32℃,条件不稳定特征明显;2)从近地面到850 hPa,温度层结曲线与干绝热线基本平行;3)对流有效位能很强,CAPE值高达3081 J/kg;4)LI指数达−7.0℃,表明对流层中层,即LFC(约827 hPa或1685 m)至500 hPa(约5860 m)存在热力不稳定层结;5)低层垂直风切变明显,风向明显顺转,925 hPa和700 hPa风向呈东北风与西南风的"对头风";6)虽然温湿层结整层偏干,但低层暖湿,近地面温度达33℃(露点达25℃,比湿为21 g/kg),850 hPa相对湿度为73%,但温度达23℃(露点达18℃,比湿为15 g/kg)。从近地面到850 hPa高温高湿可能是这次大风过程伴随有短时强降水的原因之一。

4.3 2007年7月17日短时强降水

实况：强对流天气主要发生在重庆西部和中部，以短时强降水（16个区县）为主。主要发生时段是17日凌晨以后。最大小时雨量出现在北碚的董家溪，为89.7 mm（17日07时）。从16日开始到24日，全市因灾死亡36人，失踪6人，受伤199人。

主要影响系统：850 hPa至500 hPa低涡，850 hPa至700 hPa急流。

系统配置及演变：16日20时至17日08时，850 hPa及500 hPa低涡维持在重庆西北部；低涡前侧贵州—湖南一带有西南急流存在，而贵州吹向重庆西部的偏南气流也逐渐加强至急流强度；暖湿舌控制重庆地区。深厚西南涡及低空急流的维持少动有利于强降雨天气的出现。

2007年7月16日20时—17日20时短时强降水分布

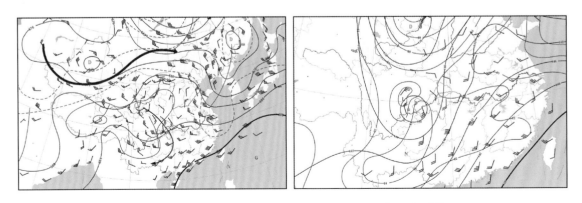

2007年7月16日20时500 hPa（左）和850 hPa（右）天气形势

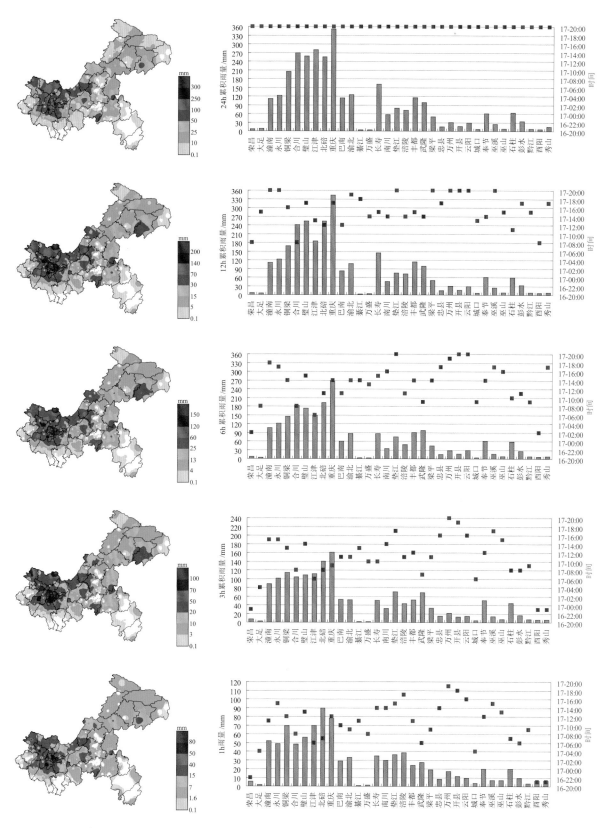

2007 年 7 月 16 日 20 时—17 日 20 时的 24 h、12 h、6 h、3 h 和 1 h 最大降水分布（258 个雨量站）

（其中最大 24 h、12 h、6 h、3 h 和 1 h 累积雨量分别为 351.3 mm、343.8 mm、268.0 mm、160.5 mm 和 89.7 mm）

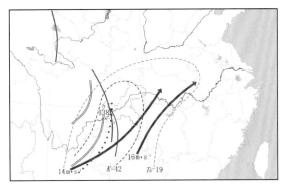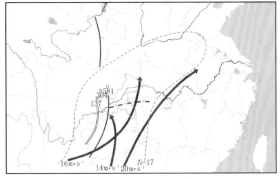

2007 年 7 月 16 日 20 时(左)和 17 日 08 时(右)中尺度天气环境条件场分析

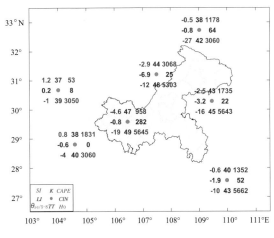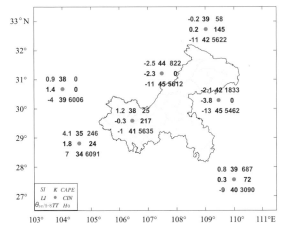

2007 年 7 月 16 日 20 时(左)和 17 日 08 时(右)对流参数和特征高度分布

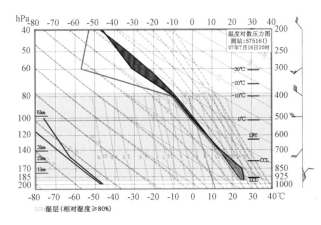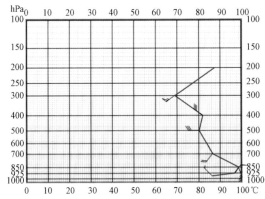

2007 年 7 月 16 日 20 时 57516(沙坪坝)T-$\ln p$ 图(左)和假相当位温变化图(右)

从沙坪坝探空资料分析,7 月 16 日 20 时的环境条件有利于短时强降水的发生:1)湿层从近地面一直伸展到 400 hPa 左右,850 hPa 比湿达 20 g/kg;2)从 850 hPa 到 500 hPa,θ_{se} 下降了 19℃,条件不稳定特征明显;3)对流有效位能适中(958 J/kg);4)SI 指数达 −4.6℃,表明对流层中层存在热力不稳定层结;5)K 指数高达 47℃(850 hPa 与 500 hPa 温差为 26℃,850 hPa 的露点为 22℃,700 hPa 的温度露点差为 1℃),表明对流层中下层存在热力不稳定层结;6)500 hPa 以下风随高度顺转明显,尤其是 925 hPa 和 700 hPa 风向呈东北风与西南风的"对头风"。

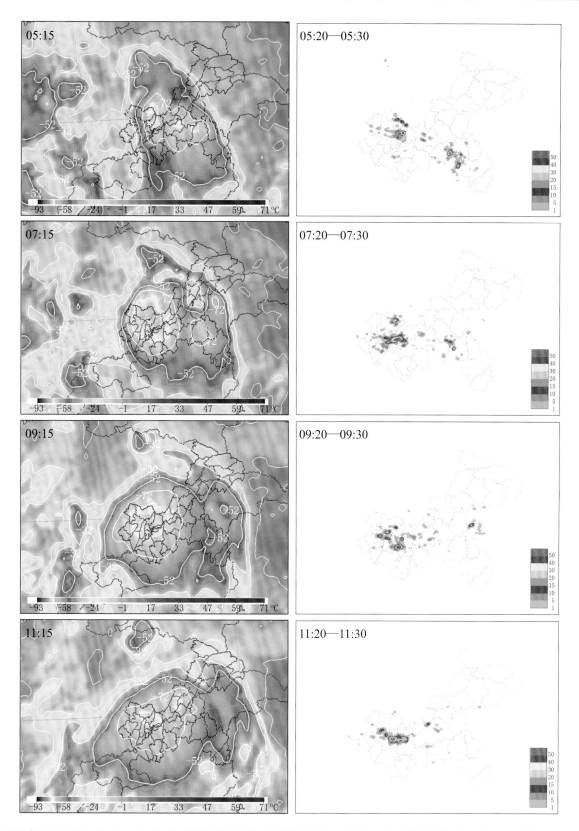

2007年7月17日05:15—11:15的FY2D卫星IR1通道TBB图(左)和10 min地闪密度图(右,单位:次/78.5 km²)

从17日05:15到11:15的卫星云图演变可见,重庆除东北部外,大部分地区被TBB低于—52℃的云罩覆盖,整个云罩呈准静止状态。云罩西部有陡变的云顶温度梯度,冷云顶向亮温梯度大的方向(向西)膨胀,最冷云顶与地闪密度大值区和短时强降水区一致。10 min地闪密度达到50次/78.5 km²以上。

4.4 2009年8月3日短时强降水

实况:强对流天气主要发生在重庆西部,以短时强降水(10个区县)为主。主要发生时段是3日凌晨到下午。最大小时雨量出现在铜梁的土桥,为60.6 mm(3日04时)。从2日开始到5日,整个过程全市因灾死亡10人,失踪1人,受伤40人。

主要影响系统:500 hPa低槽,850 hPa及700 hPa低涡,850 hPa温度脊。

系统配置及演变:2日20时—3日08时,500 hPa高原低槽自四川西部移至四川中部;盆地东部减弱后的低涡再次发展起来,低涡前侧出现低空急流;850 hPa温度脊位于重庆西部地区,湿舌呈西南—东北走向,由云南伸向重庆东部。低涡及其前侧的西南暖湿气流的增强有利于强降雨的出现。

2009年8月2日20时—3日20时短时强降水分布

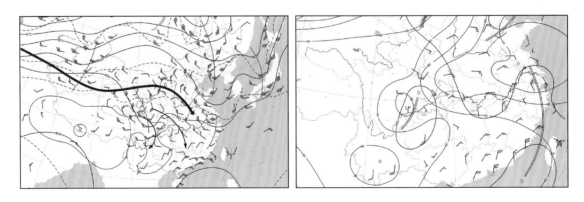

2009年8月2日20时500 hPa(左)和850 hPa(右)天气形势

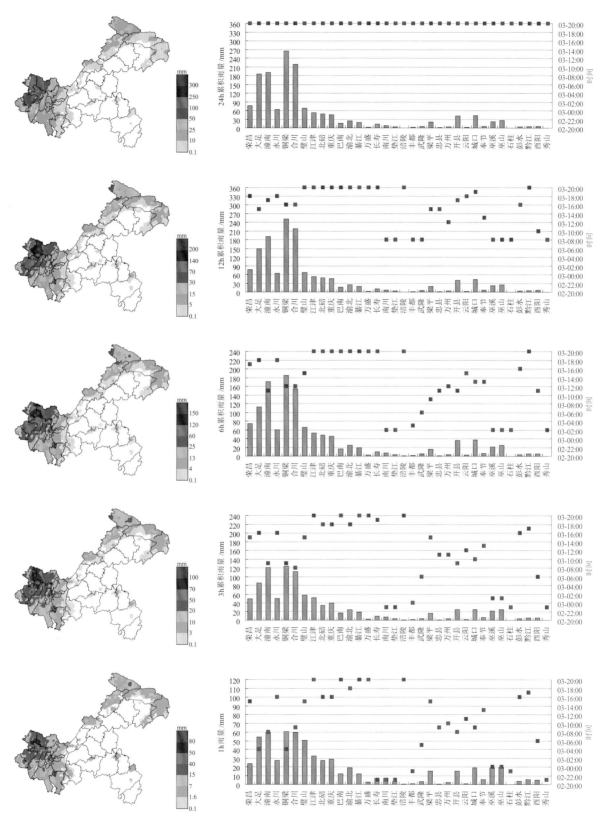

2009 年 8 月 2 日 20 时—3 日 20 时的 24 h、12 h、6 h、3 h 和 1 h 最大降水分布(744 个雨量站)

(其中最大 24 h、12 h、6 h、3 h 和 1 h 累积雨量分别为 265.8 mm、251.1 mm、185.5 mm、123.4 mm 和 60.6 mm)

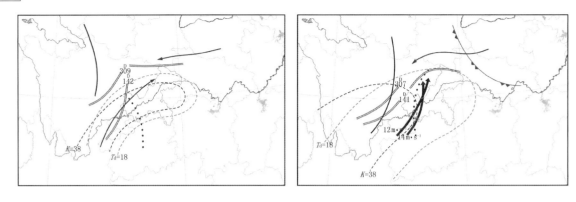

2009 年 8 月 2 日 20 时(左)和 3 日 08 时(右)中尺度天气环境条件场分析

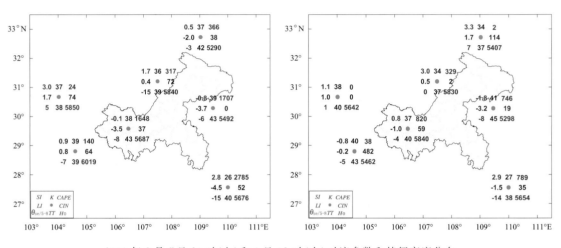

2009 年 8 月 2 日 20 时(左)和 3 日 08 时(右)对流参数和特征高度分布

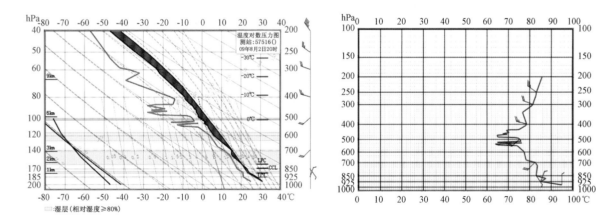

2009 年 8 月 2 日 20 时 57516(沙坪坝)$T\text{-}\ln p$ 图(左)和假相当位温变化图(右)

从沙坪坝探空资料分析,8 月 2 日 20 时的环境条件有利于短时强降水的发生:1)从 700 hPa 到 535 hPa,θ_{se} 下降了 19℃,条件不稳定特征明显;2)对流有效位能较高(1648 J/kg);3)K 指数达 38℃(850 hPa 与 500 hPa 温差为 24℃,850 hPa 的露点为 18℃,700 hPa 的温度露点差为 4℃),表明对流层中下层存在热力不稳定层结;4)垂直风切变较弱;5)600 hPa 以下层结偏湿,850 hPa 比湿达 15 g/kg,对流层高层到 600 hPa 有明显的干空气层,温湿层结曲线"上干冷、下暖湿"特征明显。

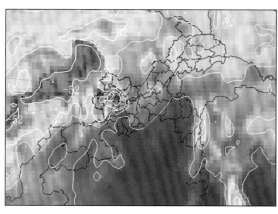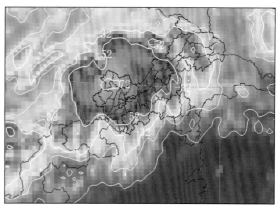

2009 年 8 月 3 日 04 时(左)和 08 时(右)FY2C 卫星 IR1 通道 TBB 云图

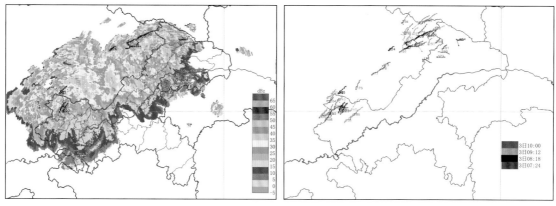

2009 年 8 月 3 日 CR 拼图(左,08:18,重庆和万州雷达)及回波跟踪(右,07:24—10:00)

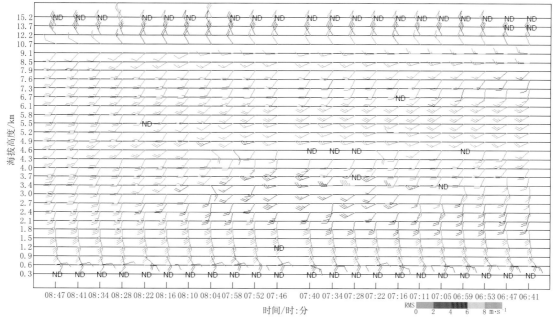

2009 年 8 月 3 日 06:41—08:47 重庆雷达 VWP 演变图

　　8 月 3 日 09:00,合川太和的小时雨量 59.5 mm。从 04:00 前后开始,重庆西部有强对流云团发展,到 08:00,−52℃亮温云罩已覆盖重庆中西部大部地区。强降水回波缓慢向东北方向移动,不断有回波在铜梁附近生成并补充入回波带,有列车效应特征,同时回波带整体缓慢偏东移动。重庆雷达 VWP 上,风随高度顺转,并存在 14 m/s 左右的偏南低空急流。

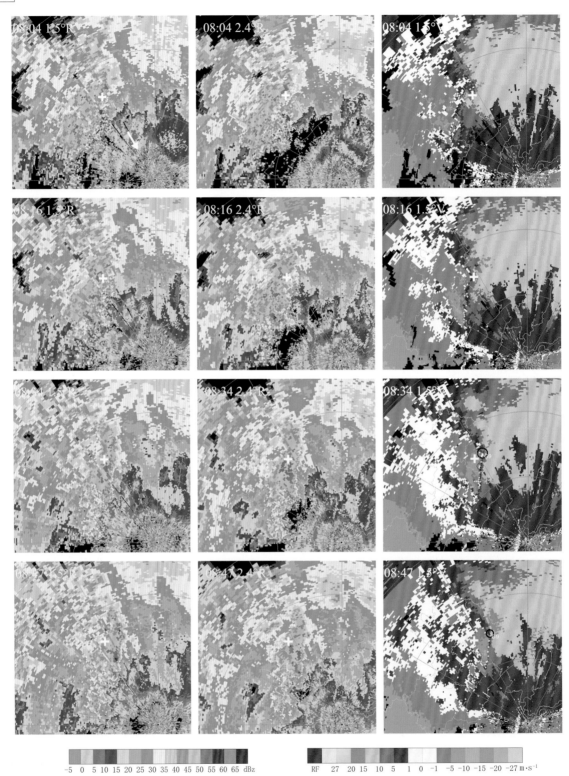

－5 0 5 10 15 20 25 30 35 40 45 50 55 60 65 dBz　　RF 27 20 15 10 5 1 0 －1 －5 －10 －15 －20 －27 m·s⁻¹

2009年8月3日08：04—08：47重庆雷达反射率因子（1.5°和2.4°仰角）和平均径向速度（1.5°仰角）PPI

（图中黑色空心圆为中气旋，白色"＋"为合川太和位置，白色粗箭头指向雷达，太和相对于重庆雷达方位327°，距离76 km）

　　强回波包裹在大片的层状降水回波中向东偏北移动，前方反射率因子梯度大（参考三维视图）；08：34左右，强的后侧入流导致合川太和东北面有向东的近似弓状的回波凸起，其上有中气旋。后侧入流与前侧上升气流的辐合加强了回波的发展（参考反射率因子和径向速度剖面图）。VIL 在 35～40 kg/m²，18 dBz 回波顶高在 15～17 km，10 min 地闪密度达 50 次/78.5 km² 以上。

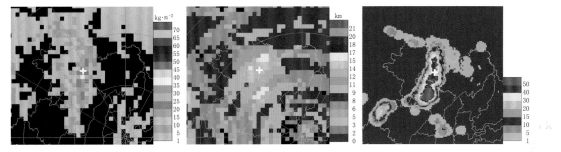

2009年8月3日08:34重庆雷达VIL(左)、ET(中)和08:30—08:40的地闪密度图(右,单位:次/78.5 km²)

(图中白色"＋"为合川太和位置)

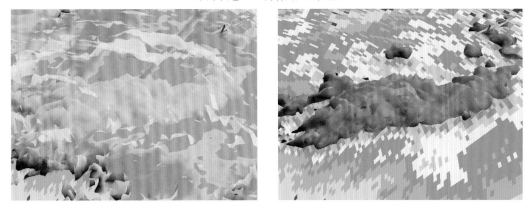

2009年8月3日08:34重庆雷达得到的合川太和附近反射率因子三维视图

(左图:外层18 dBz,内层40 dBz;右图:外层40 dBz,内层50 dBz)

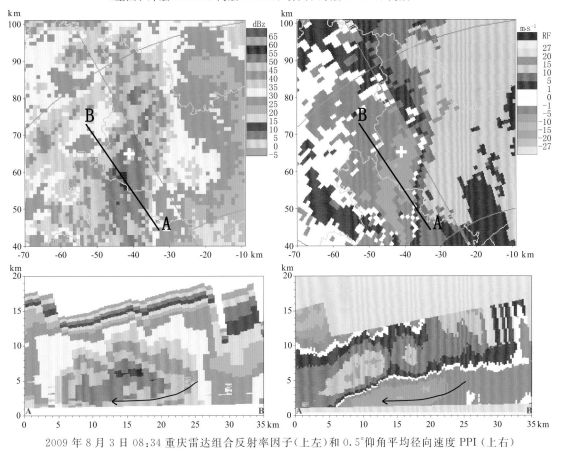

2009年8月3日08:34重庆雷达组合反射率因子(上左)和0.5°仰角平均径向速度PPI(上右)

以及沿323°径向,距离雷达55～90 km(A—B)的反射率因子垂直剖面(下左)和平均径向速度垂直剖面(下右)

(图中白色"＋"为合川太和位置,剖面图中黑色箭头为后侧入流)

4.5 2010 年 6 月 19 日短时强降水

实况：强对流天气主要发生在重庆西部以及中部偏南和东南部地区，以短时强降水（17 个区县）为主。主要发生时段是 19 日凌晨到下午。最大小时雨量出现在酉阳的清泉，为 73.1 mm（19 日 08 时）。此次过程全市因灾死亡 2 人，失踪 1 人，受伤 3 人。

主要影响系统：500 hPa 低槽，700 hPa 及 850 hPa 低涡，700 hPa 及 850 hPa 急流，850 hPa 温度脊。

系统配置及演变：18 日 20 时—19 日 08 时，500 hPa 低槽缓慢东移，槽前盆地南部有 700 hPa 和 850 hPa 低涡生成并东移，且重庆南部高温高湿，随着低空低涡前部西南气流的增强，暖湿条件进一步增加，有利于重庆南部地区出现强降雨。

2010 年 6 月 18 日 20 时—19 日 20 时短时强降水分布

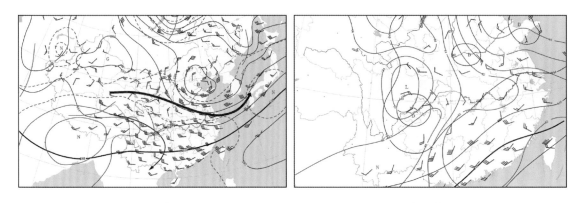

2010 年 6 月 18 日 20 时 500 hPa（左）和 850 hPa（右）天气形势

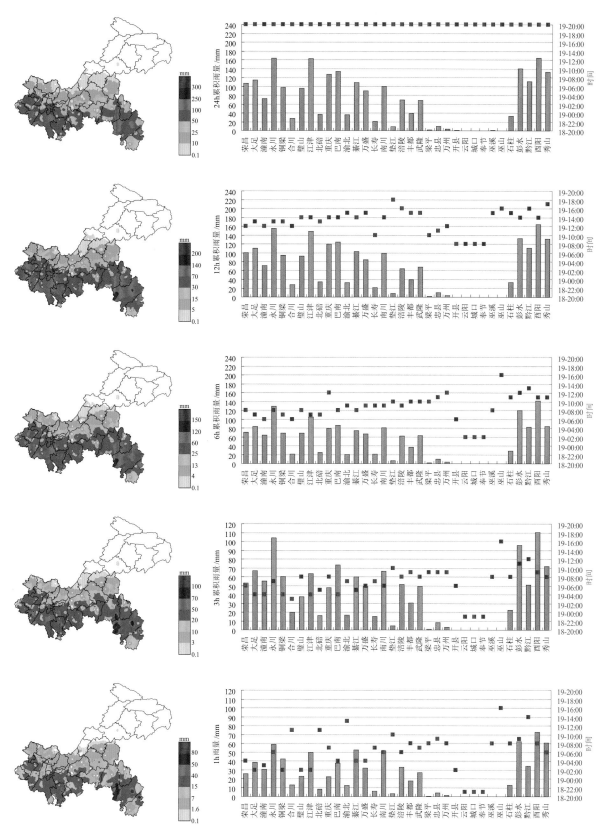

2010年6月18日20时—19日20时的24 h、12 h、6 h、3 h和1 h最大降水分布(851个雨量站)

(其中最大24 h、12 h、6 h、3 h和1 h累积雨量分别为164.2 mm、164.2 mm、142.7 mm、110.9 mm和73.1 mm)

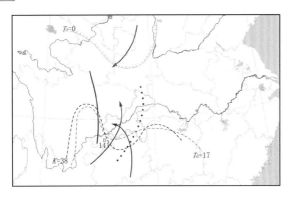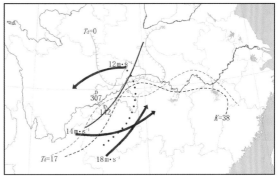

2010 年 6 月 18 日 20 时(左)和 19 日 08 时(右)中尺度天气环境条件场分析

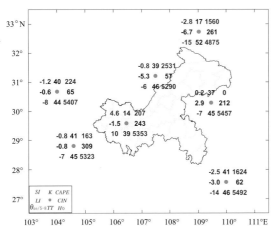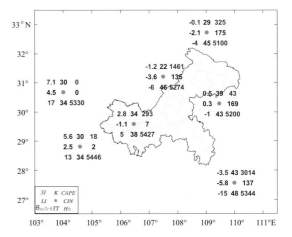

2010 年 6 月 18 日 20 时对流参数和特征高度(左)和 19 日 08 时(左)分布

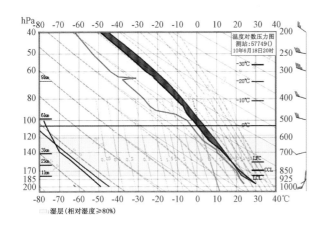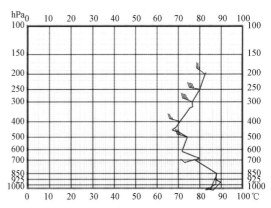

2010 年 6 月 18 日 20 时 57749(怀化)$T\text{-}\ln p$ 图(左)和假相当位温变化图(右)

从怀化探空资料分析,6 月 18 日 20 时的环境条件有利于短时强降水的发生:1)湿层从 850 hPa 伸展到 600 hPa 左右,850 hPa 比湿达 17 g/kg;2)从 850 hPa 到 620 hPa,θ_{se} 下降了 16℃,条件不稳定特征明显;3)对流有效位能较高(1624 J/kg);4)K 指数达 41℃(850 hPa 与 500 hPa 温差为 24℃,850 hPa 的露点为 20℃,700 hPa 的温度露点差为 3℃),表明对流层中下层存在热力不稳定层结;5)垂直风切变较弱;6)对流层高层到 600 hPa 有明显的干空气层,温湿层结曲线"上干冷、下暖湿"特征明显。

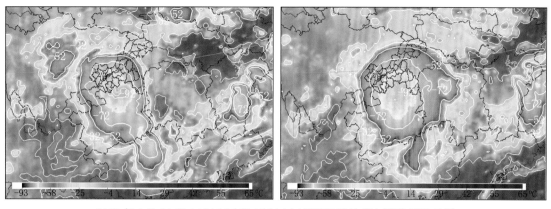

2010 年 6 月 19 日 04 时(左)和 07 时(右)FY2E 卫星 IR1 通道 TBB 云图

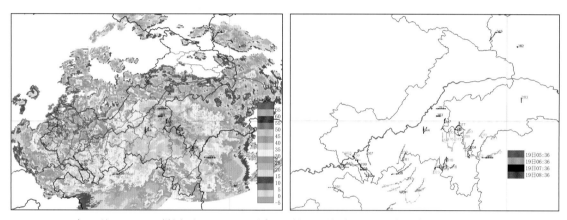

2010 年 6 月 19 日 CR 拼图(左,07:36,重庆、万州和恩施雷达)及回波跟踪(右,05:36—08:36)

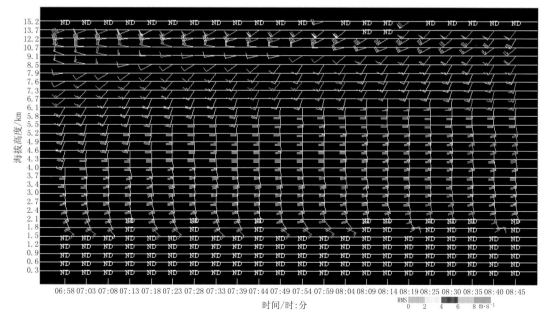

2010 年 6 月 19 日 06:58—08:45 黔江雷达 VWP 演变图

西阳清泉 08:00 小时雨量 73.1 mm,彭水鞍子 09:00 小时雨量 62.4 mm。19 日 00:00 开始,四川泸县附近到贵州西部的对流云团向重庆西部和南部发展加强(图略),到 07:00,—72℃亮温云罩覆盖重庆中西部和东南部大部地区,相应的雷达回波特征为强回波包裹在大片的层状降水回波中并缓慢向偏北或东北方向移动。黔江雷达 VWP 上,2～5 km 以偏南风为主,有 12 m/s 以上的偏南低空急流。

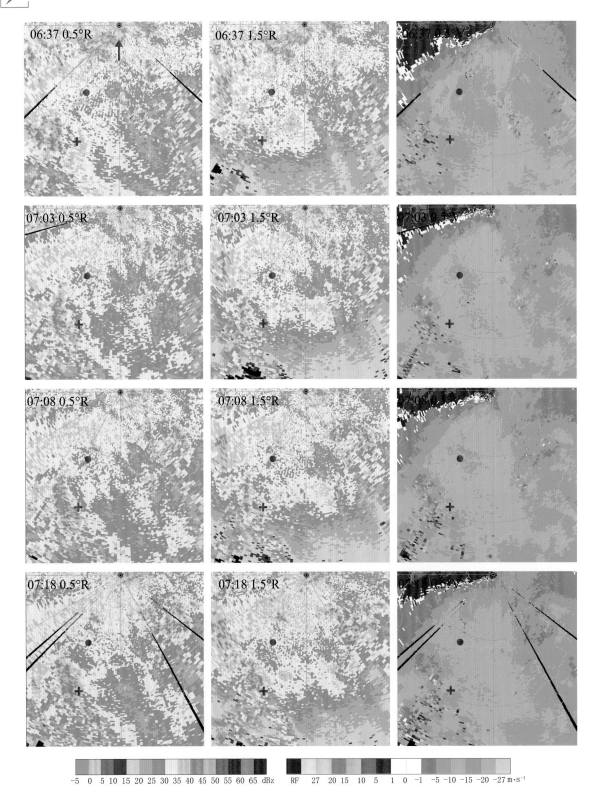

2010 年 6 月 19 日 06：37—07：18 黔江雷达反射率因子(0.5°和 1.5°仰角)和平均径向速度 (0.5°仰角)PPI
(图中紫色 "＋" 为酉阳清泉位置，紫色圆点为彭水鞍子位置，紫色粗箭头指向雷达，清泉相对于
黔江雷达方位 201°，距离 94 km，鞍子相对于黔江雷达方位 207°，距离 57 km)

  从 07：03—08：04，先后有两块强降水回波缓慢移过酉阳清泉，VIL 在 20kg/m² 左右，18 dBz 回波顶高在 14～15 km，10 min 地闪密度达 50 次/78.5 km² 以上。由于黔江雷达海拔高度在 1700 m 以上，探测不到靠近地面的回波，可能造成对 VIL 的低估。

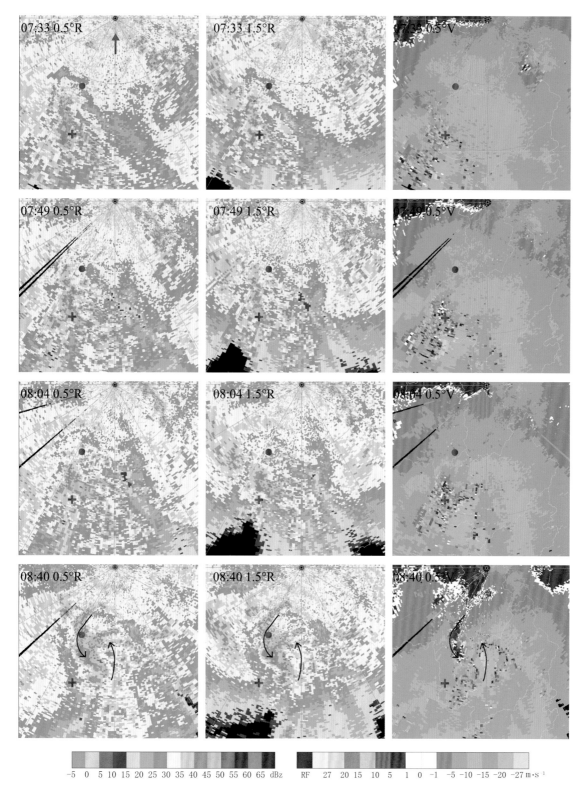

2010 年 6 月 19 日 07：33—08：40 黔江雷达反射率因子(0.5°和 1.5°仰角)和平均径向速度（0.5°仰角）PPI

（图中紫色"＋"为酉阳清泉位置，紫色圆点为彭水鞍子位置，紫色粗箭头指向雷达，黑色箭头表示局地气旋性涡旋，

清泉相对于黔江雷达方位 201°，距离 94 km，鞍子相对于黔江雷达方位 207°，距离 57 km)

　　从 07：03 左右开始，强降水回波在偏南低空急流左侧发展并向偏北方向移动，到 08：40，有局地气旋性涡旋发展。彭水鞍子位于局地气旋性涡旋西北象限。VIL 在 20 kg/m² 左右，18 dBz 回波顶高在 14～15 km，10 min 地闪密度在 40～50 次/78.5 km²。

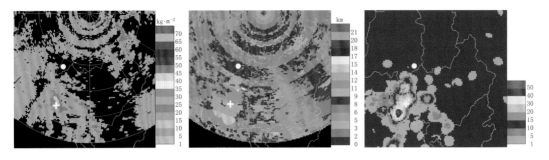

2010 年 6 月 19 日 07：49 黔江雷达 VIL（左）、ET（中）和 07：40—07：50 的地闪密度图（右，单位：次/78.5 km²）

（图中白色 "＋" 为酉阳清泉位置，白色圆点为彭水鞍子位置）

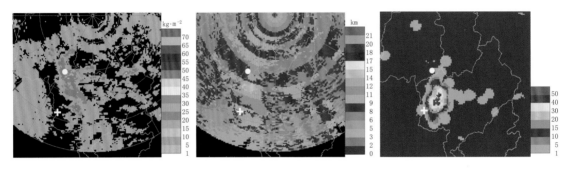

2010 年 6 月 19 日 08：40 黔江雷达 VIL（左）、ET（中）和 08：30—08：40 的地闪密度图（右，单位：次/78.5 km²）

（图中白色 "＋" 为酉阳清泉位置，白色圆点为彭水鞍子位置）

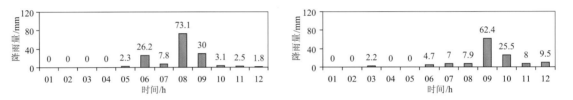

2010 年 6 月 19 日 01—12 时酉阳清泉（左）和彭水鞍子（右）小时雨量

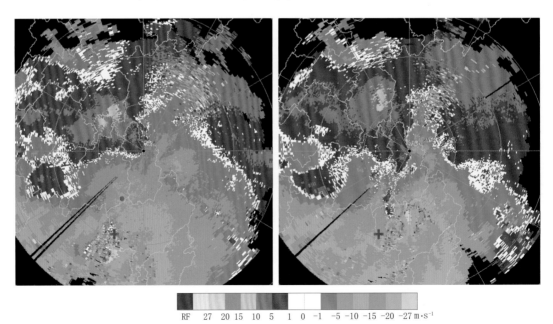

2010 年 6 月 19 日 07：49（左）和 08：40（右）黔江雷达 0.5°仰角平均径向速度 PPI

（图中紫色 "＋" 为酉阳清泉位置，紫色圆点为彭水鞍子位置）

4.6　2012年8月31日短时强降水

实况:强对流天气主要发生在重庆西部,以短时强降水(10个区县)为主。主要发生时段是30日夜间到31日上午。最大小时雨量出现在大足的石门村,为68.4 mm(31日08时)。此次过程大足因灾死亡1人。

主要影响系统:500 hPa低槽,700 hPa切变线,850 hPa低涡,低空急流。

系统配置及演变:30日20时—31日08时,大陆高压控制贵州至两湖地区并缓慢东移,高压西部四川境内500 hPa高空低槽移速缓慢,槽前盆地内有西南涡生成并维持在重庆西部,低涡前侧西南暖湿气流显著发展,为重庆西部强降雨提供了持续的上升运动和温湿条件。

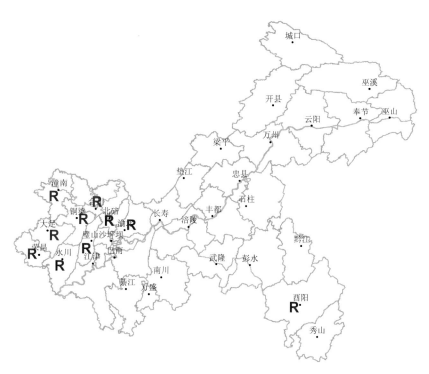

2012年8月30日20时—31日20时短时强降水分布

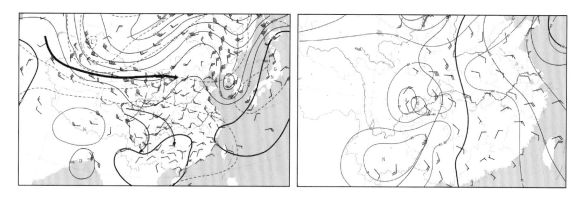

2012年8月31日20时500 hPa(左)和850 hPa(右)天气形势

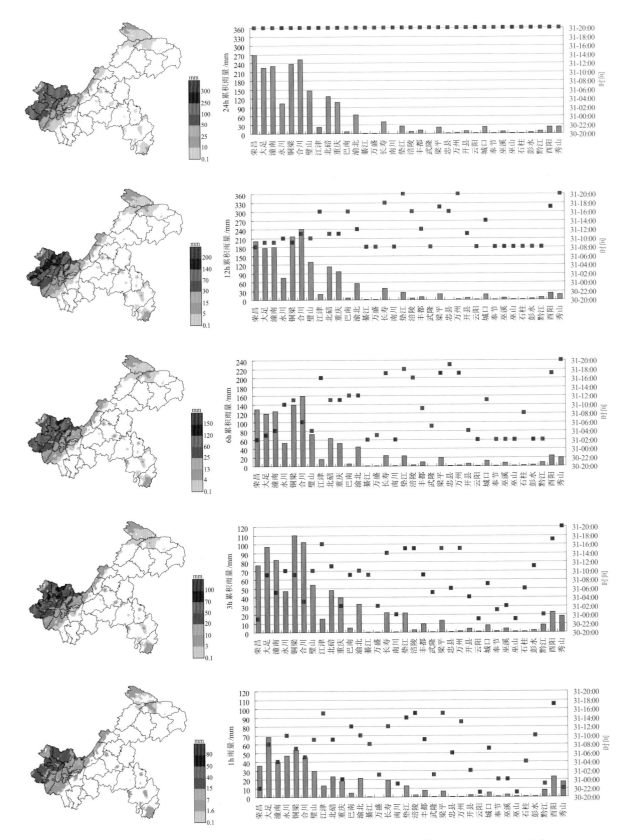

2012 年 8 月 30 日 20—31 日 20 时的 24 h、12 h、6 h、3 h 和 1 h 最大降水分布（1636 个雨量站）

（其中最大 24 h、12 h、6 h、3 h 和 1 h 累积雨量分别为 267.6 mm、242 mm、159.5 mm、110.4 mm 和 68.4 mm）

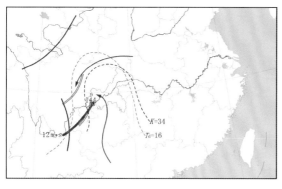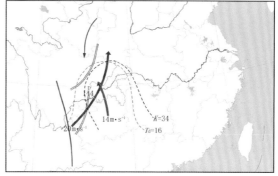

2012 年 8 月 30 日 20 时(左)和 31 日 08 时(右)中尺度天气环境条件场分析

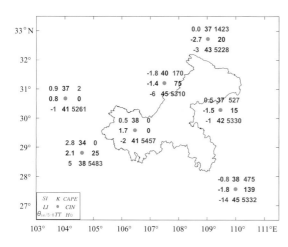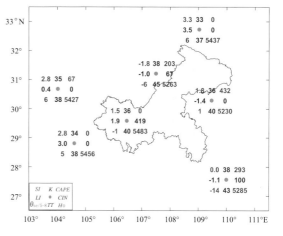

2012 年 8 月 30 日 20 时(左)和 31 日 08 时(右)对流参数和特征高度分布

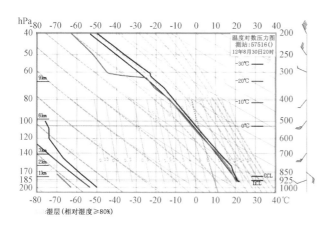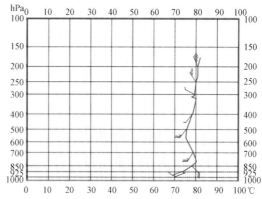

2012 年 8 月 30 日 20 时 57516(沙坪坝)T-$\ln p$ 图(左)和假相当位温变化图(右)

从沙坪坝探空资料分析,8 月 30 日 20 时的环境条件有利于短时强降水的发生:1)湿层深厚,从近地面一致伸展到 400 hPa 左右,温度露点差均在 2℃ 以下,850 hPa 和 700 hPa 比湿分别为 15 g/kg 和 12 g/kg;2)K 指数为 38℃(850 hPa 与 500 hPa 温差为 21℃,850 hPa 的露点为 18℃,700 hPa 的温度露点差为 1℃),表明对流层中下层存在热力不稳定层结;3)从 800 hPa 到 570 hPa,θ_{se} 下降了 5℃,具有一定的条件不稳定特征;4)垂直风切变较弱,850 hPa 到 700 hPa 风随高度顺转。

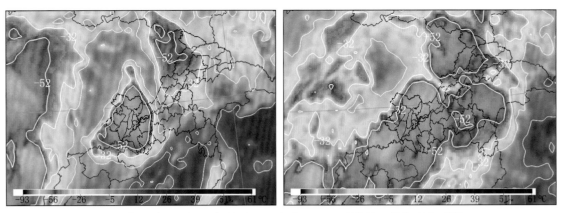

2012 年 8 月 31 日 00 时(左)和 06 时(右)FY2E 卫星 IR1 通道 TBB 云图

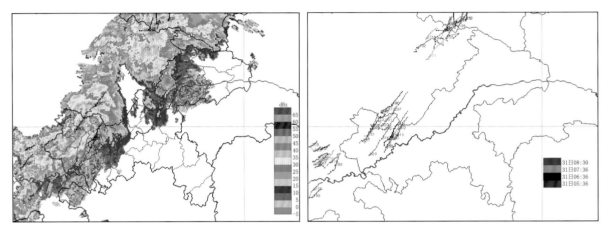

2012 年 8 月 31 日 CR 拼图(左,06:36,重庆、永川和万州雷达)及回波跟踪(右,05:36—08:30)

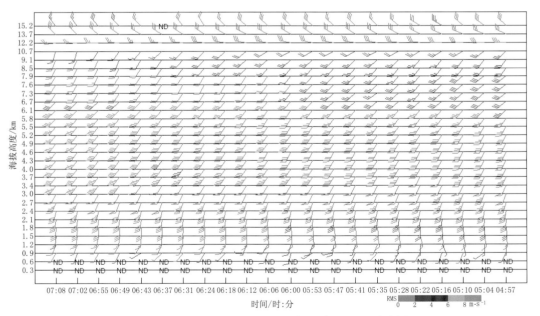

2012 年 8 月 31 日 04:57—07:08 永川雷达 VWP 演变图

31 日 09:00 前,铜梁二坪 3 h 累积雨量达 110.4 mm,逐时雨量为 53.3(07:00)、36.1 和 21 mm。30 日 21:00 左右(图略),大足北部有对流云团新生,之后在云团发展的过程中不断在其西南有新生云团产生。强降水回波带呈东北—西南向,其上的回波向东北方向移动。在永川雷达 VWP 上,2~3.7 km 低空急流一度达到 20 m/s 以上。

-5　0　5　10　15　20　25　30　35　40　45　50　55　60　65　dBz

RF　27　20　15　10　5　1　0　-1　-5　-10　-15　-20　-27　m·s⁻¹

2012 年 8 月 31 日 04：18—04：55 永川雷达反射率因子（0.5°和 1.5°仰角）和平均径向速度（1.5°仰角）PPI
（图中白色"＋"为铜梁二坪位置，白色粗箭头指向雷达，二坪相对于永川雷达方位 23°，距离 80 km）

　　回波带位于低空急流左侧，看似准静止（回波带整体缓慢东移），其上的降水回波单体向东北方向移动，在回波带西南方不断有新回波生成，具有后向传播和列车效应特征。45 dBz 的回波多在 5 km 以下（参考反射率因子剖面图），具有低回波质心特征。VIL 在 $20\sim25$ kg/m²，18 dBz 回波顶高在 $12\sim14$ km，10 min 地闪密度局部有 $10\sim15$ 次/78.5 km²，但强降水中心不一定有明显的地闪。

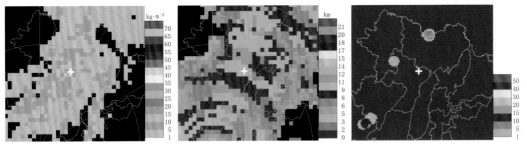

2012 年 8 月 31 日 04:43 永川雷达 VIL(左)、ET(中)和 04:40—04:50 的地闪密度图(右,单位:次/78.5 km²)

(图中白色"+"为铜梁二坪位置)

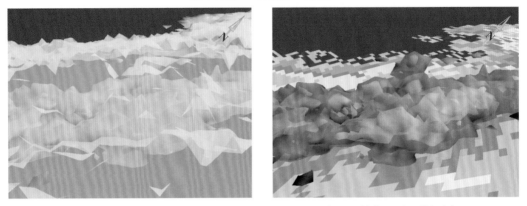

2012 年 8 月 31 日 04:43 永川雷达得到的铜梁二坪附近反射率因子三维视图

(左图:外层 18 dBz,内层 40 dBz;右图:外层 40 dBz,内层 45 dBz)

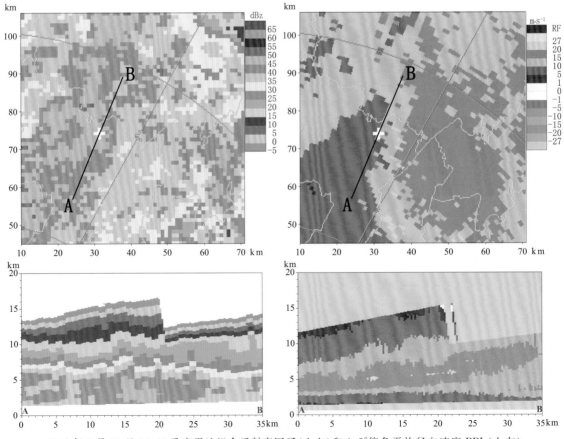

2012 年 8 月 31 日 04:43 重庆雷达组合反射率因子(上左)和 1.5°仰角平均径向速度 PPI(上右)

以及沿 23°径向,距离雷达 61~96 km(A—B)的反射率因子垂直剖面(下左)和平均径向速度垂直剖面(下右)

(图中白色"+"为铜梁二坪位置)

4.7　2013 年 6 月 24 日短时强降水

　　实况：强对流天气以短时强降水（20 个区县）为主。主要发生时段是 24 日白天到 25 日凌晨。最大小时雨量出现在南川的双河水库，为 78.2mm（24 日 19 时）。

　　主要影响系统：500 hPa 低槽，700 hPa 及 850 hPa 切变线，850 hPa 温度脊。

　　系统配置及演变：24 日 08 时，高原低槽到达四川中部，槽前 700 hPa 及 850 hPa 切变线逐渐影响重庆，切变线前部西南暖湿气流较强，850 hPa 可见由南海进入越南的热带低压后部有南风将水汽输送至重庆西部，重庆地区温湿条件显著。08 时—20 时，低槽及切变线东移，重庆地区出现较强雷雨天气。

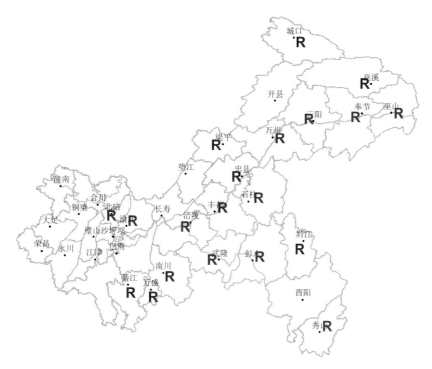

2013 年 6 月 24 日 08 时—25 日 08 时短时强降水分布

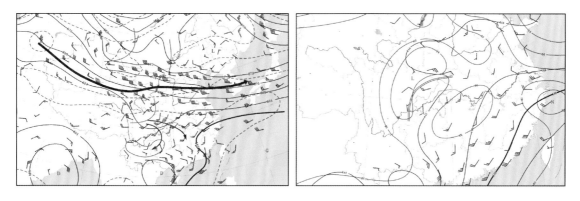

2013 年 6 月 24 日 08 时 500 hPa（左）和 850 hPa（右）天气形势

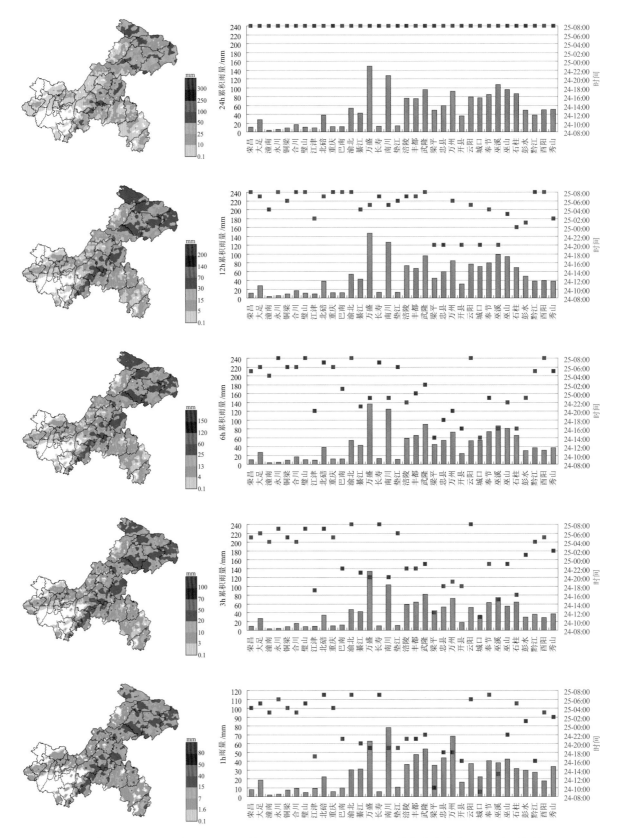

2013 年 6 月 24 日 08 时—25 日 08 时的 24 h、12 h、6 h、3 h 和 1 h 最大降水分布（1945 个雨量站）

（其中最大 24 h、12 h、6 h、3 h 和 1 h 累积雨量分别为 149.0 mm、147.1 mm、136.9 mm、134.1 mm 和 78.2 mm）

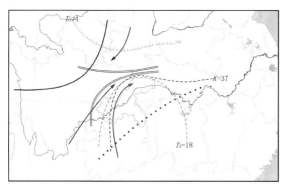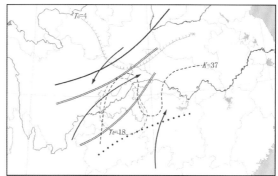

2013 年 6 月 24 日 08 时(左)和 20 时(右)中尺度天气环境条件场分析

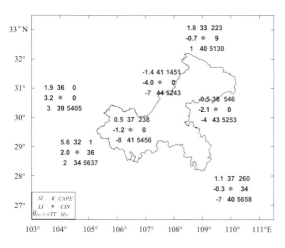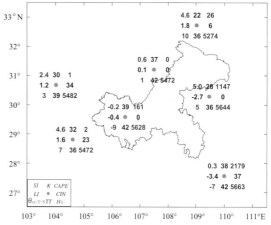

2013 年 6 月 24 日 08 时(左)和 20 时(右)对流参数和特征高度分布

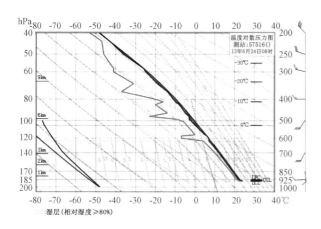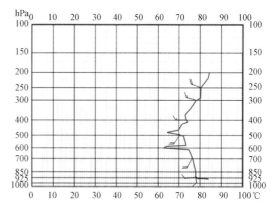

2013 年 6 月 24 日 08 时 57516(沙坪坝)$T\text{-}\ln p$ 图(左)和假相当位温变化图(右)

　　从沙坪坝探空资料分析,6 月 24 日 08 时的环境条件有利于短时强降水的发生:1)湿层较深厚,从近地面伸展到 600 hPa 左右,850 hPa 和 700 hPa 比湿分别为 15 g/kg 和 11 g/kg;2)K 指数为 37℃(850 hPa 与 500 hPa 温差为 21℃,850 hPa 的露点为 18℃,700 hPa 的温度露点差为 2℃),表明对流层中下层存在热力不稳定层结;3)从 850 hPa 到 500 hPa,θ_{se} 下降了 8℃,具有一定的条件不稳定特征;4)垂直风切变较弱,850 hPa 到 700 hPa 风随高度顺转;5)对流层高层到 600 hPa 有明显的干空气层,温湿层结曲线"上干冷、下暖湿"特征明显。

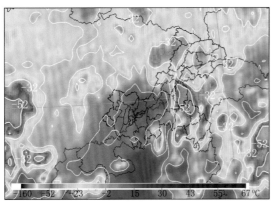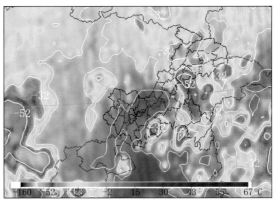

2013 年 6 月 24 日 17 时(左)和 18 时(右)FY2E 卫星 IR1 通道 TBB 云图

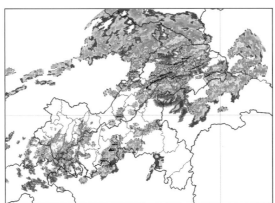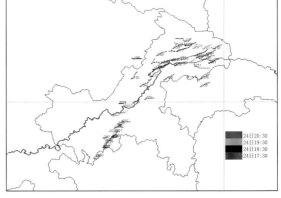

2013 年 6 月 24 日 CR 拼图(左,18:30,重庆、永川和万州雷达)及回波跟踪(右,17:30—18:30)

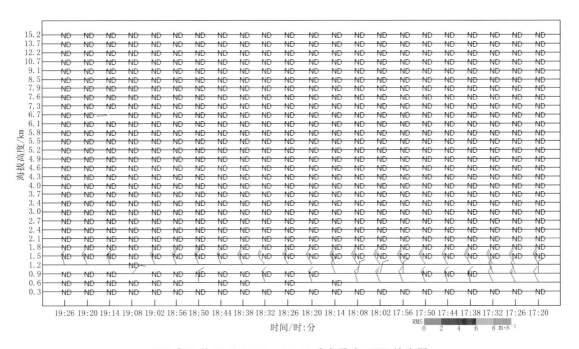

2013 年 6 月 24 日 17:20—19:26 重庆雷达 VWP 演变图

　　24 日 20:00 前,万盛南门 3h 累积雨量达 134.1 mm,逐时雨量为 15.7、62.6(19:00)和 55.8 mm。在 850 hPa 切变线附近,18:00 左右万盛、南川附近有 TBB 低于−32℃的对流云团发展,相应的雷达回波移动很慢。重庆雷达位于切变线北侧且主要为晴空区,VWP 产品仅在低层反演出 8 m/s 左右的西北偏北风。

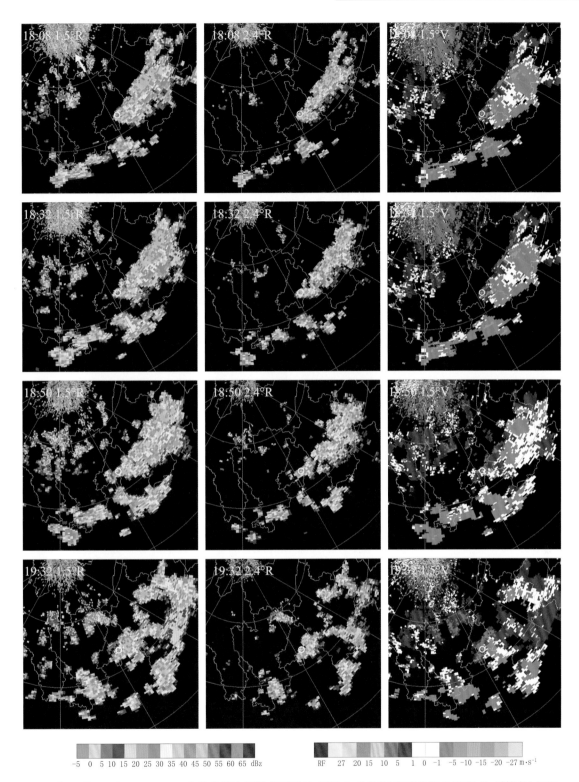

2013 年 6 月 24 日 18:08—19:32 重庆雷达反射率因子(1.5°和 2.4°仰角)和平均径向速度（1.5°仰角）PPI
（图中白色空心圆圈为万盛南门位置，白色粗箭头指向雷达，南门相对于重庆雷达方位 147°，距离 85 km）

　　万盛到南川的回波具有由小的对流单体组成的线状结构（参考三维视图），18 dBz 回波顶高达 17 km 以上，10 min 地闪密度达 40 次/78.5 km² 以上。南门附近回波稳定少动，18 dBz 回波顶高在 12 km 左右，VIL 在 20 kg/m² 左右，地闪不明显，径向速度图上有低层辐合和低回波质心特征（参考径向速度剖面）。

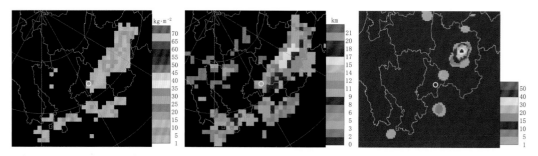

2013 年 6 月 24 日 18:32 重庆雷达 VIL（左）、ET（中）和 18:30—18:40 的地闪密度图（右，单位：次/78.5 km²）

（图中白色空心圆圈为万盛南门位置）

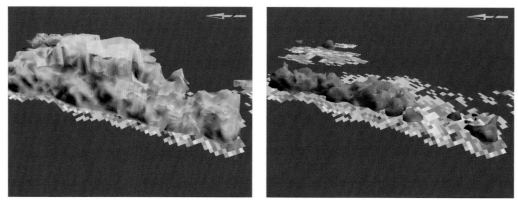

2013 年 6 月 24 日 18:32 重庆雷达得到的万盛南门附近反射率因子三维视图

（左图：外层 18 dBz，内层 40 dBz；右图：外层 40 dBz，内层 50 dBz）

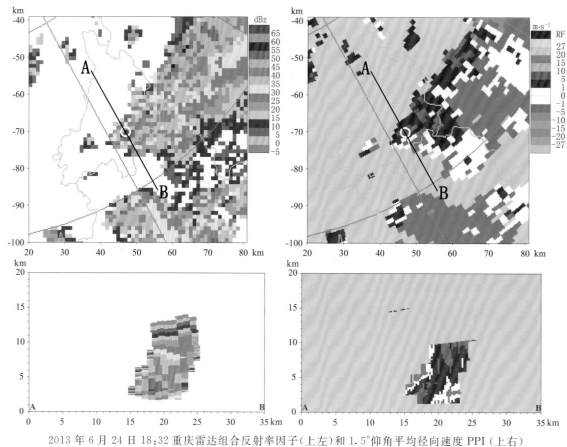

2013 年 6 月 24 日 18:32 重庆雷达组合反射率因子（上左）和 1.5°仰角平均径向速度 PPI（上右）

以及沿 147°径向，距离雷达 67～102 km（A—B）的反射率因子垂直剖面（下左）和平均径向速度垂直剖面（下右）

（图中白色空心圆圈为万盛南门位置）

4.8 2013 年 6 月 30 日短时强降水

实况:强对流天气主要发生在重庆西部,以短时强降水(9 个区县)为主。主要发生时段是 6 月 30 日夜间到 7 月 1 日白天。最大小时雨量出现在大足的回龙,为 103.3 mm(30 日 23 时)。此次过程大足因灾死亡 1 人,受伤 1 人。

主要影响系统:850 hPa 至 500 hPa 低涡,低空急流,850 hPa 温度脊。

系统配置及演变:30 日 08—20 时,高原涡与低空西南涡耦合在四川遂宁上空形成深厚的低涡系统,30 日 20 时—1 日 08 时,受副高阻挡,低涡系统移动缓慢,主要影响遂宁至重庆西部地区;重庆地区暖湿条件高,且低涡前部西南暖湿急流进一步增强,重庆西部夜间产生了强度大、范围集中的强降雨天气。

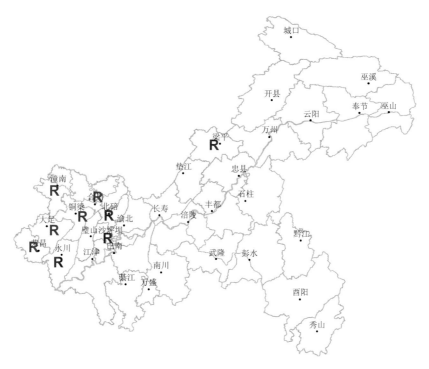

2013 年 6 月 30 日 20 时—7 月 1 日 20 时短时强降水分布

2013 年 6 月 30 日 20 时 500 hPa(左)和 850 hPa(右)天气形势

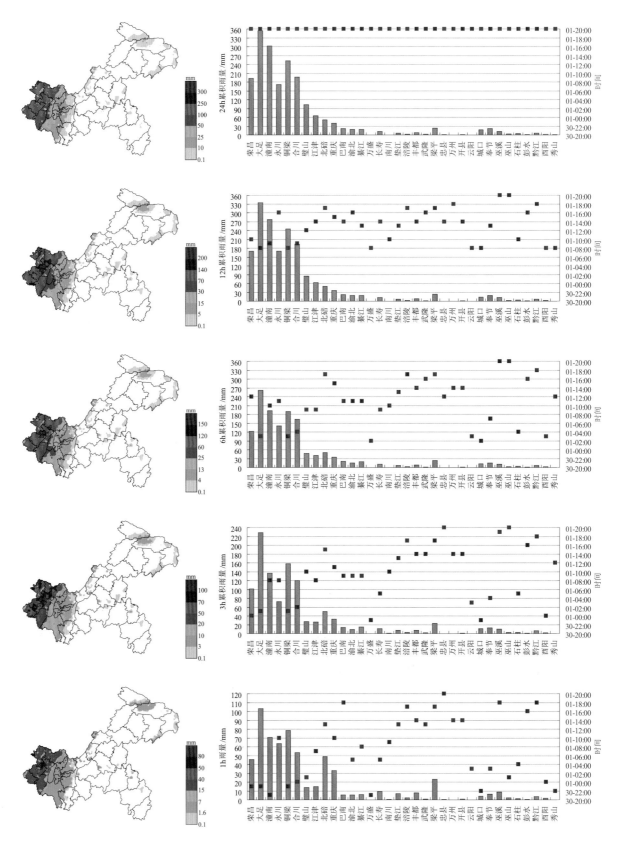

2013年6月30日20时—7月1日20时的24 h、12 h、6 h、3 h和1 h最大降水分布(1948个雨量站)

(其中最大24 h、12 h、6 h、3 h和1 h累积雨量分别为354.7 mm、334.5 mm、262.3 mm、228.4 mm和103.3 mm)

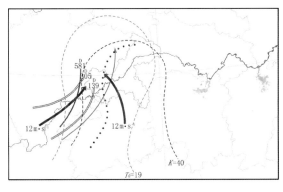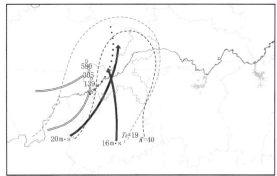

2013 年 6 月 30 日 20 时(左)和 7 月 1 日 08 时(右)中尺度天气环境条件场分析

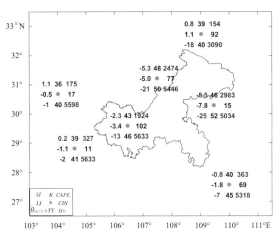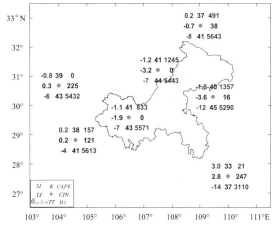

2013 年 6 月 30 日 20 时(左)和 7 月 1 日 08 时(右)对流参数和特征高度分布

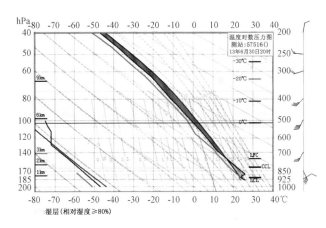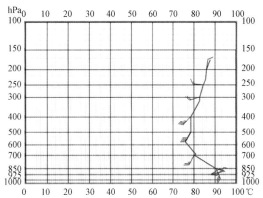

2013 年 6 月 30 日 20 时 57516 (沙坪坝) T-$\ln p$ 图(左)和假相当位温变化图(右)

　　从沙坪坝探空资料分析,6 月 30 日 20 时的环境条件有利于短时强降水的发生:1)湿层深厚,从近地面伸展到 400 hPa 以上,850 hPa 和 700 hPa 比湿分别为 17 g/kg 和 12 g/kg;2)K 指数达 43℃(850 hPa 与 500 hPa 温差为 25℃,850 hPa 的露点为 20℃,700 hPa 的温度露点差为 2℃),表明对流层中下层存在热力不稳定层结;3)从 850 hPa 到 580 hPa,θ_{se} 下降了 14℃,条件不稳定特征明显;4)LI、TT、SI 分别达 −3.4℃、46℃、−2.3℃,表明对流层中层存在热力不稳定层结;5)850 hPa 到 700 hPa 风随高度顺转,700 hPa(10 m/s)到 500 hPa(15 m/s)有风速切变。

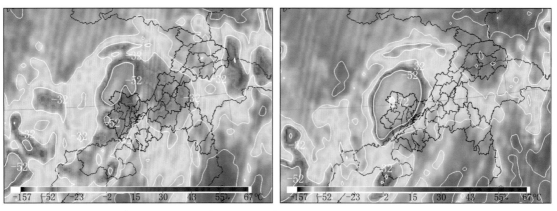

2013 年 6 月 30 日 20 时(左)和 22 时(右)FY2E 卫星 IR1 通道 TBB 云图

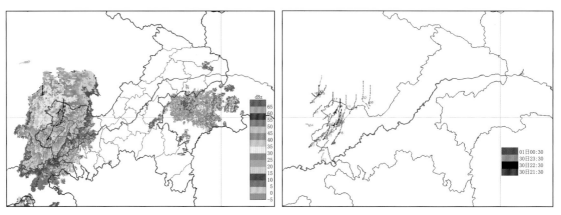

2013 年 6 月 30 日 CR 拼图(左,22:30,重庆、永川和恩施雷达)及回波跟踪(右,21:30—7 月 1 日 00:30)

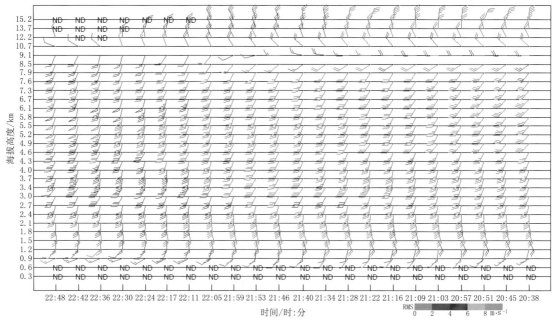

2013 年 6 月 30 日 20:38—22:48 永川雷达 VWP 演变图

7 月 1 日 01:00 前,大足回龙 3 h 累积雨量达 228.4 mm,逐时雨量为 103.3(6 月 30 日 23:00)、82.2 和 42.9 mm。6 月 30 日 22:00 左右(图略),-52℃的云罩覆盖重庆西部偏北和西部偏西地区。强降水回波带呈东北—西南向,整体缓慢东移,其上的回波向东北方向移动。在永川雷达 VWP 上,低空急流一度达到 18 m/s 以上。

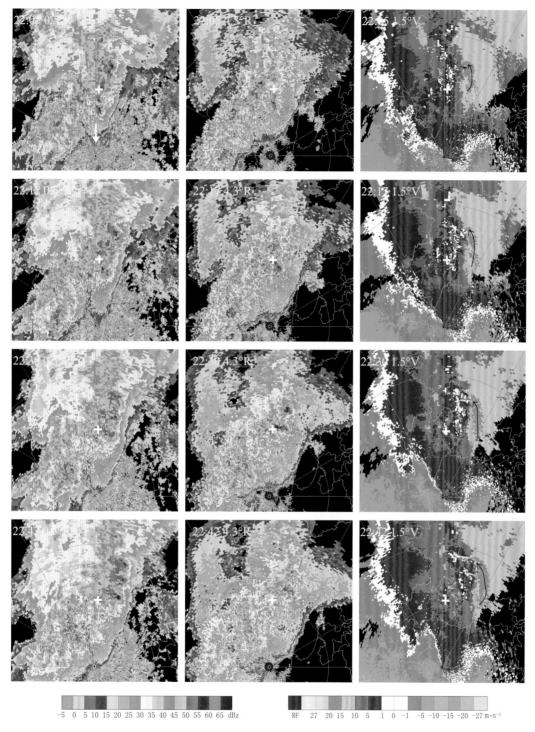

2013 年 6 月 30 日 22：05—22：42 永川雷达反射率因子(0.5°和 4.3°仰角)和平均径向速度 (1.5°仰角) PPI
(图中白色"＋"为大足回龙位置，白色粗箭头指向雷达，黑色箭头为局地气旋性涡旋，
回龙相对于重庆雷达方位 3°，距离 55 km)

　　回波带位于低空急流左侧，缓慢偏东移动，回波带东侧反射率因子梯度大(参考三维视图)，其上的强降水回波单体向东北方向移动。在回波带西南方不断有新回波生成，具有后向传播和列车效应特征。强回波核上空有高层辐散(参考反射率因子和径向速度剖面)。从 21：46—23：20 左右，有局地气旋性涡旋从大足北部发展，经铜梁西部和北部缓慢移动到合川西部，大足回龙位于局地气旋性涡旋西南部。VIL 有 35～40 kg/m²，18 dBz 回波顶高达 17 km，10 min 地闪密度达 50 次/78.5 km² 以上。

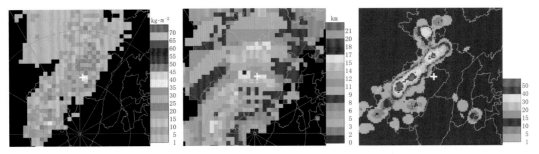

2013 年 6 月 30 日 22:17 永川雷达 VIL（左）、ET（中）和 22:10—22:20 的地闪密度图（右，单位：次/78.5 km²）

（图中白色"＋"为大足回龙位置）

2013 年 6 月 30 日 22:17 永川雷达得到的大足回龙附近反射率因子三维视图

（左图：外层 18 dBz，内层 40 dBz；右图：外层 40 dBz，内层 50 dBz）

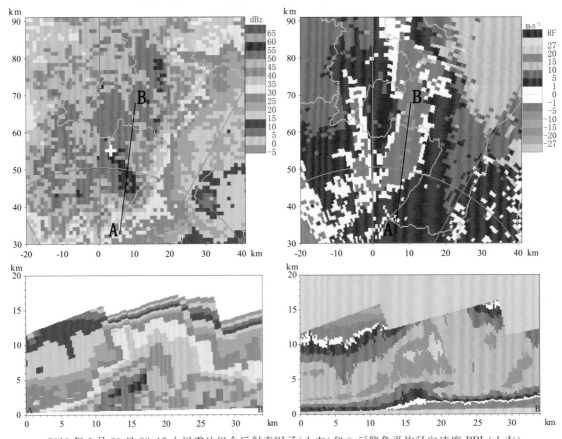

2013 年 6 月 30 日 22:17 永川雷达组合反射率因子（上左）和 0.5°仰角平均径向速度 PPI（上右）

以及沿 9°径向，距离雷达 33～68 km（A—B）的反射率因子垂直剖面（下左）和平均径向速度垂直剖面（下右）

（图中白色或紫色"＋"为大足回龙位置）

4.9　2014 年 4 月 18 日冰雹大风

实况:强对流天气主要发生在重庆中西部和东北部,以冰雹(5 个区县)和大风(8 个区县)为主,伴有短时强降水。主要发生时段为 18 日凌晨到下午。18 日 00 时左右,沙坪坝曾家冰雹最大直径达 3 cm。

主要影响系统:500 hPa 低槽,700 hPa 辐合线,低空急流,地面至 850 hPa 热低压,850 hPa 温度脊。

系统配置及演变:17 日 20 时,重庆地面至 850 hPa 为热低压控制,空气暖湿且不稳定性显著,850 hPa 至 500 hPa 受深厚的西南气流影响,且宜宾到达州一带 700 hPa 具有显著的风速辐合,辐合线南部有干空气入侵;17 日 20 时—18 日 08 时,500 hPa 有波动槽东移,700 hPa 急流进一步向北伸展,有利于不稳定能量在夜间释放。

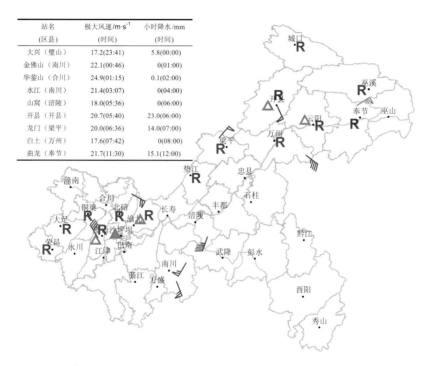

站名	极大风速/m·s^{-1}	小时降水/mm
(区县)	(时间)	(时间)
大兴（璧山）	17.2(23:41)	5.8(00:00)
金佛山（南川）	22.1(00:46)	0(01:00)
华蓥山（合川）	24.9(01:15)	0.1(02:00)
水江（南川）	21.4(03:07)	0(04:00)
山窝（涪陵）	18.0(05:36)	0(06:00)
开县（开县）	20.7(05:40)	23.0(06:00)
龙门（梁平）	20.0(06:36)	14.0(07:00)
白土（万州）	17.6(07:42)	0(08:00)
曲龙（奉节）	21.7(11:30)	15.1(12:00)

2014 年 4 月 17 日 20 时—18 日 20 时,大风、冰雹和短时强降水分布

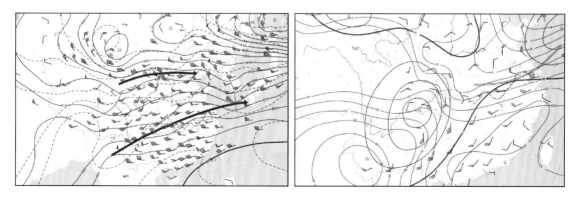

2014 年 4 月 17 日 20 时 500 hPa(左)和 850 hPa(右)天气形势

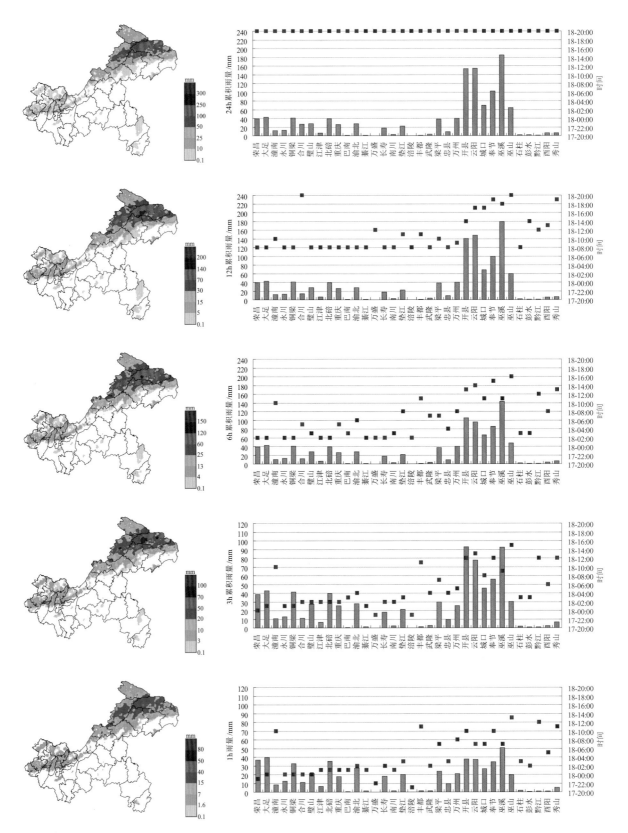

2014 年 4 月 17 日 20 时—18 日 20 时的 24 h，12 h，6 h，3 h 和 1 h 最大降水分布(1975 个雨量站)

(其中最大 24 h，12 h，6 h，3 h 和 1 h 累积雨量分别为 184.8 mm、178.4 mm、143.2 mm、92.9 mm 和 50.6 mm)

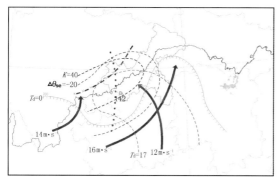
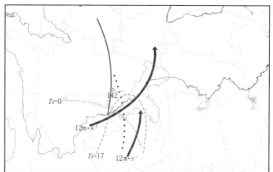

2014年4月17日20时(左)和18日08时(右)中尺度天气环境条件场分析

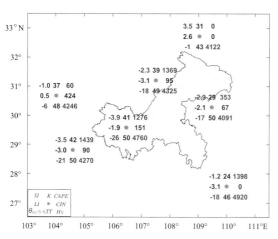
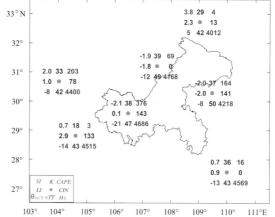

2014年4月17日20时(左)和18日08时(右)对流参数和特征高度分布

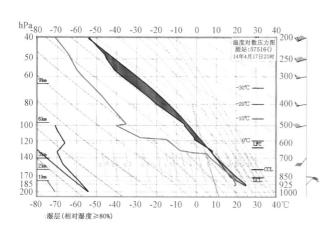
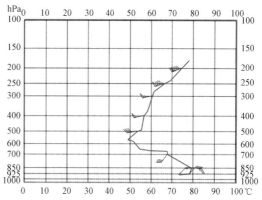

2014年4月17日20时57516(沙坪坝)$T\text{-}\ln p$图(左)和假相当位温变化图(右)

从沙坪坝探空资料分析,4月17日20时的环境条件有利于冰雹、雷雨大风和短时强降水的发生:1)从850 hPa到570 hPa,θ_{se}下降了30℃,条件不稳定特征明显;2)对流有效位能较强(1276 J/kg),对流抑制能适中(151 J/kg);3)LI、TT、SI和K指数分别为−1.9℃、50℃、−3.9℃和41℃,850 hPa与500 hPa温差为26℃,表明对流层中层和中下层存在热力不稳定层结;4)对流层高层到700 hPa有明显的干空气层,与850 hPa到700 hPa之间的湿层形成"上干冷、下暖湿"特征的温湿层结,850 hPa比湿达15 g/kg;5)925 hPa(东北风)到700 hPa(西南风)风随高度顺转,形成东北风与西南风的"对头风",500 hPa以上风速随高度增加,200 hPa存在50 m/s以上的西偏南高空急流;6)0℃层高度4.76 km,−20℃层高度7.48 km,有利于冰雹发生。

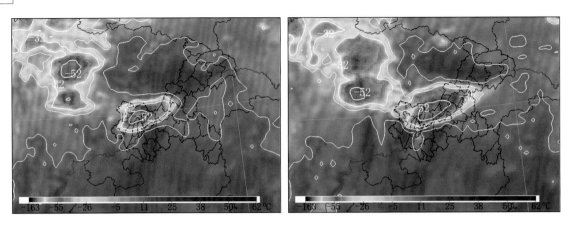

2014 年 4 月 17 日 23 时(左)和 18 日 00 时(右)FY2E 卫星 IR1 通道 TBB 云图

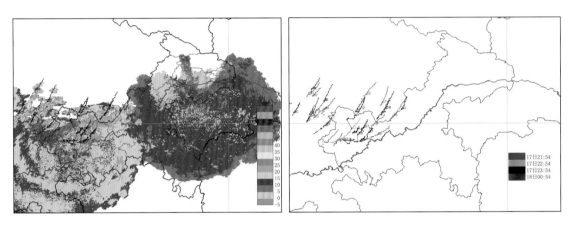

2014 年 4 月 17 日 CR 拼图(左,23:54,重庆、永川、万州和恩施雷达)及回波跟踪(右,17 日 21:54—18 日 00:54)

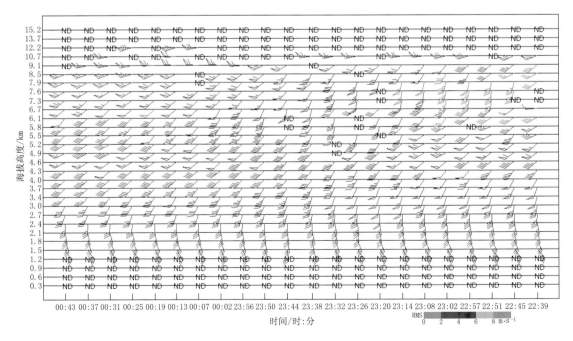

2014 年 4 月 17 日 22:39—18 日 00:43 重庆雷达 VWP 演变图

　　云团发展过程中,重庆中西部长江沿线(云罩南部)的亮温梯度最大。冷云顶与强对流回波位置较一致。回波单体快速向东北方向移动。重庆雷达 VWP 上垂直切变很大,风随高度顺转,高低空急流都非常明显,3 km 左右偏南急流达到 20 m/s 以上。

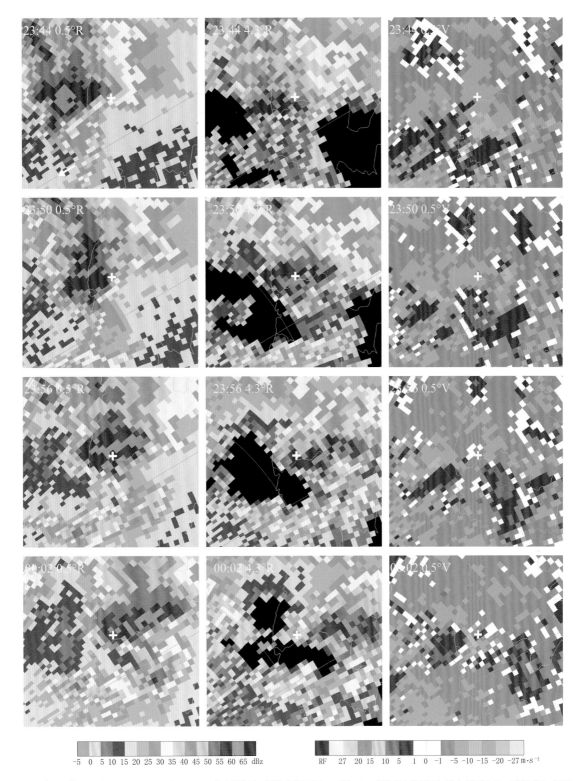

2014 年 4 月 17 日 23：44—18 日 00：02 永川雷达反射率因子(0.5°和 4.3°仰角)和平均径向速度（0.5°仰角）PPI

（图中白色"＋"为沙坪坝曾家位置，白色粗箭头指向雷达，曾家相对于永川雷达方位 52°，距离 57 km)

  反射率因子梯度大值区在雷暴单体东南部(参考三维视图)。对比 0.5°仰角和 4.3°仰角反射率因子可见，高层强回波位于低层弱回波区之上，向东南方向倾斜。VIL 高达 $60\sim65$ kg/m²，18 dBz 回波顶高在 14 km 以上，10 min 地闪密度为 $5\sim10$ 次/78.5 km²。另外，重庆雷达西面 10 km 左右低层出现 20 m/s 以上的径向速度大值区。从重庆雷达反射率因子剖面可以看出回波悬垂特征。

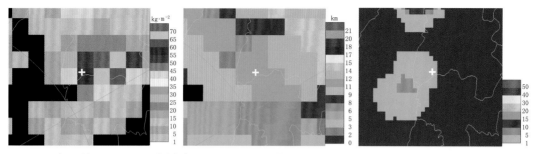

2014 年 4 月 17 日 23:56 永川雷达 VIL（左）、ET（中）和 17 日 23:50—18 日 00:00 的地闪密度图

（右，单位：次/78.5 km²）（图中白色"＋"为沙坪坝曾家位置）

2014 年 4 月 17 日 23:56 永川雷达得到的沙坪坝曾家附近反射率因子三维视图

（左图：外层 18 dBz，内层 40 dBz；右图：外层 40 dBz，内层 60 dBz）

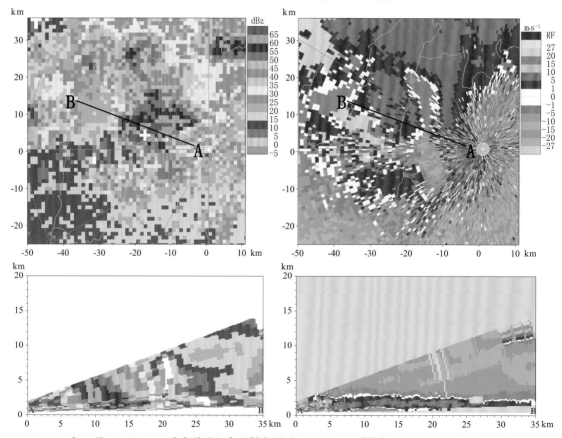

2014 年 4 月 17 日 23:56 重庆雷达组合反射率因子（上左）和 2.4°仰角平均径向速度 PPI（上右）

以及沿 290°径向，距离雷达 4～39 km（A—B）的反射率因子垂直剖面（下左）和平均径向速度垂直剖面（下右）

（图中白色"＋"为沙坪坝曾家位置，曾家相对于重庆雷达方位 283°，距离 18 km）

4.10 2014 年 6 月 3 日短时强降水

实况:强对流天气主要发生在重庆西部和中部偏南,以短时强降水(14 个区县)为主。主要发生时段是 3 日凌晨到早晨。最大小时雨量出现在江津的登云,为 82 mm(3 日 04 时)。此次过程江津因灾死亡 2 人。

主要影响系统:500 hPa 低槽,700 hPa 及 850 hPa 低涡,850 hPa 温度脊,地面辐合线。

系统配置及演变:2 日 20 时,受偏南暖湿气流影响,重庆西部地区温湿条件较高,处于暖湿舌内部,且西部有地面辐合线存在;2 日 20 时—3 日 08 时,500 hPa 高原波动槽东移,槽前地面辐合线附近有低空低涡生成,在低槽和低涡的共同影响下,重庆西部出现强降水。

2014 年 6 月 2 日 20 时—3 日 20 时短时强降水分布

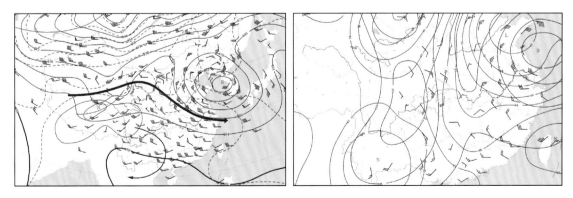

2014 年 6 月 2 日 20 时 500 hPa(左)和 850 hPa(右)天气形势

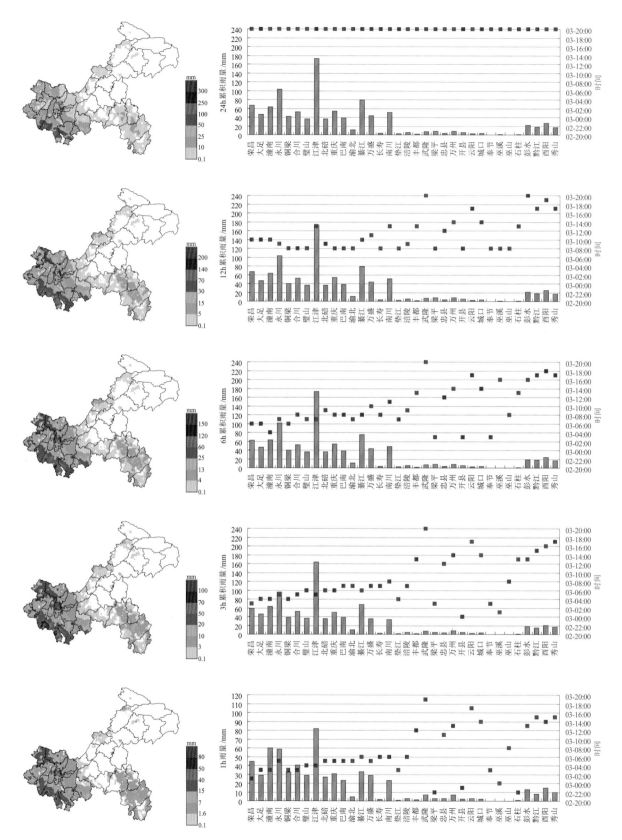

2014 年 6 月 2 日 20 时—3 日 20 时的 24 h、12 h、6 h、3 h 和 1 h 最大降水分布（1974 个雨量站）

（其中最大 24 h、12 h、6 h、3 h 和 1 h 累积雨量分别为 173.1 mm、173.1 mm、172.6 mm、163.5 mm 和 82.0 mm）

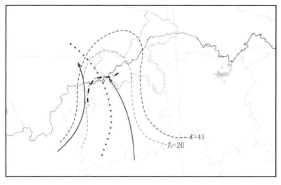
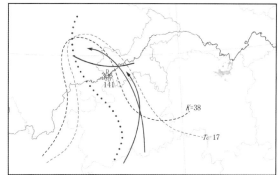

2014年6月2日20时(左)和3日08时(右)中尺度天气环境条件场分析

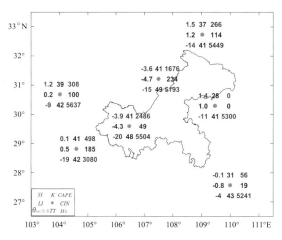
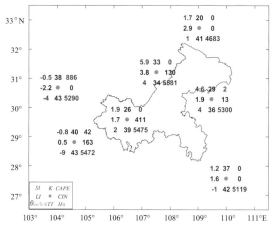

2014年6月2日20时(左)和3日08时(右)对流参数和特征高度分布

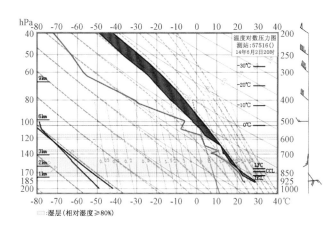
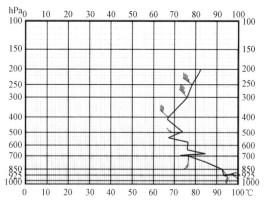

2014年6月2日20时57516(沙坪坝)$T\text{-}\ln p$图(左)和假相当位温变化图(右)

　　从沙坪坝探空资料分析,6月2日20时的环境条件有利于短时强降水的发生:1)从850 hPa到540 hPa,θ_{se}下降了26℃,条件不稳定特征明显;2)湿层从850 hPa伸展到700 hPa左右,850 hPa和700 hPa比湿分别为18 g/kg和10 g/kg;3)对流有效位能较强(2486 J/kg);4)K指数为41℃(850 hPa与500 hPa温差为25℃,850 hPa的露点为21℃,700 hPa的温度露点差为5℃),表明对流层中下层存在热力不稳定层结;5)LI、TT、SI分别达−4.3℃、48℃、−3.9℃,表明对流层中层存在热力不稳定层结;6)925 hPa到500 hPa风速垂直切变较弱,但风随高度顺转;7)对流层高层到600 hPa有明显的干空气层,温湿层结曲线"上干冷、下暖湿"特征明显。

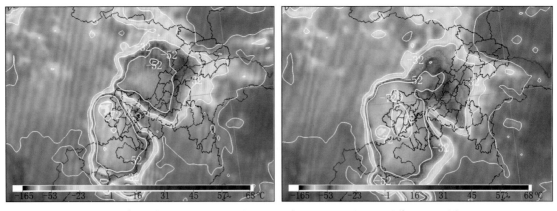

2014 年 6 月 3 日 01:30(左)和 02:30(右)FY2F 卫星 IR1 通道 TBB 云图

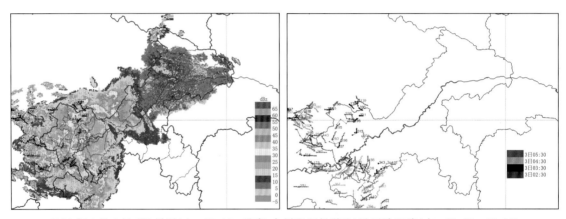

2014 年 6 月 3 日 CR 拼图(左,03:30,重庆、永川和万州雷达)及回波跟踪(右,02:30—05:30)

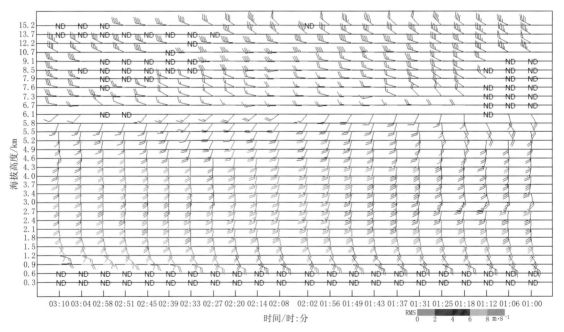

2014 年 6 月 3 日 01:00—03:10 永川雷达 VWP 演变图

6 月 3 日 05:00 前,江津登云 3 h 累积雨量达 163.5 mm,逐时雨量为 61.8、82.0(04:00)和 19.7 mm。6 月 2 日 23:00 开始,四川泸县附近的对流云团向东北发展加强,到 3 日 02:30,−52℃ 冷云罩覆盖重庆西部。强降水回波带呈西北—东南向,缓慢向偏东方向移动。在永川雷达 VWP 上,风随高度顺转,有 12 m/s 左右的偏南低空急流。

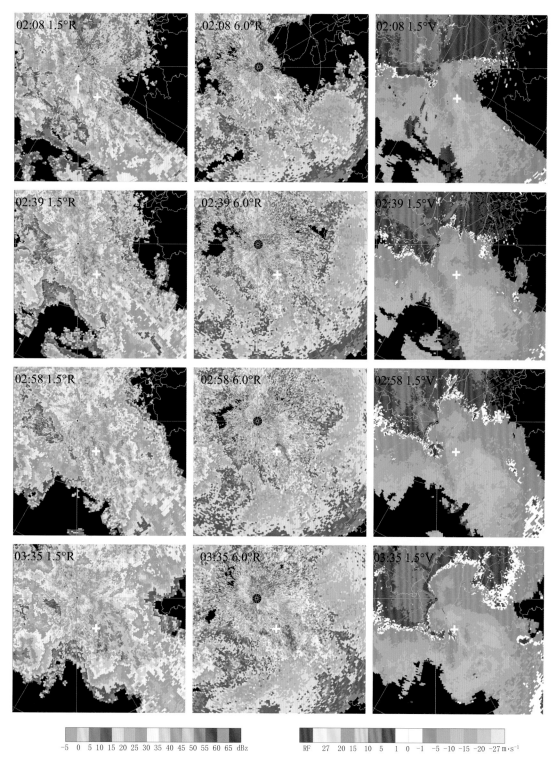

2014 年 6 月 3 日 02:08—03:35 永川雷达反射率因子(1.5°和 6.0°仰角)和平均径向速度（1.5°仰角）PPI

（图中白色"＋"为江津登云位置，白色粗箭头指向雷达，登云相对于永川雷达方位 147°，距离 29 km）

　　在强降水回波带缓慢东移时，江津登云附近的回波稳定少动。偏南低空急流达到 15 m/s 以上，03：35 左右，江津登云以南有明显的低层辐合。50 dBz 的回波从地面一直伸展到 7 km 左右。VIL 达 40～45 kg/m²，18 dBz 回波顶高大于 17 km，10 min 地闪密度达 30～40 次/78.5 km²。需要注意，对距离雷达较近的回波顶高和 VIL 可能低估(参考三维视图)。

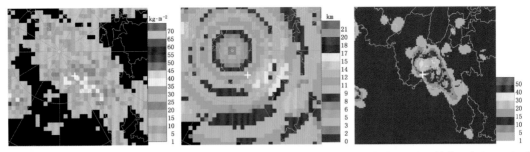

2014 年 6 月 3 日 03:35 永川雷达 VIL(左)、ET(中)和 03:30—03:40 的地闪密度图(右,单位:次/78.5 km²)

(图中白色"+"为江津登云位置)

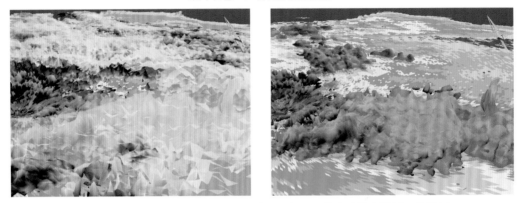

2014 年 6 月 3 日 03:35 永川雷达得到的江津登云附近反射率因子三维视图

(左图:外层 18 dBz,内层 40 dBz;右图:外层 40 dBz,内层 50 dBz)

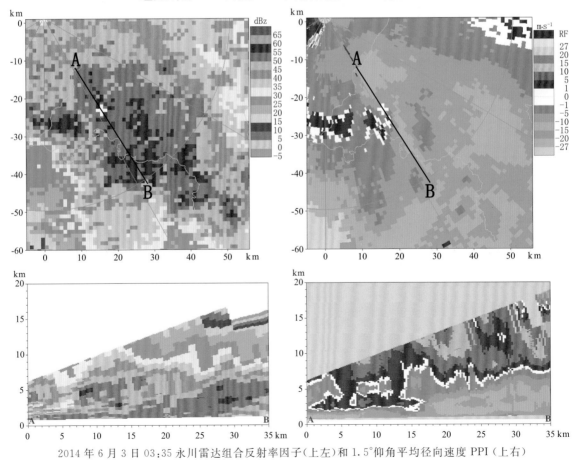

2014 年 6 月 3 日 03:35 永川雷达组合反射率因子(上左)和 1.5°仰角平均径向速度 PPI(上右)

以及沿 147°径向,距离雷达 16~51 km(A—B)的反射率因子垂直剖面(下左)和平均径向速度垂直剖面(下右)

(图中白色"+"为江津登云位置)

4.11　2014 年 8 月 31 日短时强降水

实况:强对流天气主要发生在重庆长江沿线及以北地区,以短时强降水(19 个区县)为主。主要发生时段是 30 日夜间到 31 日下午。最大小时雨量出现在万州的向家电站,为 57.8 mm(31 日 13 时)。从 8 月 30 日开始到 9 月 3 日,整个过程全市因灾死亡 28 人,失踪 33 人,受伤 35 人。

主要影响系统:500 hPa 低槽,700 hPa 及 850 hPa 切变线,700 hPa 急流及温度槽,850 hPa 温度脊。

系统配置及演变:30 日 20 时—31 日 08 时,副高控制重庆南部地区,副高北侧有高原波动槽东移,700 hPa 切变线位于川东北地区,呈东北—西南向,移速缓慢,切变线后部有干冷平流存在,切变线南部西南气流显著,重庆地区低空为暖湿平流控制,850 hPa 西部地区存在弱低涡。在切变线和低涡抬升作用下,700 hPa 切变线南侧及 850 hPa 低涡附近的暖湿不稳定区域出现强降水。

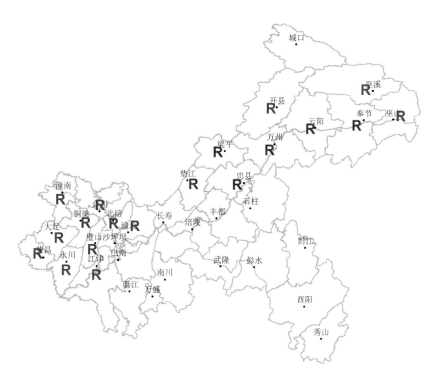

2014 年 8 月 30 日 20 时—31 日 20 时短时强降水分布

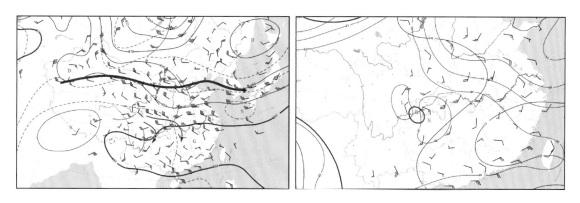

2014 年 8 月 30 日 20 时 500 hPa(左)和 850 hPa(右)天气形势

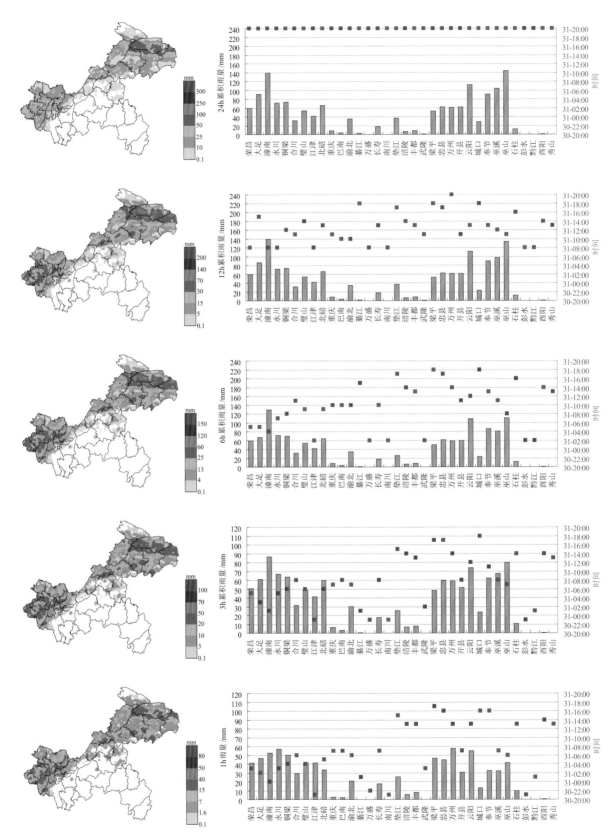

2014 年 8 月 30 日 20 时—31 日 20 时的 24 h、12 h、6 h、3 h 和 1 h 最大降水分布（1987 个雨量站）

（其中最大 24 h、12 h、6 h、3 h 和 1 h 累积雨量分别为 144.5 mm、139.3 mm、129.7 mm、86.3 mm 和 57.8 mm）

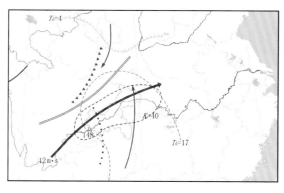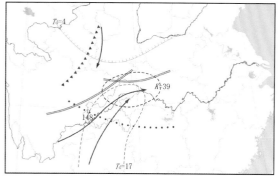

2014 年 8 月 30 日 20 时(左)和 31 日 08 时(右)中尺度天气环境条件场分析图

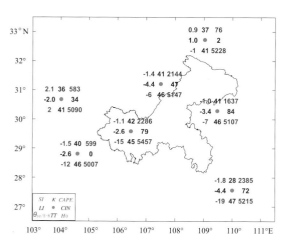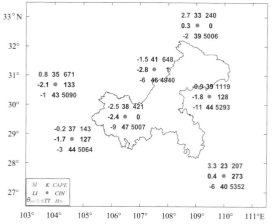

2014 年 8 月 30 日 20 时(左)和 31 日 08 时(右)对流参数和特征高度分布

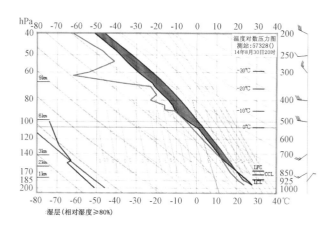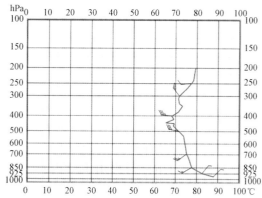

2014 年 8 月 30 日 20 时 57328(达州)T-$\ln p$ 图(左)和假相当位温变化图(右)

从达州探空资料分析,8 月 30 日 20 时的环境条件有利于短时强降水的发生:1)湿层深厚,从 850 hPa 伸展到 450 hPa 左右,850 hPa 和 700 hPa 比湿分别为 14g/kg 和 11g/kg;2)对流有效位能较强 (2144J/kg);3)K 指数为 41℃(850 hPa 与 500 hPa 温差为 25℃,850 hPa 的露点为 17℃,700 hPa 的温度露点差为 1℃),表明对流层中下层存在热力不稳定层结;4)从近地面到 440 hPa,θ_{se} 下降了 23℃,条件不稳定特征明显;5)700 hPa 以下存在一定的垂直风切变,风速随高度增加而增大,925 hPa 与 850 hPa 呈东北风与西南风的"对头风";6)对流层高层到 450 hPa 有干空气层,温湿层结曲线呈"上干冷、下暖湿"特征。

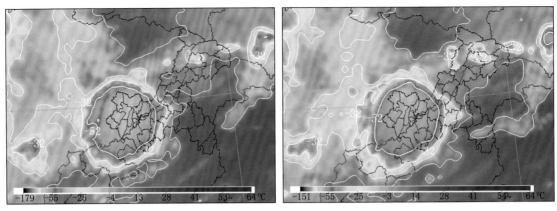

2014 年 8 月 31 日 04:30(左)和 05:30(右)FY2F 卫星 IR1 通道 TBB 云图

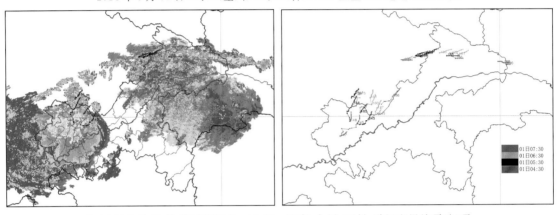

2014 年 8 月 31 日 CR 拼图(左,05:30,重庆、永川、万州、黔江和恩施雷达)及
回波跟踪(右,04:30—07:30)

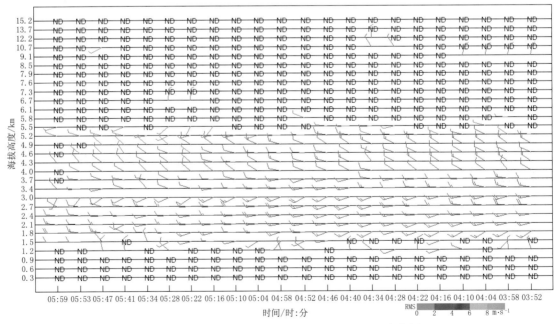

2014 年 8 月 31 日 03:52—05:59 万州雷达 VWP 演变图

  31 日 07:00 前,巫山当阳 3 h 累积雨量达 80.2 mm,逐时雨量为 18.9、41.6(06:00)和 19.7 mm。卫星云图上,−52℃云罩覆盖重庆西部,31 日 04:30 左右开始,沿着 850 hPa 切变线,在云阳、巫溪、巫山附近有一些尺度较小的对流云团生成发展,云顶亮温在−32℃以下。重庆西部回波向东北方向移动,移速较快。重庆东北部回波移速缓慢。万州雷达 VWP 上,风随高度顺转,但风速切变较弱。

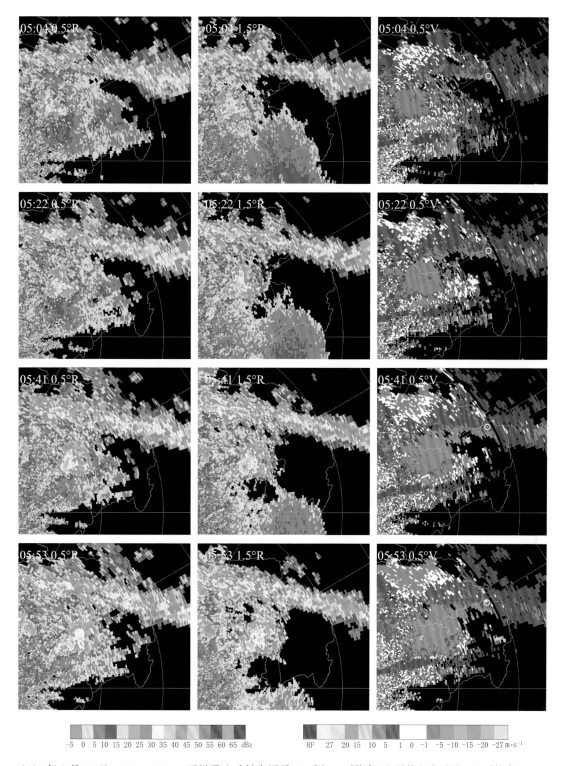

2014年8月31日05:04—05:53万州雷达反射率因子(0.5°和1.5°仰角)和平均径向速度(0.5°仰角)PPI
(图中白色空心圆圈为巫山当阳位置,白色粗箭头指向雷达,当阳相对于万州雷达方位61°,距离140 km)

　　巫溪到巫山的回波具有由小的对流单体组成的线状结构(参考三维视图)。当阳附近回波稳定少动,45 dBz的回波多在5 km以下,有低回波质心特征(参考反射率因子剖面)。VIL在5~10 kg/m²,18 dBz回波顶高在9 km左右,地闪不明显。由于当阳距离万州雷达较远,万州雷达海拔高度又在1 km以上,可能造成对VIL和云顶高度的低估,同时也探测不到低层回波(万州雷达0.5°仰角波束中心在当阳附近高度近3.5 km)。

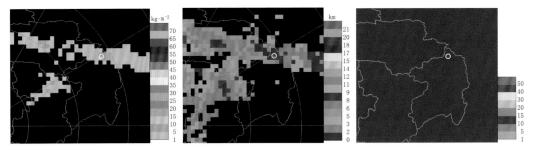

2014 年 8 月 31 日 05:41 万州雷达 VIL（左）、ET（中）和 05:40—05:50 的地闪密度图（右，单位：次/78.5 km²）

（图中白色空心圆圈为巫山当阳位置）

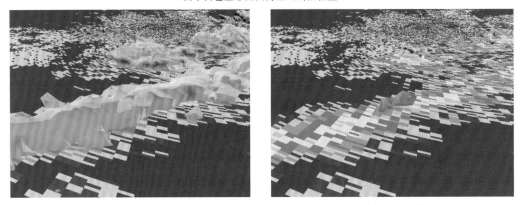

2014 年 8 月 31 日 05:41 万州雷达得到的巫山当阳附近反射率因子三维视图

（左图：外层 18 dBz，内层 40 dBz；右图：外层 40 dBz，内层 45 dBz）

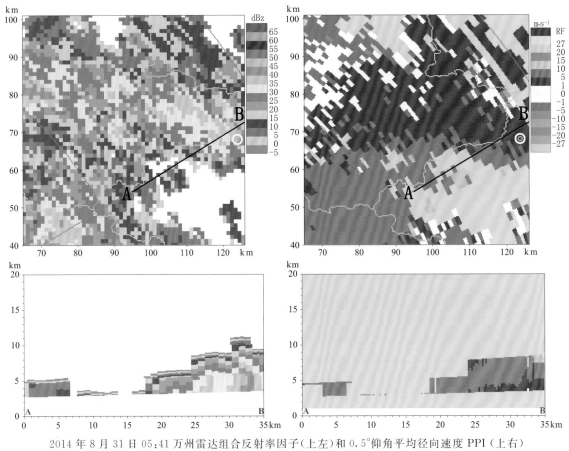

2014 年 8 月 31 日 05:41 万州雷达组合反射率因子（上左）和 0.5°仰角平均径向速度 PPI（上右）

以及沿 60°径向，距离雷达 109～144 km（A—B）的反射率因子垂直剖面（下左）和平均径向速度垂直剖面（下右）

（图中白色空心圆圈为巫山当阳位置）

4.12　2014 年 9 月 1 日短时强降水

实况:强对流天气主要发生在重庆长江沿线及以北地区,以短时强降水(15 个区县)为主。主要发生时段是 1 日凌晨到下午。最大小时雨量出现在开县的三汇,为 62.3 mm(1 日 11 时)。从 8 月 30 日开始到 9 月 3 日,整个过程全市因灾死亡 28 人,失踪 33 人,受伤 35 人。

主要影响系统:500 hPa 低槽,700 hPa 及 850 hPa 切变线,700 hPa 及 850 hPa 急流,700 hPa 温度槽,850 hPa 温度脊。

系统配置及演变:31 日 20 时—1 日 08 时,副高北侧 700 hPa 及 850 hPa 西南急流在重庆东北部逐渐加强并稳定维持,切变线南侧西南暖湿气流显著增强,达州站 700 hPa 风速达到 16 m/s,850 hPa 恩施站亦达到 12 m/s,切变线北侧 700 hPa 干冷平流、850 hPa 冷平流同样显著,冷暖空气在 700 hPa 及 850 hPa 切变线附近持续交汇,形成了重庆东北部地区罕见的强降水天气。

2014 年 8 月 31 日 20 时—9 月 1 日 20 时短时强降水分布

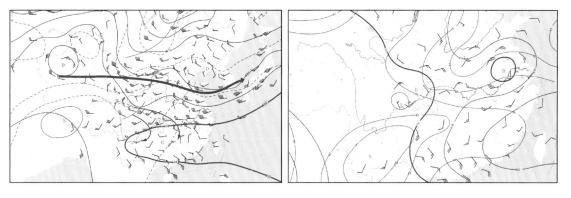

2014 年 8 月 31 日 20 时 500 hPa(左)和 850 hPa(右)天气形势

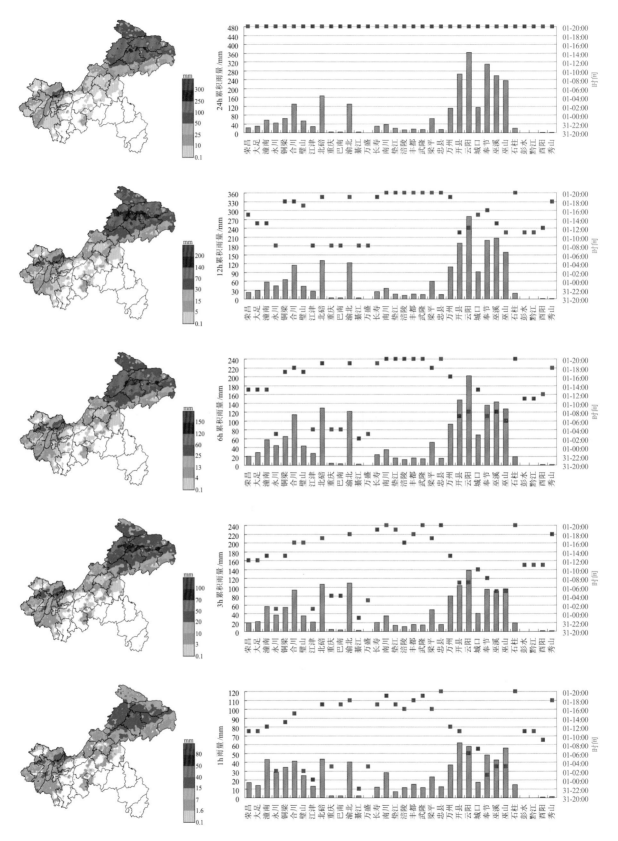

2014 年 8 月 31 日 20 时—9 月 1 日 20 时的 24 h、12 h、6 h、3 h 和 1 h 最大降水分布（1986 个雨量站）

（其中最大 24 h、12 h、6 h、3 h 和 1 h 累积雨量分别为 364.6 mm、280.3 mm、203.0 mm、138.7 mm 和 62.3 mm）

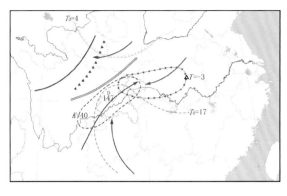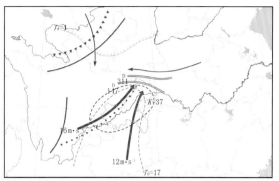

2014 年 8 月 31 日 20 时(左)和 9 月 1 日 08 时(右)中尺度天气环境条件场分析

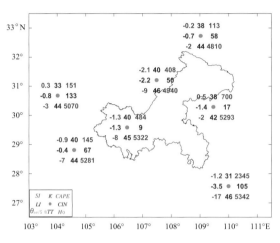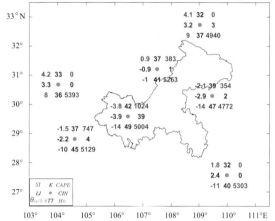

2014 年 8 月 31 日 20 时(左)和 9 月 1 日 08 时(右)对流参数和特征高度分布

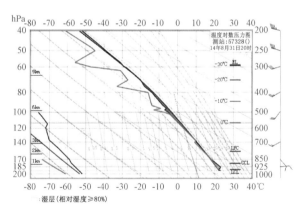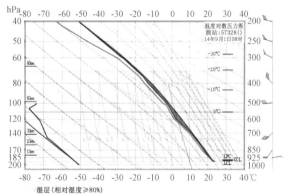

2014 年 8 月 31 日 20 时(左)和 9 月 1 日 08 时(右)57328(达州)T-lnp 图

　　从达州探空资料分析,8 月 31 日 20 时和 9 月 1 日 08 时,环境条件均有利于短时强降水的发生:1)湿层深厚,31 日 20 时湿层从近地面伸展到 500 hPa(850 hPa 和 700 hPa 比湿分别为 15 g/kg 和 10 g/kg),9 月 1 日 08 时湿层更加深厚,从近地面伸展到 370 hPa 左右(850 hPa 和 700 hPa 比湿分别为 14 g/kg 和 11 g/kg);2)1 日 08 时,从近地面到 600 hPa,θ_{se} 下降了 12 ℃,条件不稳定特征明显(图略);3)风随高度顺转明显,1 日 08 时 700 hPa 出现 16 m/s 的西南低空急流。

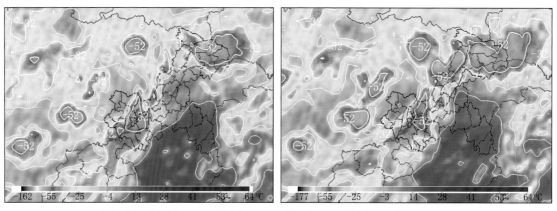

2014年9月1日03:30(左)和04:30(右)FY2F卫星IR1通道TBB云图

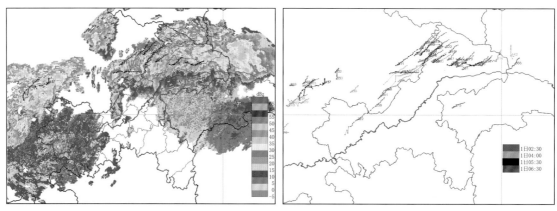

2014年9月1日CR拼图(左,05:30,重庆、永川、万州、黔江和恩施雷达)及回波跟踪(右,02:30—06:30)

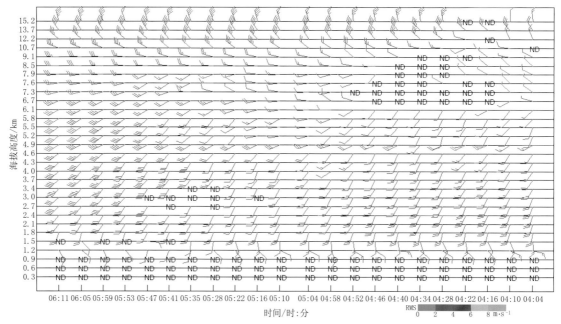

2014年9月1日04:04—06:11万州雷达VWP演变图

　　9月1日07:00前,云阳北部的天官水库3 h累积雨量达138.7 mm,逐时雨量为41.1、58.0(06:00)和39.6 mm。从四川南部到四川东部、从重庆西部到重庆东北部,分别排列着两条对流云团带,重庆地区的云团尺度更大,云团带更连续。云阳北部等地雷达回波单体向东北方向移动,同时不断有新生回波发展并持续降水(可能与持续的低层偏南气流遇到向北抬升的地形有关,参考VWP图)。

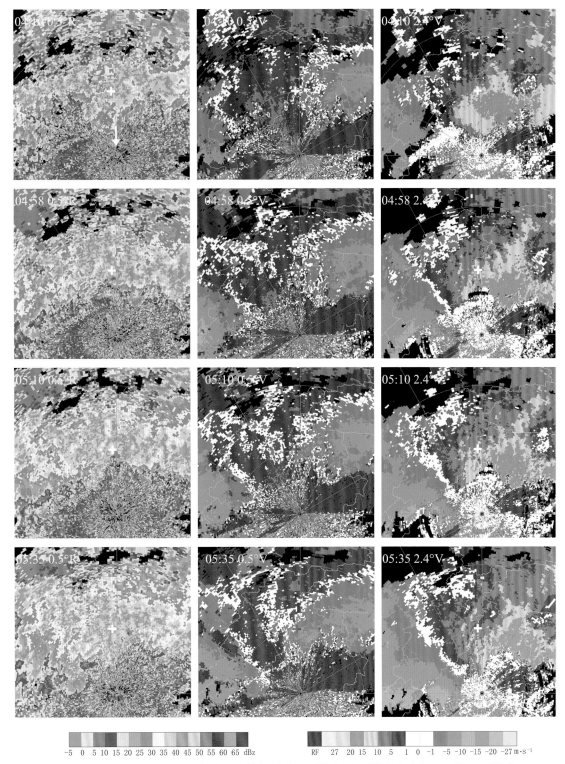

2014年9月1日04:10—05:35万州雷达反射率因子(0.5°仰角)和平均径向速度（0.5°和2.4°仰角）PPI
（图中白色或紫色"＋"为云阳天官水库位置，白色粗箭头指向雷达，天官水库相对于万州雷达方位356°，距离51 km）

　　最强降水回波稳定在云阳北部，回波南侧梯度较大，抬升明显（参考三维视图）。2.5 km 高度上径向速度最大达 20m/s 以上，表明低空急流非常强盛。05：10 左右，与天官水库短时强降水有关的回波具有低质心特征（参考反射率因子剖面图），45 dBz 的回波多在 5 km 以下。VIL 在 20～25 kg/m² ，18 dBz 回波顶高在 14 km 左右，10 min 地闪密度局部有 10～15 次/78.5 km² ，但强降水中心不一定有明显的地闪。

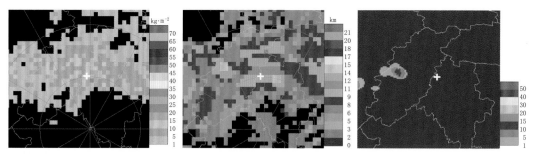

2014 年 9 月 1 日 05:10 万州雷达 VIL(左)、ET(中)和 05:00—05:10 的地闪密度图(右,单位:次/78.5 km²)

(图中白色"+"为云阳天官水库位置)

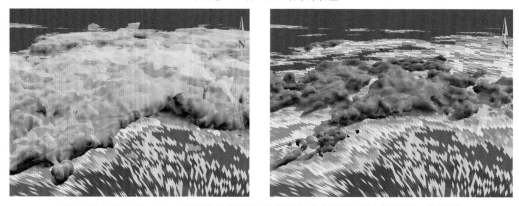

2014 年 9 月 1 日 05:10 万州雷达得到的云阳天官水库附近反射率因子三维视图

(左图:外层 18 dBz,内层 40 dBz;右图:外层 40 dBz,内层 50 dBz)

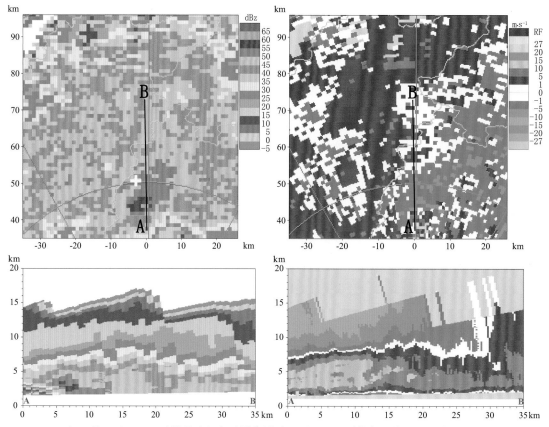

2014 年 9 月 1 日 05:10 万州雷达组合反射率因子(上左)和 0.5°仰角平均径向速度 PPI(上右)

以及沿 359°径向,距离雷达 37~72 km(A—B)的反射率因子垂直剖面(下左)和平均径向速度垂直剖面(下右)

(图中白色或紫色"+"为云阳天官水库位置)

第 5 章 斜压锋生类强对流天气分析图

斜压锋生类强对流天气过程简表

序号	天气过程时间	强天气类型	主要天气系统	天气雷达特征	页码
1	1981 年 5 月 10 日凌晨到午后	大风、冰雹、短时强降水	500 hPa 低槽, 700 hPa 切变线, 850 hPa 温度脊, 地面至 850 hPa 热低压		117
2	1983 年 4 月 25 日午后到下午	大风、冰雹	500 hPa 低槽, 700 hPa 至 500 hPa 温度槽, 850 hPa 至 500 hPa 急流, 850 hPa 至 700 hPa 切变线, 850 hPa 温度脊, 地面至 850 hPa 热低压, 地面冷锋		119
3	1984 年 4 月 16 日下午到傍晚	大风、冰雹	500 hPa 低槽, 700 hPa 切变线, 700 hPa 温度槽, 地面至 850 hPa 低压, 850 hPa 温度脊, 地面冷锋		121
4	1986 年 5 月 19 日 23 时至 20 日早晨	大风、冰雹、短时强降水	500 hPa 低槽, 850 hPa 至 700 hPa 低涡, 700 hPa 至 500 hPa 温度槽, 850 hPa 温度脊, 850 hPa 和 700 hPa 急流, 地面冷锋		123
5	1987 年 4 月 25 日凌晨到午后	大风、冰雹	500 hPa 低槽, 850 hPa 至 700 hPa 低涡及切变线, 地面低压及冷锋, 700 hPa 温度槽, 850 hPa 温度脊, 850 hPa 及 700 hPa 低空急流		125
6	1987 年 5 月 31 日下午	大风	500 hPa 低槽, 850 hPa 至 700 hPa 低涡切变, 地面冷锋及热低压, 700 hPa 至 500 hPa 温度槽, 850 hPa 温度脊, 850 hPa 至 500 hPa 急流		127
7	1988 年 5 月 7 日傍晚到夜间	冰雹、大风	850 hPa 至 500 hPa 急流, 地面至 850 hPa 热低压、冷锋		129
8	1993 年 4 月 24 日 23 时到 25 日 05 时	大风、冰雹	500 hPa 低槽, 700 hPa 切变线, 地面至 850 hPa 热低压, 地面冷锋, 850 hPa 温度脊		131
9	1994 年 5 月 1 日夜间到 2 日凌晨	冰雹、大风	500 hPa 低槽及温度槽, 地面至 850 hPa 热低压及温度脊, 850 hPa 及 700 hPa 低涡, 850 hPa 干线、地面冷锋		133
10	1994 年 6 月 24 日下午到傍晚	大风、短时强降水	700 hPa 至 500 hPa 低涡切变, 700 hPa 至 500 hPa 温度槽、冷锋, 地面至 850 hPa 热低压, 925 hPa 至 850 hPa 温度脊, 低空急流		135
11	2002 年 4 月 4 日下午到夜间	大风、冰雹	500 hPa 低槽, 850 hPa 至 700 hPa 低涡切变, 700 hPa 至 500 hPa 温度槽, 850 hPa 温度脊, 850 hPa 至 700 hPa 急流, 地面热低压及冷锋		137

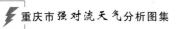

续表

序号	天气过程时间	强天气类型	主要天气系统	天气雷达特征	页码
12	2003 年 4 月 1 日凌晨到下午	冰雹、大风	500 hPa 低槽，850 hPa 及 700 hPa 切变线，地面冷锋，700 hPa 温度槽，925 hPa 至 850 hPa 温度脊，低空急流		139
13	2004 年 4 月 6 日 19 时到 7 日早晨	大风、冰雹	500 hPa 低槽，850 hPa 至 700 hPa 切变线，700 hPa 至 500 hPa 温度槽，850 hPa 温度脊，地面冷锋，低空急流		141
14	2005 年 4 月 8 日午后到 9 日凌晨	大风、冰雹、短时强降水	500 hPa 低槽，700 hPa 切变线，850 hPa 及 700 hPa 低涡切变，低空急流，500 hPa 温度槽，850 hPa 温度脊，地面冷锋		143
15	2007 年 4 月 16 日夜间到 17 日早晨	大风、冰雹、短时强降水	500 hPa 低槽，500 hPa 温度槽，700 hPa 切变线，地面至 850 hPa 热低压，地面冷锋，850 hPa 温度脊		145
16	2008 年 8 月 1 日夜间到 2 日白天	短时强降水	500 hPa 低槽，850 hPa 至 700 hPa 切变线，850 hPa 温度脊，地面冷锋	低层辐合，低回波质心	148
17	2009 年 4 月 15 日 17 时—20 时	冰雹、大风、短时强降水	500 hPa 低槽和温度槽，850 hPa 切变线和温度脊，700 hPa 切变线，地面冷锋	飑线，回波悬垂，后侧入流，低层径向速度大值区，中层径向辐合	154
18	2009 年 8 月 3 日夜间到 4 日白天	短时强降水	925 hPa 至 700 hPa 低涡，500 hPa 低槽，850 hPa 至 700 hPa 急流，地面冷锋	低回波质心，低空急流，低层辐合	163
19	2009 年 9 月 19 日下午到 20 日早晨	短时强降水	500 hPa 低槽，850 hPa 至 700 hPa 西南涡，850 hPa 温度脊，地面冷锋	列车效应	169
20	2010 年 5 月 5 日夜间到 6 日午后	大风、冰雹、短时强降水	850 hPa 至 500 hPa 低槽或切变线，地面冷锋，500 hPa 温度槽，850 hPa 温度脊，850 hPa 干线	弓形回波，三体散射，回波悬垂，中层径向辐合	175
21	2011 年 6 月 22 日夜间到 23 日白天	短时强降水	500 hPa 低槽，700 hPa 切变线，850 hPa 西南涡及切变线，地面冷锋	低回波质心，列车效应	183
22	2011 年 7 月 6 日午后到 7 日早晨	短时强降水	500 hPa 低槽，850 hPa 至 700 hPa 切变线，850 hPa 温度脊，地面冷锋	局地气旋性涡旋，低层辐合	189
23	2012 年 7 月 21 日夜间到 22 日白天	短时强降水	500 hPa 低槽，850 hPa 至 700 hPa 低涡，700 hPa 急流，850 hP 温度脊，地面冷锋	中气旋，中低层辐合	195
24	2013 年 3 月 10 日凌晨到早晨	大风、冰雹	700 hPa 温度槽，850 hPa 干线，850 hPa 低涡切变线，850 hPa 温度脊，地面冷锋	回波悬垂，低空急流	201
25	2014 年 3 月 19 日夜间到 20 日早晨	短时强降水	500 hPa 低槽，850 hPa 干线，850 hPa 温度脊，地面冷锋	低层辐合	206
26	2014 年 9 月 1 日夜间到 2 日早晨	短时强降水	500 hPa 低槽，700 hPa 及 850 hPa 低涡切变线，低空急流	列车效应，低回波质心，低空急流	212
27	2014 年 9 月 12 日夜间到 13 日早晨	短时强降水	500 hPa 低槽，850 hPa 低涡，低空急流，地面冷锋	中气旋，列车效应，低空急流，低层辐合	218

5.1　1981 年 5 月 10 日大风冰雹

　　实况：强对流天气主要发生在重庆中西部和东北部，以大风(17 站)和冰雹(7 个区县)为主，伴有短时强降水。自 10 日凌晨到午后，从西部开始，最晚发生在东北部的巫溪。沙坪坝极大风速达 33 m/s。此次过程全市因灾死亡 23 人，受伤 59 人。

　　主要影响系统：500 hPa 低槽，700 hPa 切变线，850 hPa 温度脊，地面至 850 hPa 热低压。

　　系统配置及演变：9 日 20 时，500 hPa 低槽与 700 hPa 切变线位于四川西部，切变后部干冷平流显著，四川盆地南部低层为热低压控制，空气暖湿而不稳定；至 10 日 08 时，500 hPa 低槽与 700 hPa 切变线移至重庆北部，切变后部冷空气南下至重庆地区，共同影响低层热低压北侧的不稳定区域，产生强对流天气。

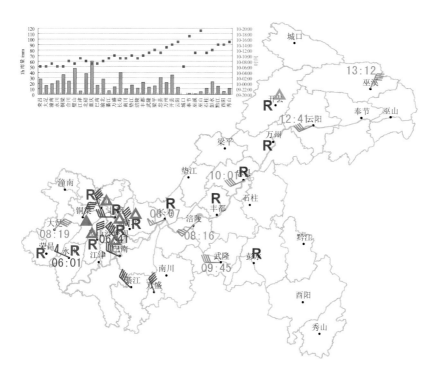

1981 年 5 月 9 日 20 时—10 日 20 时，大风、冰雹和短时强降水分布

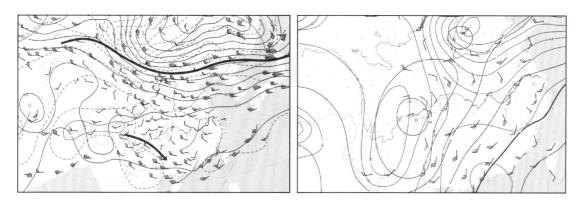

1981 年 5 月 9 日 20 时 500 hPa(左)和 850 hPa(右)天气形势

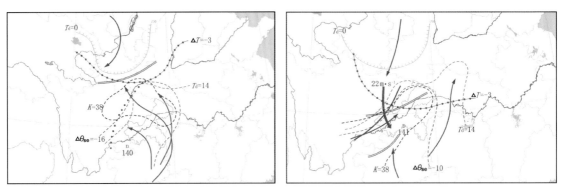

1981 年 5 月 9 日 20 时(左)和 10 日 08 时(右)中尺度天气环境条件场分析

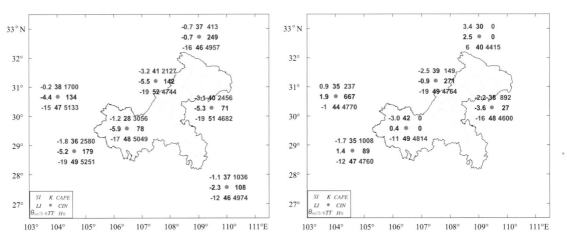

1981 年 5 月 9 日 20 时(左)和 10 日 08 时(右)对流参数和特征高度分布

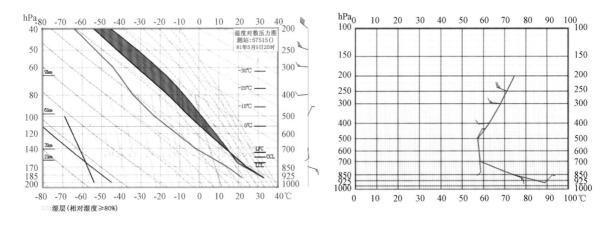

1981 年 5 月 9 日 20 时 57515 (陈家坪) T-ln$p$ 图(左)和假相当位温变化图(右)

　　从陈家坪探空资料分析,5 月 9 日 20 时的环境条件有利于雷暴大风的发生:1)从近地面到 700 hPa, θ_{se} 下降了 31℃,条件不稳定特征非常明显;2)从近地面到 850 hPa,温度层结曲线与干绝热线基本平行; 3)对流有效位能很强, $CAPE$ 值高达 3056 J/kg;4) LI 指数达 -5.9℃,表明对流层中层,即 LFC(约 732 hPa 或 2.68 km)至 500 hPa(约 5.81 km)存在热力不稳定层结;5)风向垂直切变明显,700 hPa 和 500 hPa 风向呈南北"对头风";6)对流层高层到 700 hPa 有明显的干空气层;7)低层暖湿,虽然近地面相对湿度只有 53%,但温度达 33℃(露点达 22℃,比湿为 17 g/kg),850 hPa 相对湿度为 54%,但温度达 24℃ (露点达 14℃,比湿为 12 g/kg)。从近地面到 850 hPa 高温高湿可能是这次大风过程伴随有短时强降水的原因之一,沙坪坝站 10 日 07 时的小时雨量达 60.3 mm。

5.2 1983年4月25日大风冰雹

实况:强对流天气以大风(20站)和冰雹(6个区县)为主,局地伴有短时强降水。主要发生时段为25日午后到下午。江津冰雹个别有鹅蛋大,一般鸡蛋大,重灾地区普遍积雹15~20 cm,局地60~70 cm。此次过程巴南因雷击死亡1人。

主要影响系统:500 hPa低槽,700 hPa至500 hPa温度槽,850 hPa至500 hPa急流,850 hPa至700 hPa切变线,850 hPa温度脊,地面至850 hPa热低压,地面冷锋。

系统配置及演变:25日08时,500 hPa低槽及温度槽位于四川中西部地区,槽前重庆至华中地区为宽广的西南风急流带,急流轴位于贵州—湖北上空,重庆地区为地面热低压控制的暖湿不稳定区域,在河套南部及云南北部分别有两支700 hPa干空气向四川盆地侵入,地面冷锋到达秦岭—大巴山一带;至25日20时,冷槽及切变线东移影响重庆地区,冷锋移过重庆地区,热低压东移,暖湿舌南压,西南急流东移至两湖地区东部,重庆地区为干冷空气控制。

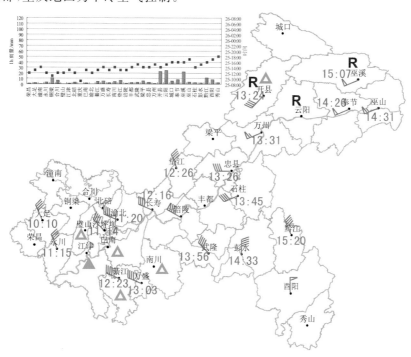

1983年4月25日08时—26日08时,大风、冰雹和短时强降水分布

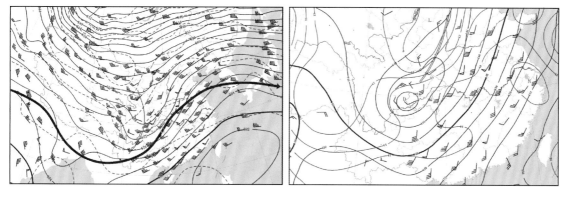

1983年4月25日08时500 hPa(左)和850 hPa(右)天气形势

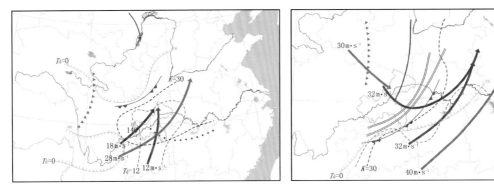

1983年4月25日08时(左)和20时(右)中尺度天气环境条件场分析

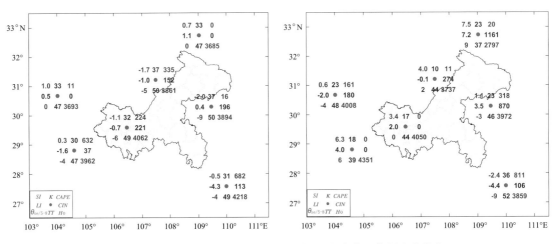

1983年4月25日08时(左)日20时(右)对流参数和特征高度分布

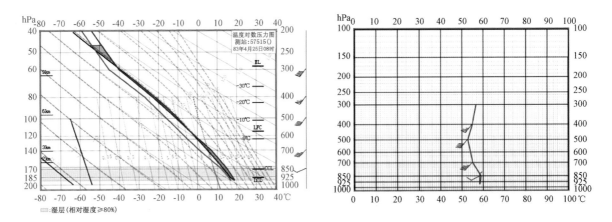

1983年4月25日08时57515(陈家坪)T-$\ln p$图(左)和假相当位温变化图(右)

　　从陈家坪探空资料分析,4月25日08时的环境条件有利于雷暴大风和冰雹的发生:1)850 hPa(4 m/s)到700 hPa(17 m/s)风速切变明显;2)TT指数达49℃,850 hPa与500 hPa温差为26℃,850 hPa露点为12℃,表明对流层中层存在热力不稳定层结;3)从850 hPa到500 hPa,θ_{se}下降了6℃,具有一定的条件不稳定特征;4)850 hPa以上整层偏干,850 hPa以下暖湿,形成具有"上干冷、下暖湿"特征的温湿层结;5)0℃层高度4.06 km,−20℃层高度6.96 km,有利于冰雹发生。

5.3　1984 年 4 月 16 日大风冰雹

　　实况:强对流天气以大风(10 站)和冰雹(3 个区县)为主,局地伴有短时强降水。主要发生时段为 16 日下午到傍晚。

　　主要影响系统:500 hPa 低槽,700 hPa 切变线,700 hPa 温度槽,地面至 850 hPa 低压,850 hPa 温度脊,地面冷锋。

　　系统配置及演变:16 日 08 时,500 hPa 冷槽及 700 hPa 冷切位于四川西北部,地面冷锋到达盆地西北部,重庆地区为地面暖低压控制,850 hPa 暖湿舌亦位于重庆地区;至 20 时,低槽及冷锋侵入重庆地区,形成强对流天气,地面暖低压退至云贵高原。

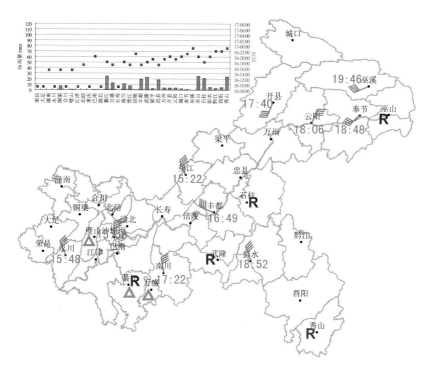

1984 年 4 月 16 日 08 时—17 日 08 时,大风、冰雹和短时强降水分布

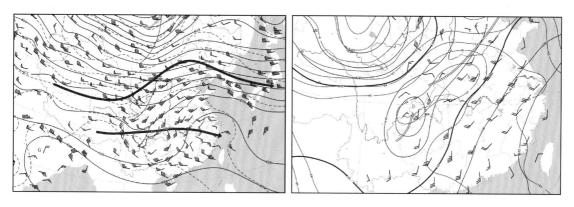

1984 年 4 月 16 日 08 时 500 hPa(左)和 850 hPa(右)天气形势

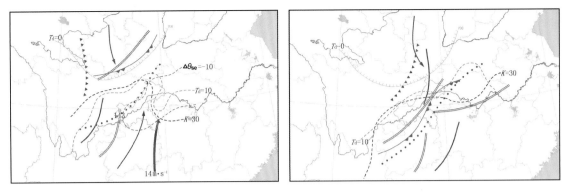

1984 年 4 月 16 日 08 时(左)和 20 时(右)中尺度天气环境条件场分析

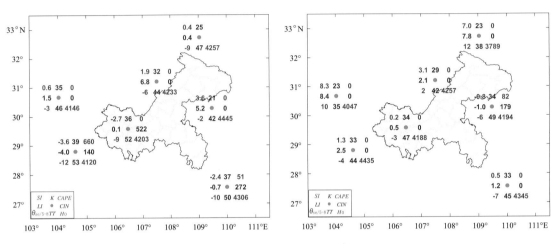

1984 年 4 月 16 日 08 时(左)和 20 时(右)对流参数和特征高度分布

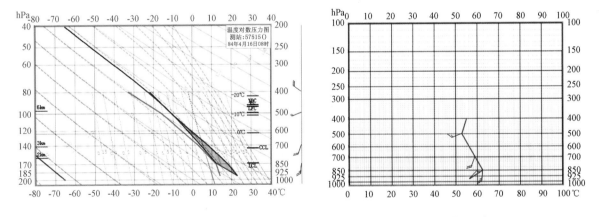

1984 年 4 月 16 日 08 时 57515(陈家坪)T-$\ln p$ 图(左)和假相当位温变化图(右)

从陈家坪探空资料分析,4 月 16 日 08 时的环境条件有利于雷暴大风和冰雹的发生:1)TT 指数达 52℃,850 hPa 与 500 hPa 温差为 29℃,850 hPa 露点为 12℃,表明对流层中层存在热力不稳定层结;2)从 850 hPa 到 500 hPa,θ_{se} 下降了 9℃,具有一定的条件不稳定特征;3)对流抑制较强(522 J/kg),若遇较强抬升,可能冲破对流抑制,导致不稳定能量的突然释放;4) 850 hPa 到 400 hPa 风速顺转明显;5)0℃层高度 4.20 km,−20℃层高度 7.14 km,有利于冰雹发生。

5.4　1986年5月19日大风冰雹

实况:强对流天气主要发生在重庆西部以及中部部分地区,以大风(6站)和冰雹(4个区县)为主,伴有短时强降水。主要发生时段为19日晚23时至20日早晨。荣昌23:31瞬间最大风速超过测风仪最大量程(40 m/s),荣昌站20日01时雨量达70 mm/h。荣昌、大足冰雹最大直径达10 cm,局地积雹30 cm。此次风雹灾害,仅大足、荣昌就因灾死亡75人,重伤190人,轻伤3176人。

主要影响系统:500 hPa低槽,850 hPa至700 hPa低涡,700 hPa至500 hPa温度槽,850 hPa温度脊,850 hPa和700 hPa急流,地面冷锋。

系统配置及演变:19日20时,四川盆地受高压后部波动槽的影响,盆地中部和南部分别有低涡中心生成,低涡前部有显著的东南气流,重庆西部异常暖湿,冷空气由偏东方向侵入盆地,有显著的偏东风急流,至次日08时,在低涡切变、低空急流和冷锋的共同影响下,重庆西部出现显著的风雹天气。

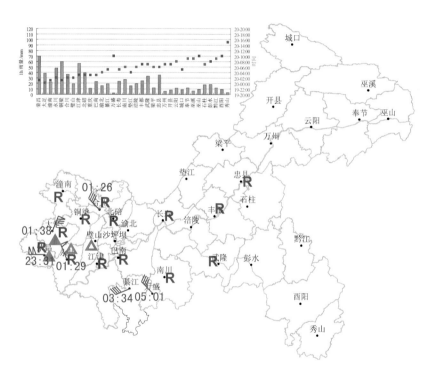

1986年5月19日20时—20日20时,大风、冰雹和短时强降水分布

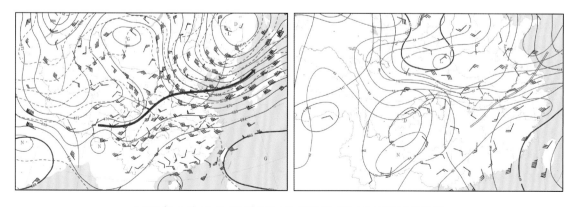

1986年5月19日20时500 hPa(左)和850 hPa(右)天气形势

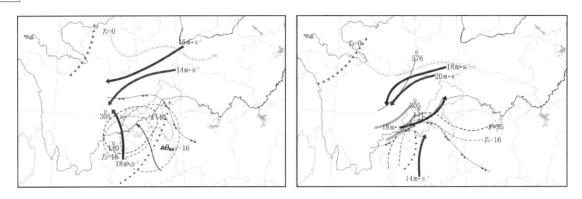

1986 年 5 月 19 日 20 时(左)和 20 日 08 时(右)中尺度天气环境条件场分析

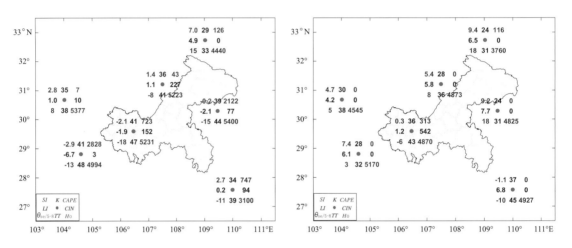

1986 年 5 月 19 日 20 时(左)和 20 日 08 时(右)对流参数和特征高度分布

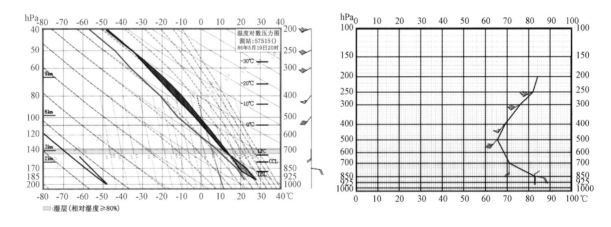

1986 年 5 月 19 日 20 时 57515(陈家坪)T-$\ln p$ 图(左)和假相当位温变化图(右)

　　从陈家坪探空资料分析,5 月 19 日 20 时的环境条件有利于雷雨大风和冰雹的发生:1)从 850 hPa 到 500 hPa,θ_{se} 下降了 18℃,条件不稳定特征明显;2)从 850 hPa 到 700 hPa,温度层结曲线与干绝热线基本平行;3)垂直风切变明显,850 hPa 到 400 hPa 为偏东风顺转到西南风,风速从 7 m/s 增加到 21 m/s;4)有一定的对流有效位能(723 J/kg)和对流抑制能(152 J/kg);5)温湿层结整层偏干,但 850 hPa 与 500 hPa 温差为 26℃,850 hPa 温度 23℃(露点温度 18℃,比湿 15 g/kg),表明低层相对暖湿,温湿层结具有一定的"上干冷,下暖湿"特征。另外,0℃层高度 5.23 km,−20℃层高度 8.54 km,较不利于冰雹发生,表明高空冰雹直径可能很大,导致较高的 0℃层高度条件下地面仍有大冰雹出现。

5.5　1987 年 4 月 25 日大风冰雹

实况:强对流天气主要发生在重庆中西部偏北地区以及东北部、东南部,以大风(19 站)和冰雹(7 个区县)为主,伴有短时强降水。主要发生时段为 25 日凌晨到午后。

主要影响系统:500 hPa 低槽,850 hPa 至 700 hPa 低涡及切变线,地面低压及冷锋,700 hPa 温度槽,850 hPa 温度脊,850 hPa 及 700 hPa 低空急流。

系统配置及演变:24 日 20 时,500 hPa 高空低槽位于川西地区,冷锋到达四川盆地北缘,锋前重庆地区为地面至 850 hPa 的热低压,暖湿而不稳定;至 25 日 08 时,700 hPa 切变线上形成低涡,并影响重庆地区,冷锋已侵入重庆大部地区,热低压退至贵州北部。在低涡切变系统、高空干冷平流及地面冷锋的共同影响下,热低压北侧的暖湿不稳定区域,自 25 日凌晨开始出现强对流天气。

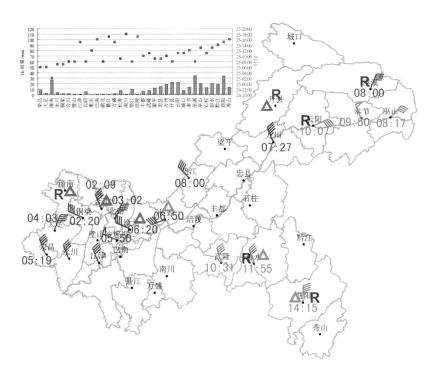

1987 年 4 月 24 日 20 时—25 日 20 时,大风、冰雹和短时强降水分布

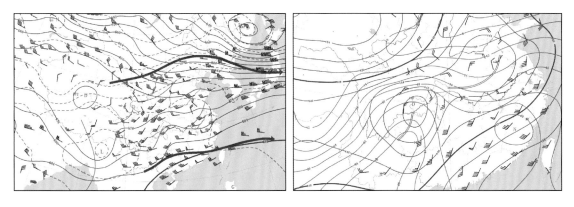

1987 年 4 月 24 日 20 时 500 hPa(左)和 850 hPa(右)天气形势

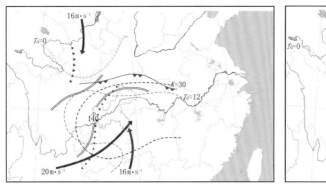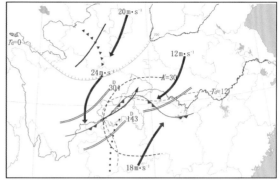

1987 年 4 月 24 日 20 时(左)和 25 日 08 时(右)中尺度天气环境条件场分析

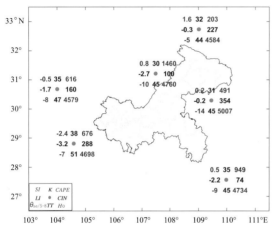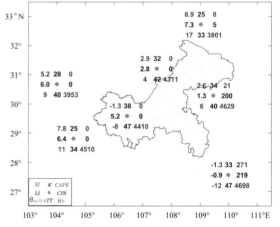

1987 年 4 月 24 日 20 时(左)和 25 日 08 时(右)对流参数和特征高度分布

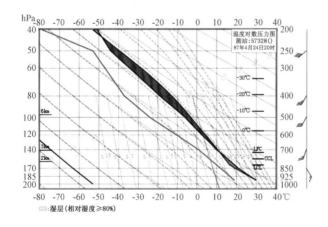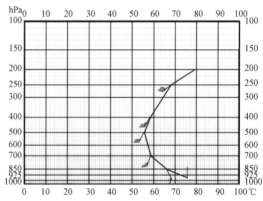

1987 年 4 月 24 日 20 时 57328(达州)T-ln p 图(左)和假相当位温变化图(右)

从达州探空资料分析,4 月 24 日 20 时的环境条件有利于雷雨大风和冰雹的发生:1)从近地面到 500 hPa,θ_{se} 下降了 20 ℃,条件不稳定特征明显;2)从近地面到 850 hPa,温度层结曲线与干绝热线基本平行;3)对流有效位能较强(1460 J/kg);4)具有一定的垂直风切变,850 hPa 到 700 hPa 为东南偏南风顺转到西南偏南风,850 hPa 到 500 hPa 的风速从 5 m/s 增加到 12 m/s;5)温湿层结整层偏干,TT 指数为 45 ℃,850 hPa 与 500 hPa 温差为 27 ℃,表明对流层中层存在热力不稳定层结;6)0 ℃层高度 4.76 km,−20 ℃层高度 7.61 km,有利于冰雹发生。

5.6　1987 年 5 月 31 日大风

　　实况:强对流天气主要发生在重庆西部,以及中东部的长江沿江及以北地区,以大风(20 站)为主,局地有短时强降水。主要发生时段为 31 日下午。

　　主要影响系统:500 hPa 低槽,850 hPa 至 700 hPa 低涡切变,地面冷锋及热低压,700 hPa 至 500 hPa 温度槽,850 hPa 温度脊,850 hPa 至 500 hPa 急流。

　　系统配置及演变:31 日 08 时,500 hPa 重庆西部受低槽影响,同时青海东南部存在另一支低槽,850 hPa 至 700 hPa 切变线及地面冷锋均位于四川西北部地区,重庆位于锋前盆地热低压控制的暖湿区;至 20 时,南北两支 500 hPa 低槽汇合,850 hPa 至 700 hPa 切变线及地面冷锋迅速移至重庆南部,锋后偏北风显著,水汽条件迅速下降,锋前热低压南移,演变为西南—东北向的倒槽,位于重庆南部—两湖地区。在 500 hPa 低槽、850 hPa 至 700 hPa 切变线及地面冷锋的共同影响下,热低压北侧的暖湿区 31 日午后出现强对流天气。

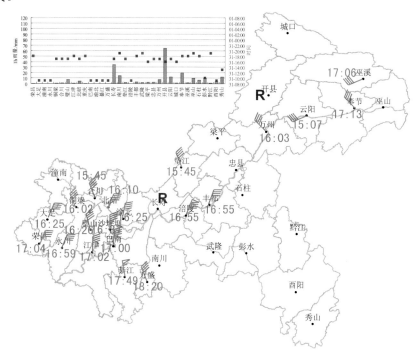

1987 年 5 月 31 日 08 时—6 月 1 日 08 时,大风、冰雹和短时强降水分布

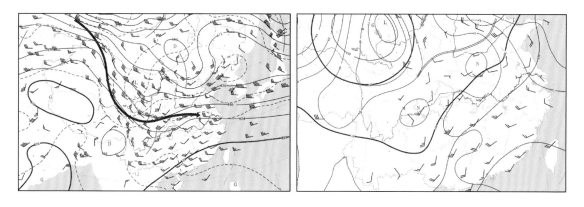

1987 年 5 月 31 日 08 时 500 hPa(左)和 850 hPa(右)天气形势

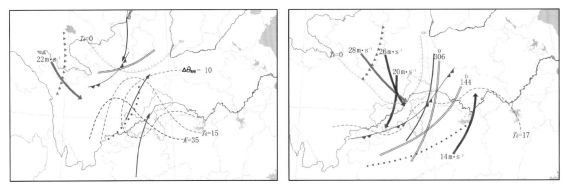

1987 年 5 月 31 日 08 时(左)和 20 时(右)中尺度天气环境条件场分析

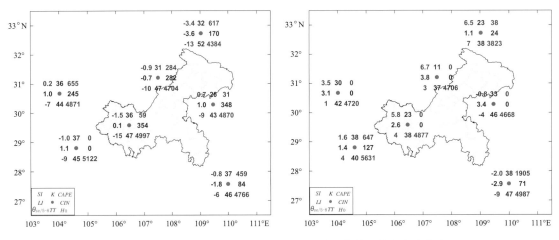

1987 年 5 月 31 日 08 时(左)和 20 时(右)对流参数和特征高度分布

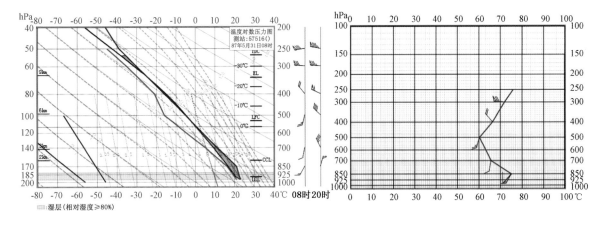

1987 年 5 月 31 日 08 时 57516(沙坪坝)T-$\ln p$ 图(左,含 20 时风廓线)和假相当位温变化图(右)

从沙坪坝探空资料分析,5 月 31 日 08 时的环境条件有利于雷雨大风的发生:1)从 850 hPa 到 500 hPa,θ_{se} 下降了 15℃,条件不稳定特征明显;2)TT 指数为 47℃,850 hPa 与 500 hPa 温差为 26℃,850 hPa 露点为 16℃,表明对流层中层存在热力不稳定层结;3)对流抑制较强(354 J/kg),若遇较强抬升,可能冲破对流抑制,导致不稳定能量的突然释放;4)低层有浅薄湿层,温湿层结具有一定的"上干冷,下暖湿"特征。比较 08 时和 20 时的风廓线可以看出,干冷空气入侵明显。

5.7　1988 年 5 月 7 日冰雹大风

　　实况:强对流天气主要发生在重庆西部,以及中部和东北部的部分地区,以冰雹(5 个区县)和大风(4
站)为主,局地有短时强降水。主要发生时段为 7 日傍晚到夜间。江津最大冰雹直径 4 cm。此次过程全
市因灾死亡 7 人,受伤 446 人。

　　主要影响系统:850 hPa 至 500 hPa 急流,地面至 850 hPa 热低压,地面冷锋。

　　系统配置及演变:7 日 08 时,重庆受南支槽前、副高外围的强西南气流影响,地面至 850 hPa 有暖低
压存在,华北地区有较强冷空气回流入侵重庆;至 20 时,热低压有所发展,同时,强冷锋侵入热低压东侧
的暖湿不稳定及急流耦合区,触发强对流天气。

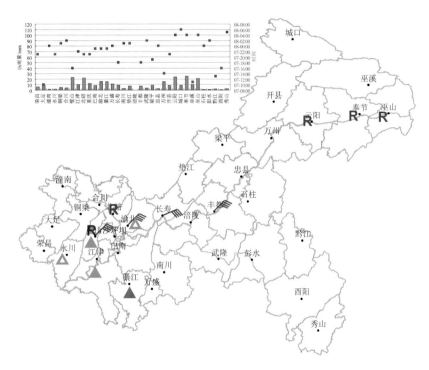

1988 年 5 月 7 日 08 时—8 日 08 时,冰雹、大风和短时强降水分布

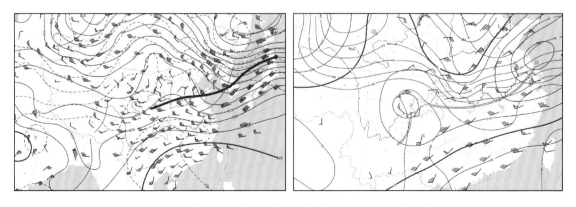

1988 年 5 月 7 日 08 时 500 hPa(左)和 850 hPa(右)天气形势

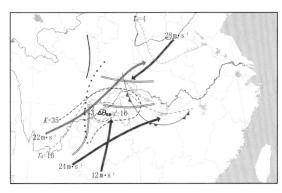
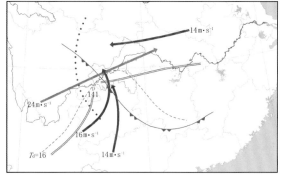

1988 年 5 月 7 日 08 时（左）和 20 时（右）中尺度天气环境条件场分析

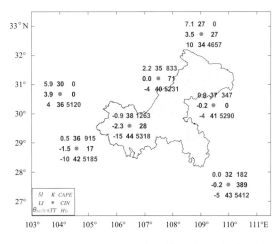
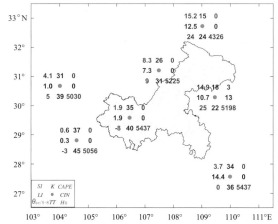

1988 年 5 月 7 日 08 时（左）和 20 时（右）对流参数和特征高度分布

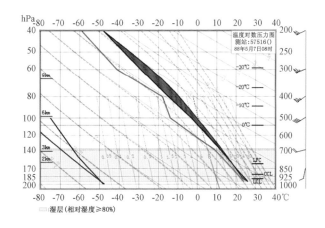
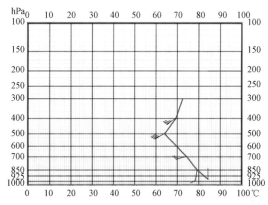

1988 年 5 月 7 日 08 时 57516（沙坪坝）T-$\ln p$ 图（左）和假相当位温变化图（右）

从沙坪坝探空资料分析，5 月 7 日 08 时的环境条件有利于冰雹和雷雨大风的发生：1）从近地面到 500 hPa，θ_{se} 下降了 20℃，条件不稳定特征明显；2）对流有效位能较强（1263 J/kg）；3）垂直风切变明显，850 hPa 到 500 hPa 为南风顺转到西南偏西风，风速从 3 m/s 增加到 16 m/s；4）对流层高层到 700 hPa 有明显的干空气层，温湿层结曲线"上干冷、下暖湿"特征明显。另外，0℃层高度 5.32 km，−20℃层高度 8.36 km，较不利于冰雹发生，表明高空冰雹直径可能很大，导致较高的 0℃ 层高度条件下地面仍有大冰雹出现。

5.8　1993 年 4 月 24 日大风冰雹

实况:强对流天气主要发生在重庆西部,以及中部和东北部的部分地区,以大风(14 站)和冰雹(11 个区县)为主,局地有短时强降水。主要发生时段为 24 日 23 时到 25 日 05 时。此次过程全市因灾死亡 13 人,受伤 135 人。

主要影响系统:500 hPa 低槽,700 hPa 切变线,地面至 850 hPa 热低压,地面冷锋,850 hPa 温度脊。

系统配置及演变:24 日 20 时,500 hPa 低槽位于四川西部,700 hPa 盆地北部和南部均有干空气存在,冷锋已经开始侵入盆地,重庆西部地面至 850 hPa 为热低压控制,暖湿且不稳定;至 25 日 08 时,500 hPa 低槽影响重庆西部,700 hPa 切变南移,并有弱低涡形成,冷锋经过盆地并已到达云贵高原。500 hPa 低槽、700 hPa 低涡切变及干空气、冷锋共同影响锋前热低压区域,出现大范围风雹天气。

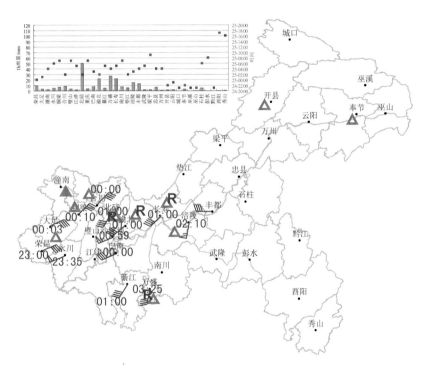

1993 年 4 月 24 日 20 时—25 日 20 时,大风、冰雹和短时强降水分布

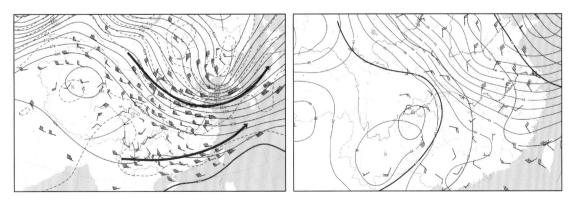

1993 年 4 月 24 日 20 时 500 hPa(左)和 850 hPa(右)天气形势

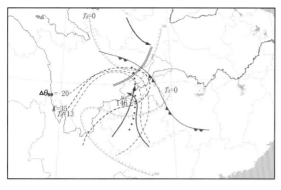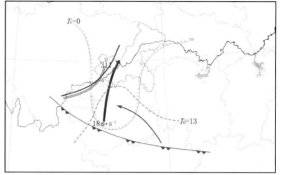

1993年4月24日20时(左)和25日08时(右)中尺度天气环境条件场分析

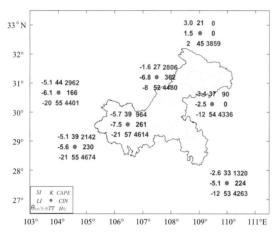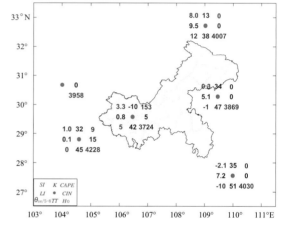

1993年4月24日20时(左)和25日08时(右)对流参数和特征高度分布

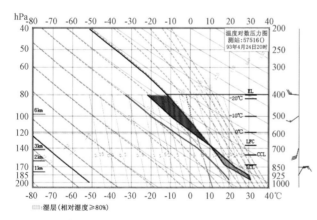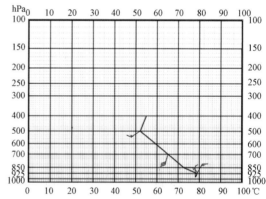

1993年4月24日20时57516(沙坪坝)$T\text{-}\ln p$图(左)和假相当位温变化图(右)

　　从沙坪坝探空资料分析,4月24日20时的环境条件有利于雷暴大风和冰雹的发生:1)从850 hPa到500 hPa,θ_{se}下降了21℃,条件不稳定特征明显;2)从925 hPa到850 hPa,温度层结曲线与干绝热线平行;3)具有一定的对流抑制能(261 J/kg);4)垂直风切变明显,从925 hPa的东北偏北风(6 m/s,30°)顺转到700 hPa的南偏西风(11 m/s,195°),呈"对头风";5)LI、TT、SI和K指数分别达-7.5℃、57℃、-5.7℃和39℃,850 hPa与500 hPa温差为33℃,表明对流层中层和中下层存在热力不稳定层结;6)0℃层高度4.61 km,-20℃层高度7.25 km,有利于冰雹发生。

5.9　1994 年 5 月 2 日冰雹大风

实况:强对流天气主要发生在重庆西部,以冰雹(9 个区县)和大风(4 站)为主。主要发生时段为 1 日夜间到 2 日凌晨。永川冰雹最大直径 3.5 cm。此次过程全市因灾受伤 77 人。

主要影响系统:500 hPa 低槽及温度槽,地面至 850 hPa 热低压及温度脊,850 hPa 及 700 hPa 低涡,850 hPa 干线、地面冷锋。

系统配置及演变:1 日 20 时,重庆西部受热低压控制,狭窄的暖湿区自重庆西部伸向重庆东北部,重庆西部不稳定性显著,沙坪坝与宜宾之间存在显著的干线,并有 700 hPa 干空气自盆地南部侵入重庆西部,地面冷锋自盆地北部逐渐向南移动,西部地区夜间产生了范围较大的强对流天气;2 日 08 时,低槽东移至盆地东部,盆地内有弱的低涡生成,湿区扩大至重庆大部地区,冷锋到达盆地中部,但 850 hPa 切变、温度脊及低空急流主要影响重庆南部地区,武隆站午后产生了局地大风天气。

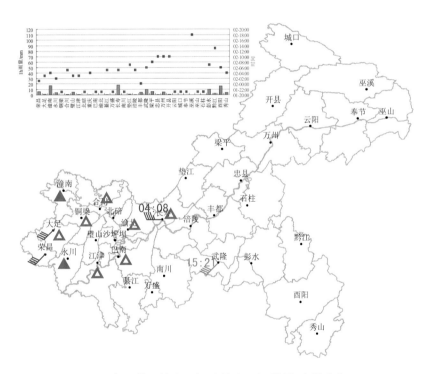

1994 年 5 月 1 日 20 时—2 日 20 时,冰雹、大风分布

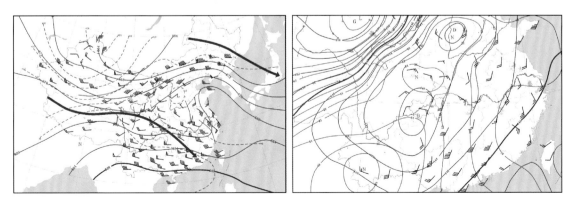

1994 年 5 月 1 日 20 时 500 hPa(左)和 850 hPa(右)天气形势

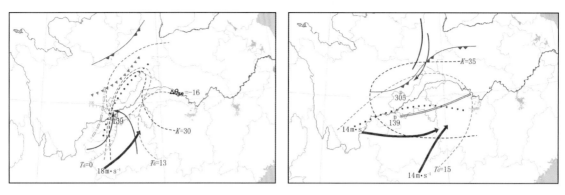

1994 年 5 月 1 日 20 时(左)和 2 日 08 时(右)中尺度天气环境条件场分析

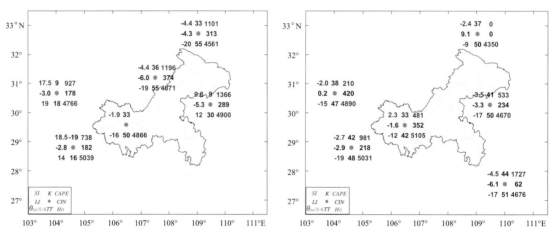

1994 年 5 月 1 日 20 时(左)和 2 日 08 时(右)对流参数和特征高度分布

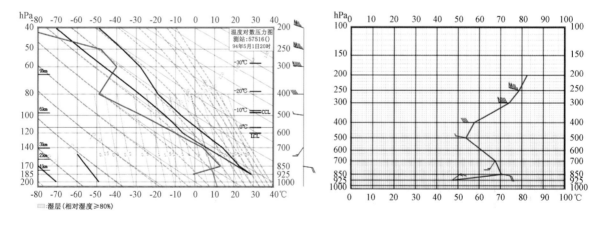

1994 年 5 月 1 日 20 时 57516(沙坪坝)T-$\ln p$ 图(左)和假相当位温变化图(右)

从沙坪坝探空资料分析,5 月 1 日 20 时的环境条件有利于大风冰雹的发生:1)从 850 hPa 到 500 hPa,θ_{se}下降了 16 ℃,条件不稳定特征明显;2)从 925 hPa 到 850 hPa,温度层结曲线与干绝热线基本平行;虽然温湿层结整层偏干,但 TT 指数达 50 ℃,其中 850 hPa(温度为 23 ℃)与 500 hPa(−7 ℃)温差达 30 ℃;4)低层垂直切变明显,风明显顺转,925 hPa 和 700 hPa 风向呈东北风与西南风的"对头风";5) 500 hPa 以上风速随高度增加,250 hPa 存在 50 m/s 以上的西偏北高空急流;6)0 ℃层高度 4.87 km,−20 ℃层高度 7.53 km,有利于冰雹发生。

5.10　1994 年 6 月 24 日大风

　　实况:强对流天气主要发生在重庆西部,以及东北部的部分地区,以大风(11 站)为主,局地有短时强降水。主要发生时段为 24 日下午到傍晚。此次过程巴南因灾死亡 4 人,受伤 13 人。

　　主要影响系统:700 hPa 至 500 hPa 低涡切变,700 hPa 至 500 hPa 温度槽,冷锋,地面至 850 hPa 热低压,925 hPa 至 850 hPa 温度脊,低空急流。

　　系统配置及演变:24 日 08 时,500 hPa 冷槽位于四川西部,地面冷锋到达盆地北部,锋前重庆地区地面至 850 hPa 为暖低压控制,并有湿舌存在;至 20 时,冷槽移至四川中部,地面冷锋则快速南移到达重庆东部,锋后伴有 850 hPa 偏北风急流,锋前亦有偏南风急流,南北风的辐合中心位于重庆西部地区,产生了重庆地区兼具冷锋大风与雷暴大风的混合性大风天气。

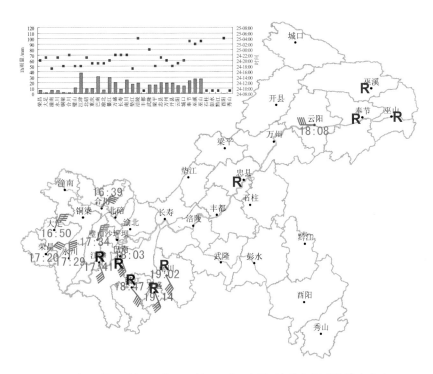

1994 年 6 月 24 日 08 时—25 日 08 时,大风、冰雹和短时强降水分布

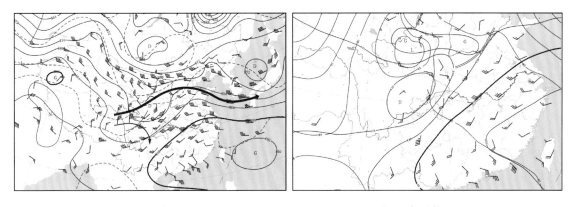

1994 年 6 月 24 日 08 时 500 hPa(左)和 850 hPa(右)天气形势

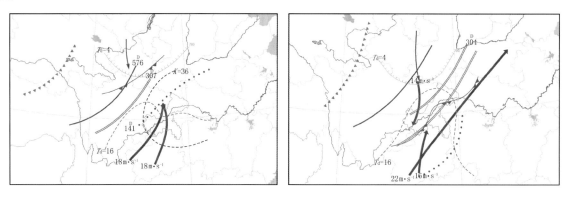

1994 年 6 月 24 日 08 时(左)和 20 时(右)中尺度天气环境条件场分析

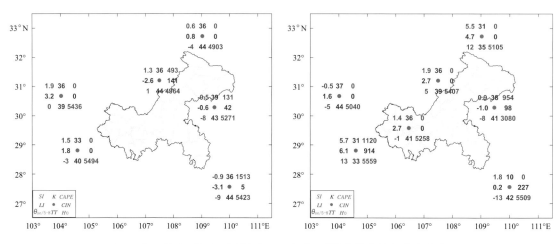

1994 年 6 月 24 日 08 时(左)和 20 时(右)对流参数和特征高度分布

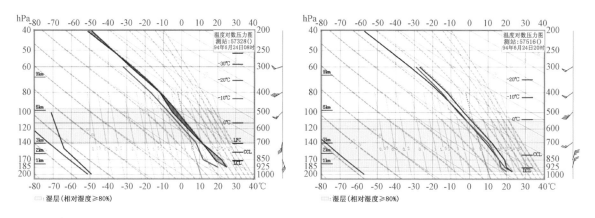

1994 年 6 月 24 日 08 时 57328(达州,左)和 20 时(沙坪坝,右)T-$\ln p$ 图

　　由于 6 月 24 日 08 时缺沙坪坝探空,对强对流发生前重庆市西部的环境条件只能从周边探空站进行分析,周边探空站上空的环境条件与西部有一定差别。从达州探空资料分析,6 月 24 日 08 时的环境条件较有利于雷雨大风的发生:1)垂直风切变明显,从 850 hPa 的 12 m/s 偏南风顺转为 500 hPa 的 21 m/s 西南风,同时,宜宾站(图略)从 850 hPa 的 5 m/s 偏南风顺转为 700 hPa 的 15 m/s 西南风;2)TT 指数为 44 ℃,850 hPa 与 500 hPa 温差为 27 ℃,850 hPa 温度为 22 ℃(露点 12 ℃),表明对流层中层存在热力不稳定层结。另外,20 时沙坪坝探空显示,垂直风切变明显(850 hPa 为 13 m/s 的偏北风,700 hPa 为 9 m/s 的西南风),但 0 ℃层高度(5.26 km)和 -20 ℃层高度(8.70 km),不利于冰雹发生。

5.11　2002 年 4 月 4 日大风冰雹

　　实况：强对流天气以大风（16 站）和冰雹（4 个区县）为主，局地有短时强降水。主要发生时段为 4 日下午到夜间。开县、黔江和彭水的冰雹直径分别达 5 cm、4 cm 和 3 cm 左右。此次过程因灾死亡 5 人，受伤 98 人。

　　主要影响系统：500 hPa 低槽，850 hPa 至 700 hPa 低涡切变，700 hPa 至 500 hPa 温度槽，850 hPa 温度脊，850 hPa 至 700 hPa 急流，地面热低压及冷锋。

　　系统配置及演变：4 日 08 时，500 hPa 深厚的冷槽自河套西部东移，槽前四川盆地东部为深厚的西南气流控制，地面至 850 hPa 为热低压系统，暖湿且具有一定的不稳定性，同时，地面冷锋也东移至陕甘南部地区；20 时，冷槽东移，地面冷锋侵入盆地热低压的湿舌不稳定区域。在低槽、冷锋、低空切变及急流的共同作用下，产生强对流天气。

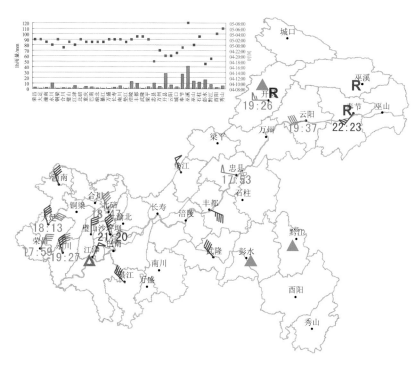

2002 年 4 月 4 日 08 时—5 日 08 时，大风、冰雹和短时强降水分布

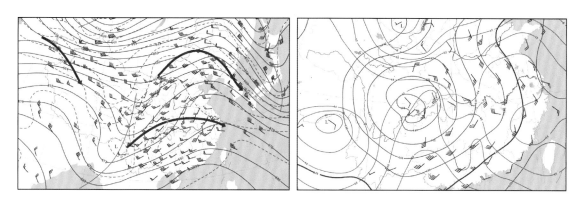

2002 年 4 月 4 日 08 时 500 hPa（左）和 850 hPa（右）天气形势

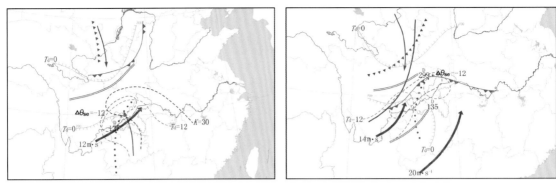

2002年4月4日08时(左)和20时(右)中尺度天气环境条件场分析

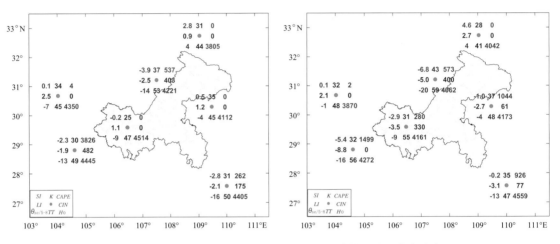

2002年4月4日08时(左)和20时(右)对流参数和特征高度分布

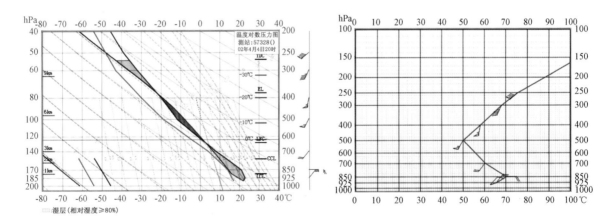

2002年4月4日20时57328(达州)T-$\ln p$图(左)和假相当位温变化图(右)

　　从达州探空资料分析,4月4日20时的环境条件有利于雷雨大风和冰雹的发生:1)从850 hPa到500 hPa,θ_{se}下降了20℃,条件不稳定特征明显;2)LI、TT、SI和K指数分别为-5.0℃、59℃、-6.8℃和43℃,850 hPa与500 hPa温差为33℃,表明对流层中层和中下层存在很强的热力不稳定层结;3)对流抑制能较强(400 J/kg),若遇较强抬升,可能冲破对流抑制,导致不稳定能量的突然释放;4)垂直风切变明显,925 hPa(东北风)与700 hPa(西南风)形成"对头风",700 hPa(8 m/s)与500 hPa(21 m/s)之间有很强的风速切变,250 hPa存在30 m/s以上的西南高空急流;5)0℃层高度4.06 km,-20℃层高度7.37 km,有利于冰雹发生。

5.12　2003 年 4 月 1 日冰雹大风

实况:强对流天气主要发生在中西部及偏东的局部地区,以冰雹(4 个区县)和大风(4 站)为主,局地有短时强降水。主要发生时段为 1 日凌晨到下午。石柱、沙坪坝的冰雹直径分别达 7 cm 和 3 cm 左右,丰都在凌晨和下午均有冰雹发生。

主要影响系统:500 hPa 低槽,850 hPa 及 700 hPa 切变线,地面冷锋,700 hPa 温度槽,925 hPa 至 850 hPa 温度脊,低空急流。

系统配置及演变:31 日 20 时—1 日 08 时,500 hPa 低槽东移,槽前低空切变线逐渐生成,甘肃南部和河南西部各有一支冷空气逐渐向重庆移动,同时,四川南部和河西地区 700 hPa 各有一支干空气向盆地侵入,重庆中西部地区地面至 850 hPa 有热低压存在,空气暖湿且有一定的不稳定性,在低槽、切变、冷锋的强迫作用下出现强对流天气。

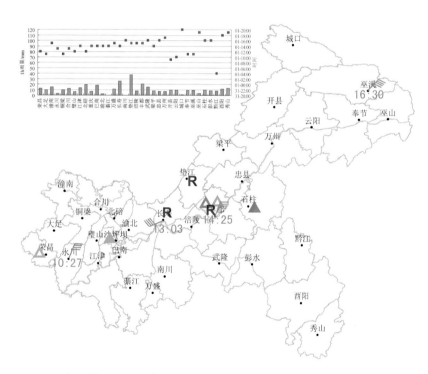

2003 年 3 月 31 日 20 时—4 月 1 日 20 时,冰雹、大风和短时强降水分布

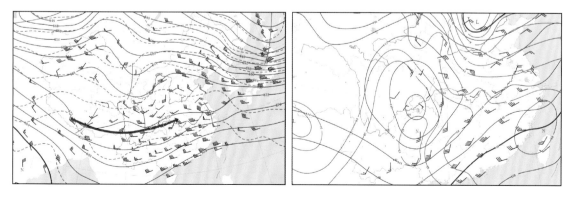

2003 年 3 月 31 日 20 时 500 hPa(左)和 850 hPa(右)天气形势

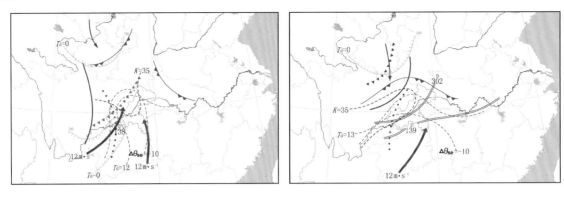

2003 年 3 月 31 日 20 时(左)和 4 月 1 日 08 时(右)中尺度天气环境条件场分析

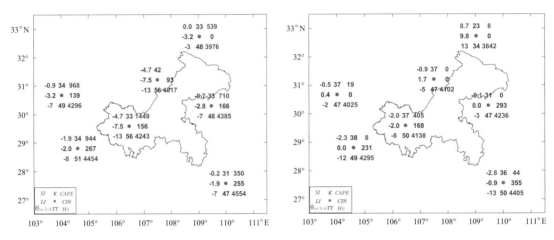

2003 年 3 月 31 日 20 时(左)和 4 月 1 日 08 时(右)对流参数和特征高度分布

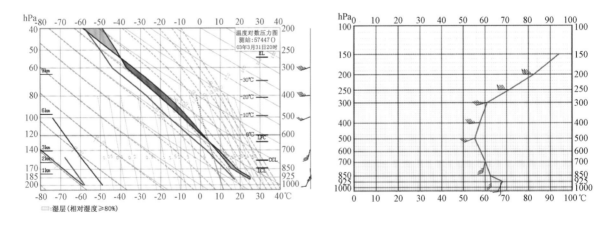

2003 年 3 月 31 日 20 时 57447(恩施)T-$\ln p$ 图(左)和假相当位温变化图(右)

从恩施探空资料分析,3 月 31 日 20 时的环境条件有利于冰雹和雷雨大风的发生:1)从 925 hPa 到 500 hPa,θ_{se} 下降了 13 ℃,具有条件不稳定特征;2)从 925 hPa 到 850 hPa,温度层结曲线与干绝热线平行;3)TT 指数为 48 ℃,850 hPa 与 500 hPa 温差为 27 ℃,表明对流层中层存在热力不稳定层结;4)垂直风切变明显,925 hPa(4 m/s)与 700 hPa(13 m/s)之间有较强的风速切变,700 hPa 到 500 hPa 风向顺转;5)500 hPa 以上风速随高度增加,200 hPa 存在 45 m/s 以上的偏西高空急流;6)0 ℃层高度 4.39 km,−20 ℃层高度 7.28 km,有利于冰雹发生。

5.13 2004年4月6日大风冰雹

实况:强对流天气主要发生在重庆西部、中部偏北和东北部偏西,以大风(8站)和冰雹(5个区县)为主。自6日19时到7日早晨,从西部的大足开始。其中万州冰雹直径达2 cm(21:20左右)。虽然测站未观测到明显的短时强降水,但江津南部四面山等地的一些村镇有强降水导致的灾害发生。

主要影响系统:500 hPa低槽,850 hPa至700 hPa切变线,700 hPa至500 hPa温度槽,850 hPa温度脊,地面冷锋,低空急流。

系统配置及演变:6日08时,500 hPa低槽位于四川西部,地面冷锋到达四川盆地北侧,盆地内地面至850 hPa为锋前热低压控制的暖湿不稳定区域;至20时,冷槽东移,槽前有切变线生成,同时,热低压南退,冷锋侵入热低压北侧的湿舌不稳定区中。

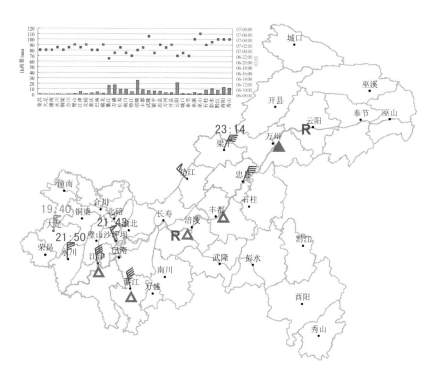

2004年4月6日08时—7日08时,大风、冰雹和短时强降水分布

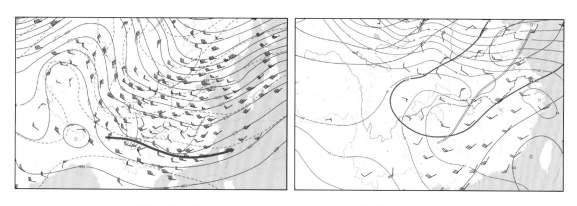

2004年4月6日08时500 hPa(左)和850 hPa(右)天气形势

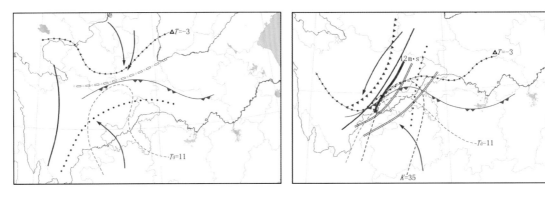

2004 年 4 月 6 日 08 时(左)和 20 时(右)中尺度天气环境条件场分析

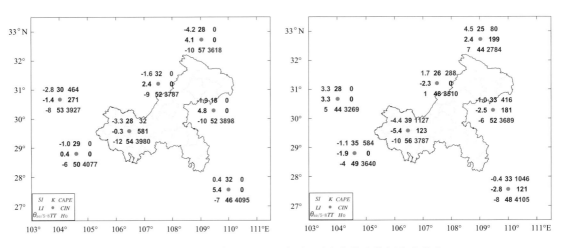

2004 年 4 月 6 日 08 时(左)和 20 时(右)对流参数和特征高度分布

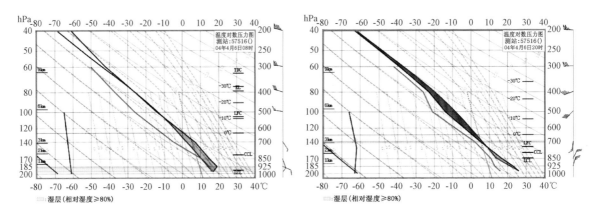

2004 年 4 月 6 日 08 时(左)和 20 时(右)57516 (沙坪坝)$T\text{-}\ln p$ 图

　　从沙坪坝探空资料分析,4 月 6 日 08 时,近地面到 925 hPa 有逆温,对流抑制较强,低层湿层浅薄,温湿层结曲线具有"上干冷、下暖湿"特征。20 时的环境条件有利于大风冰雹的发生:1)从近地面到 700 hPa,温度层结曲线与干绝热线基本平行,700 hPa 附近有浅薄湿层;2)对流有效位能较强,CAPE 值达 1127 J/kg;3)LI 指数达－5.4℃,表明对流层中层,即 LFC(约 742 hPa 或 2606 m)至 500 hPa(约 5740 m)存在热力不稳定层结;4) 风向垂直切变明显,700 hPa 和 850 hPa 风向呈南北"对头风",200 hPa 存在 40 m/s 以上的偏西高空急流;5)0℃层高度 3.79 km,－20℃层高度 6.85 km,有利于冰雹发生。

5.14　2005年4月8日大风冰雹

实况:强对流天气主要发生在中西部及偏东的局部地区,以大风(8站)和冰雹(5个区县)为主,局地有短时强降水。主要发生时段为8日午后到9日凌晨。丰都、石柱、黔江和忠县的冰雹直径分别达8 cm、5 cm、4 cm和3 cm左右。此次过程垫江因灾死亡4人。

主要影响系统:500 hPa低槽,700 hPa切变线,850 hPa及700 hPa低涡切变,低空急流,500 hPa温度槽,850 hPa温度脊,地面冷锋

系统配置及演变:8日08时,冷锋到达四川北部,锋前500 hPa冷槽和850 hPa暖性低涡均位于重庆西部地区,重庆地区低空暖湿条件明显,盆地北部有干侵入存在;08时—20时,500 hPa冷槽迅速东移,冷锋向南移动,850 hPa及700 hPa的切变线和低涡均有所加强,为对流天气的出现提供了有利的抬升条件。

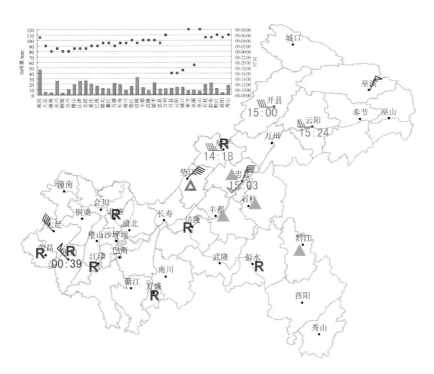

2005年4月8日08时—9日08时,大风、冰雹和短时强降水分布

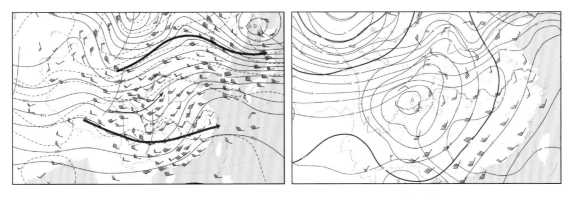

2005年4月8日08时 500 hPa(左)和850 hPa(右)天气形势

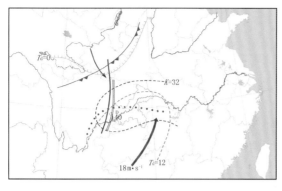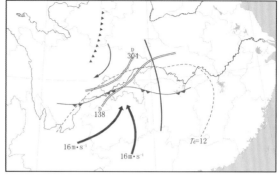

2005年4月8日08时(左)和20时(右)中尺度天气环境条件场分析

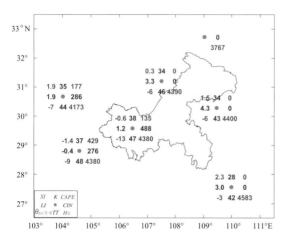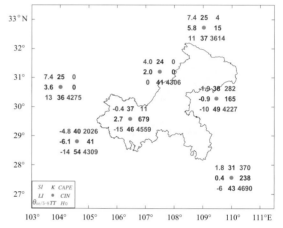

2005年4月8日08时(左)和20时(右)对流参数和特征高度分布

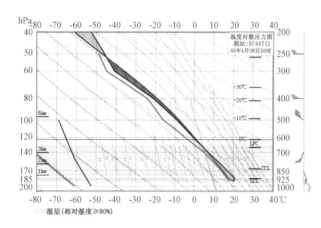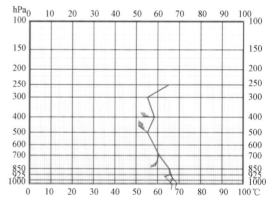

2005年4月8日20时57447(恩施)T-lnp图(左)和假相当位温变化图(右)

从恩施探空资料分析,4月8日20时的环境条件有利于雷雨大风和冰雹的发生:1)从925 hPa到500 hPa,θ_{se}下降了10℃,具有条件不稳定特征;2)TT指数为49℃,850 hPa与500 hPa温差为26℃,表明对流层中层存在热力不稳定层结;3)垂直风切变明显,925 hPa(4 m/s)到500 hPa(17 m/s)从东南风顺转为西北风;4)400 hPa到600 hPa有干空气层,与700 hPa以下的湿层形成具有"上干冷、下暖湿"特征的温湿层结;5)0℃层高度4.23 km,−20℃层高度7.29 km,有利于冰雹发生。

5.15　2007 年 4 月 17 日大风冰雹

实况:强对流天气主要发生在重庆中西部,以大风(11 站)和冰雹(8 个区县)为主,伴有短时强降水。主要发生时段为 16 日夜间到 17 日早晨。巴南的冰雹直径达 3 cm 左右。此次过程因灾死亡 1 人,受伤 14 人。

主要影响系统:500 hPa 低槽,500 hPa 温度槽,700 hPa 切变线,地面至 850 hPa 热低压,地面冷锋,850 hPa 温度脊。

系统配置及演变:16 日 20 时,四川盆地上空为地面至 850 hPa 热低压控制的暖湿不稳定区域,500 hPa 冷槽、700 hPa 切变线、地面冷锋位于盆地北部,并逐渐向东南移动;16 日 20 时—17 日 08 时,在强烈的西北气流推动下,500 hPa 冷槽及低空切变线迅速东移,地面冷锋迅速南移,触发了重庆地区不稳定能量的释放。

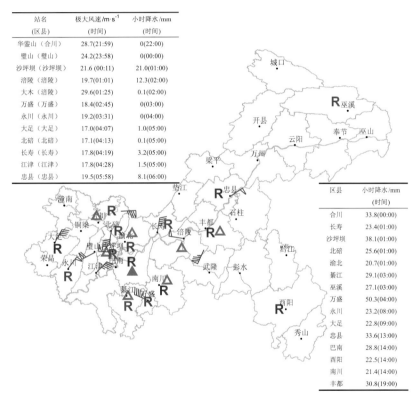

站名	极大风速/m·s⁻¹	小时降水/mm
(区县)	(时间)	(时间)
华蓥山(合川)	28.7(21:59)	0(22:00)
璧山(璧山)	24.2(23:58)	0(00:00)
沙坪坝(沙坪坝)	21.6(00:11)	21.0(01:00)
涪陵(涪陵)	19.7(01:01)	12.3(02:00)
大木(涪陵)	29.6(01:25)	0.1(02:00)
万盛(万盛)	18.4(02:45)	0(03:00)
永川(永川)	19.2(03:31)	0(04:00)
大足(大足)	17.0(04:07)	1.0(05:00)
北碚(北碚)	17.1(04:13)	0.1(05:00)
长寿(长寿)	17.8(04:19)	3.2(05:00)
江津(江津)	17.8(04:28)	1.5(05:00)
忠县(忠县)	19.5(05:58)	8.1(06:00)

区县	小时降水/mm
	(时间)
合川	33.8(00:00)
长寿	23.4(01:00)
沙坪坝	38.1(01:00)
北碚	25.6(01:00)
渝北	20.7(01:00)
綦江	29.1(03:00)
巫溪	27.1(03:00)
万盛	50.3(04:00)
永川	23.2(08:00)
大足	22.8(09:00)
忠县	33.6(13:00)
巴南	28.8(14:00)
酉阳	22.5(14:00)
南川	21.4(14:00)
丰都	30.8(19:00)

2007 年 4 月 16 日 20 时—17 日 20 时,大风、冰雹和短时强降水分布

2007 年 4 月 16 日 20 时 500 hPa(左)和 850 hPa(右)天气形势

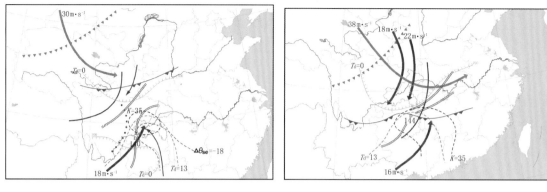

2007年4月16日20时(左)和17日08时(右)中尺度天气环境条件场分析

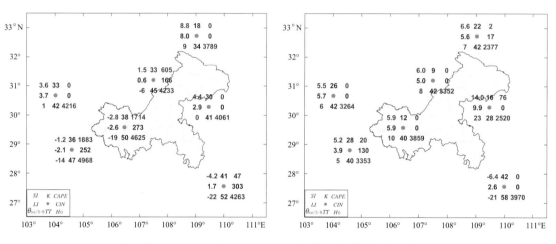

2007年4月16日20时(左)和17日08时(右)对流参数和特征高度分布

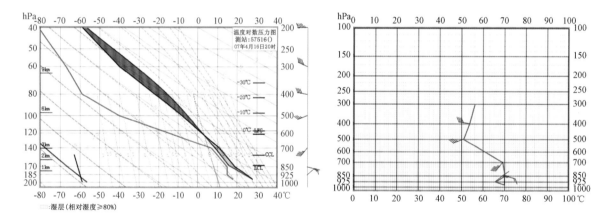

2007年4月16日20时57516(沙坪坝)T-$\ln p$图(左)和假相当位温变化图(右)

从沙坪坝探空资料分析,4月16日20时的环境条件有利于雷暴大风和冰雹的发生:1)从700 hPa到500 hPa,θ_{se}下降了18℃,条件不稳定特征明显;2)从近地面到850 hPa,温度层结曲线与干绝热线基本平行;3)对流有效位能较强(1714 J/kg),有一定的对流抑制能(273 J/kg);4)TT指数达50℃,850 hPa与500 hPa温差为27℃,表明对流层中层存在热力不稳定层结;5)垂直风切变明显,925 hPa(8 m/s)和700 hPa(17 m/s)风向呈东北风与西南风的"对头风";6)对流层高层到700 hPa有明显的干空气层,700 hPa到850 hPa较暖湿,850 hPa相对湿度78%(温度19℃,露点15℃,比湿13 g/kg),温湿层结"上干冷、下暖湿"特征非常明显;7)0℃层高度4.63 km,−20℃层高度7.22 km,有利于冰雹发生。

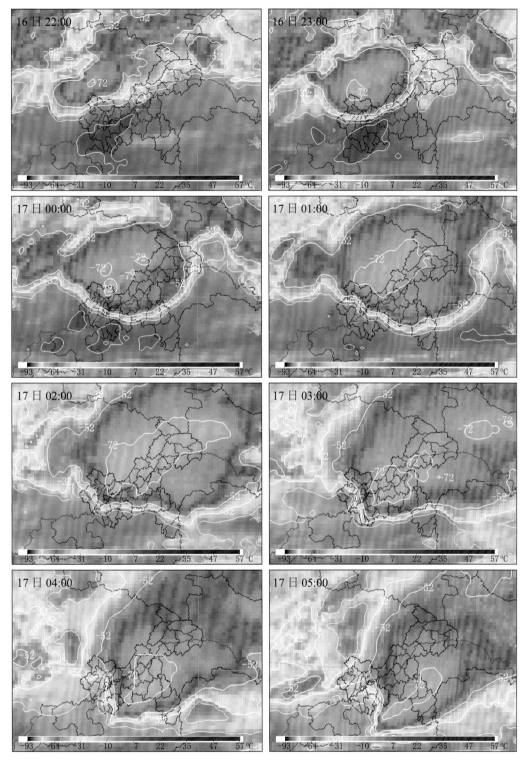

2007 年 4 月 16 日 22 时—17 日 05 时的 FY2C 卫星 IR1 通道 TBB 图

从 16 日 22:00 到 17 日 05:00 的卫星云图演变可见,16 日 22:00,亮温梯度大值区位于重庆西北部的潼南和合川附近。23:00,强对流云团迅速发展,最冷云顶恰好出现在潼南和合川附近,云罩南部有陡变的云顶温度梯度。之后,冷云顶向南膨胀,亮温梯度大值区南压,强对流天气主要发生在亮温梯度最大的重庆市中西部。

5.16 2008年8月2日短时强降水

实况:强对流天气以短时强降水(24个区县)为主。主要发生时段是1日夜间到2日白天。最大小时雨量出现在丰都的三合,为85.4 mm(2日03时)。

主要影响系统:500 hPa低槽,850 hPa至700 hPa切变线,850 hPa温度脊,地面冷锋。

系统配置及演变:1日20时,500 hPa低槽位于川西地区,冷锋到达盆地中部,850 hPa及700 hPa弱切变影响重庆中部地区,并伴有暖湿舌和K指数大值区;1日20时—2日08时,500 hPa低槽和冷锋东南移,为强降雨的出现提供了重要的动力条件。

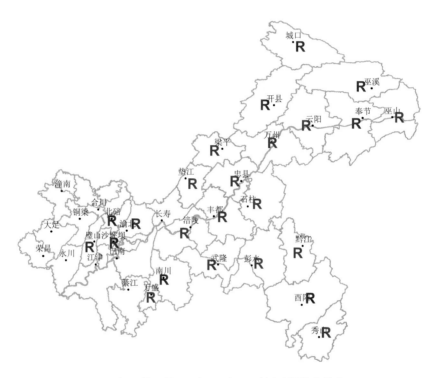

2008年8月1日20时—2日20时短时强降水分布

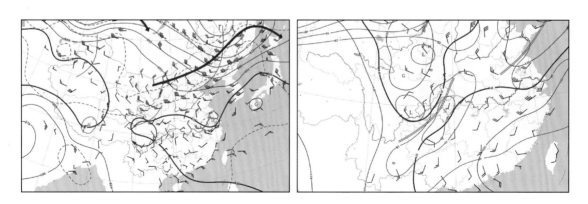

2008年8月1日20时500 hPa(左)和850 hPa(右)天气形势

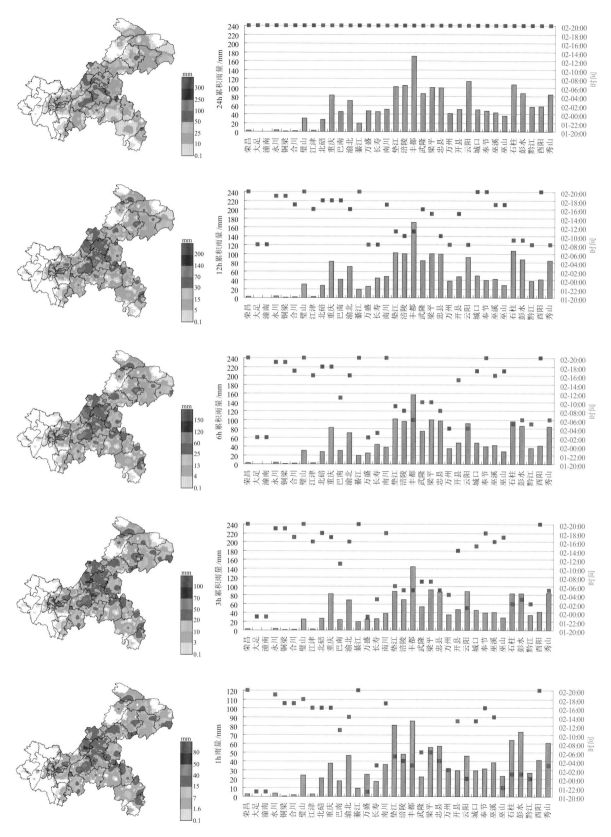

2008 年 8 月 1 日 20 时—2 日 20 时的 24 h、12 h、6 h、3 h 和 1 h 最大降水分布（455 个雨量站）

（其中最大 24 h、12 h、6 h、3 h 和 1 h 累积雨量分别为 171.3 mm、171.1 mm、157.2 mm、144.2 mm 和 85.4 mm）

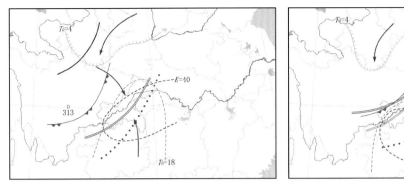
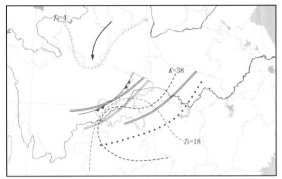

2008年8月1日20时(左)和2日08时(右)中尺度天气环境条件场分析

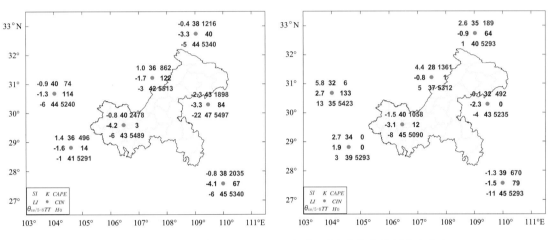

2008年8月1日20时(左)和2日08时(右)对流参数和特征高度分布

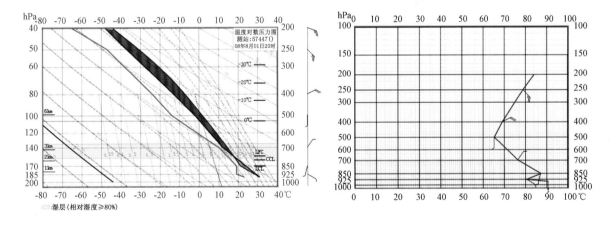

2008年8月1日20时57447(恩施)$T\text{-}\ln p$图(左)和假相当位温变化图(右)

　　从恩施探空资料分析,8月1日20时的环境条件有利于短时强降水的发生:1)从850 hPa到500 hPa,θ_{se}下降了22℃,条件不稳定特征明显;2)对流有效位能较强(1898 J/kg);3)K指数高达43℃(850 hPa与500 hPa温差为26℃,850 hPa的露点为19℃,700 hPa的温度露点差为2℃),表明对流层中下层存在热力不稳定层结;4)垂直风切变较弱;5)对流层高层到700 hPa有明显的干空气层,850 hPa比湿达16 g/kg,温湿层结曲线"上干冷、下暖湿"特征明显。

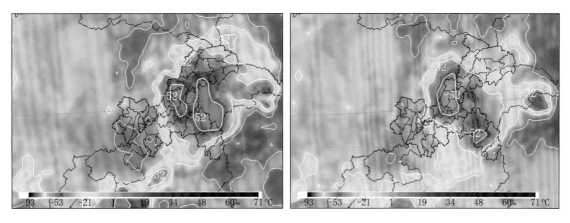

2008 年 8 月 2 日 02 时(左)和 04 时(右)FY2C 卫星 IR1 通道 TBB 云图

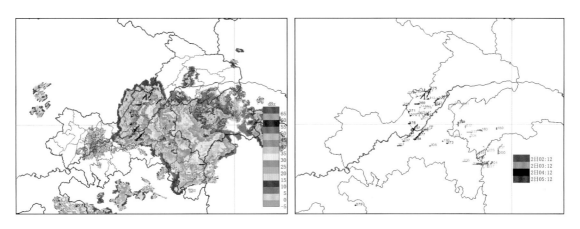

2008 年 8 月 2 日 CR 拼图(左,04:12,重庆和恩施雷达)及回波跟踪(右,02:12—05:12)

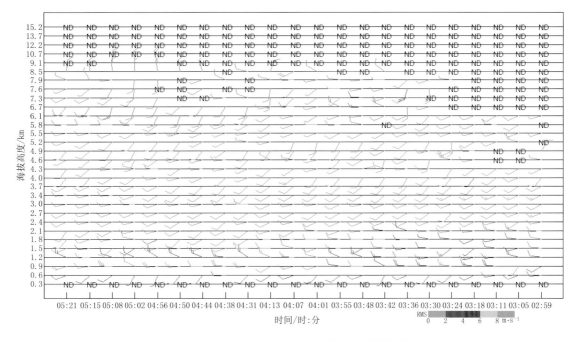

2008 年 8 月 2 日 02:59—05:21 重庆雷达 VWP 演变图

　　垫江杠家 05:00 小时雨量达 81 mm。02:00,重庆中东部有两个云顶亮温低于−52℃的云团,到 04:00,东面云团减弱,西面云团发展加强,移动不明显。雷达回波西部反射率因子梯度较大,回波看似准静止,极缓慢地向偏西方向移动。重庆雷达 VWP 图上,风垂直切变较弱。

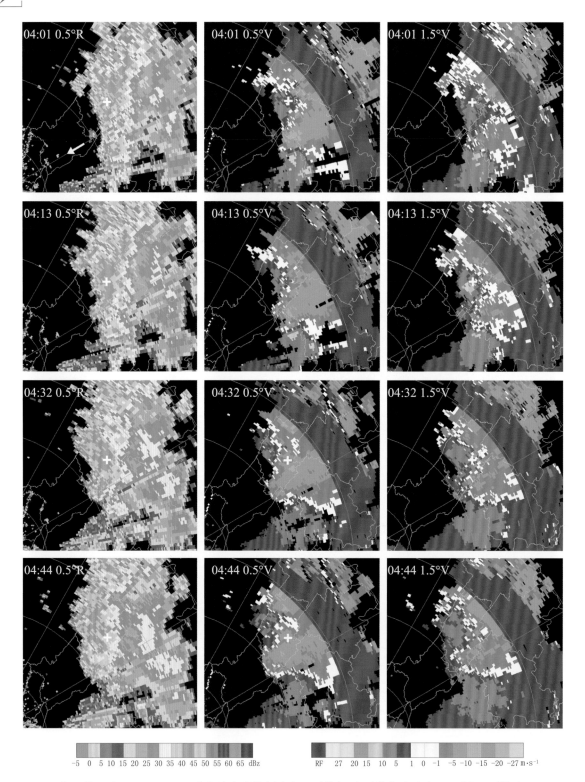

-5 0 5 10 15 20 25 30 35 40 45 50 55 60 65 dBz   RF 27 20 15 10 5 1 0 -1 -5 -10 -15 -20 -27 m·s⁻¹

2008 年 8 月 2 日 04:01—04:44 重庆雷达反射率因子(0.5°仰角)和平均径向速度（0.5°和 1.5°仰角）PPI
（图中白色或紫色"＋"为垫江杠家位置，白色粗箭头指向雷达，杠家相对于重庆雷达方位 51°，距离 126 km）

  强降水回波带从垫江南部伸展到梁平西部，移动前方（西部）有低层辐合存在，从反射率因子和径向速度剖面图也可看出，反射率因子具有低回波质心特征，强回波核上下有高层辐散、低层辐合特征。VIL 在 20 ~25 kg/m²，18 dBz 回波顶高在 15～17 km，10 min 地闪密度达 30 次/78.5 km² 以上。需要注意，重庆雷达 0.5°仰角波束中心在杠家附近达 2.5 km 左右，可能造成 VIL 低估，同时也监测不到低层回波。

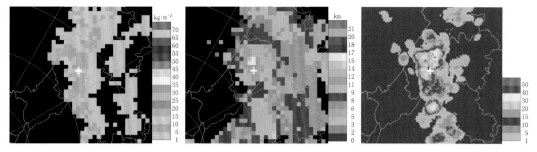

2008 年 8 月 2 日 04:13 重庆雷达 VIL(左)、ET(中)和 04:10—04:20 的地闪密度图(右,单位:次/78.5 km²)

(图中白色"+"为垫江杠家位置)

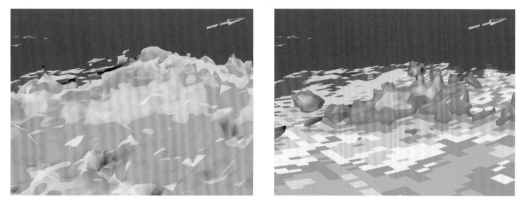

2008 年 8 月 2 日 04:13 重庆雷达得到的垫江杠家附近反射率因子三维视图

(左图:外层 18 dBz,内层 40 dBz;右图:外层 40 dBz,内层 45 dBz)

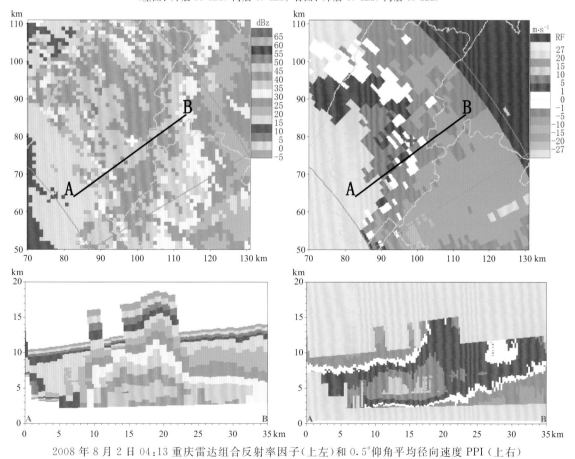

2008 年 8 月 2 日 04:13 重庆雷达组合反射率因子(上左)和 0.5°仰角平均径向速度 PPI(上右)

以及沿 53°径向,距离雷达 106~141 km(A—B)的反射率因子垂直剖面(下左)和平均径向速度垂直剖面(下右)

(图中白色或紫色"+"为垫江杠家位置)

5.17 2009年4月15日冰雹大风

实况:强对流天气主要发生在重庆东南部和中部,以冰雹(6个区县)和大风(4个区县)为主,伴有短时强降水。自15日17时左右从中部开始,向东南方向发展,持续到22时左右。武隆和黔江个别乡镇冰雹最大直径分别达6 cm和3 cm。武隆羊角19:50极大风速达25.8 m/s。

主要影响系统:500 hPa低槽和温度槽,850 hPa切变线与温度脊,700 hPa切变线,地面冷锋。

系统配置及演变:15日08时,850 hPa湿舌位于重庆东南部,温度脊位于重庆东部,重庆东南部低空暖湿条件较显著,而700 hPa非常干燥,使得东南部具有一定的不稳定性,且日间增温显著,不稳定能量显著增长;08时—20时,500 hPa冷槽与低空切变线由重庆西部逐渐东移影响东部地区,冷锋逐渐进入两湖盆地并回流影响重庆东部,为不稳定能量的释放提供了有利的动力强迫条件。

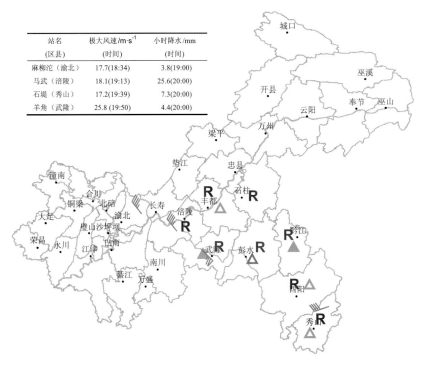

站名 (区县)	极大风速/m·s⁻¹ (时间)	小时降水/mm (时间)
麻柳沱(渝北)	17.7(18:34)	3.8(19:00)
马武(涪陵)	18.1(19:13)	25.6(20:00)
石堤(秀山)	17.2(19:39)	7.3(20:00)
羊角(武隆)	25.8(19:50)	4.4(20:00)

2009年4月15日08时—16日08时冰雹、大风和短时强降水分布

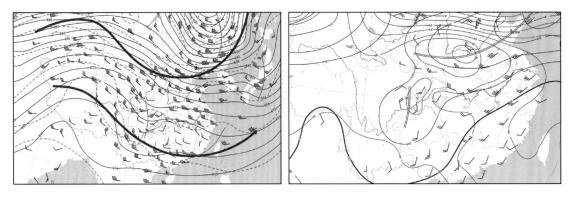

2009年4月15日08时 500 hPa(左)和850 hPa(右)天气形势

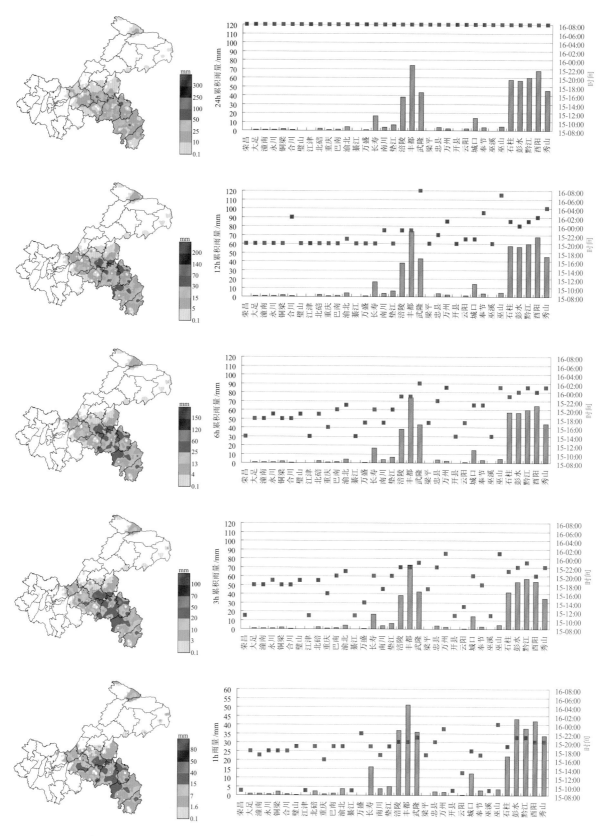

2009 年 4 月 15 日 08 时—16 日 08 时的 24 h、12 h、6 h、3 h 和 1 h 最大降水分布(664 个雨量站)

(其中最大 24 h、12 h、6 h、3 h 和 1 h 累积雨量分别为 73.9 mm、73.9 mm、73.9 mm、72.6 mm 和 51.1 mm)

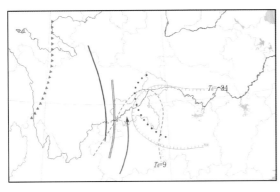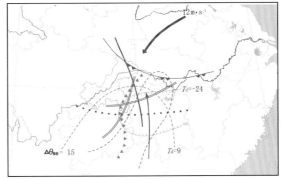

2009 年 4 月 15 日 08 时(左)和 20 时(右)中尺度天气环境条件场分析

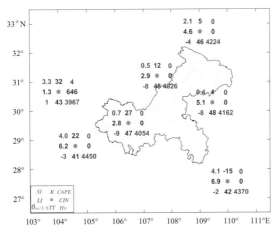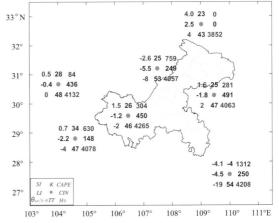

2009 年 4 月 15 日 08 时(左)和 20 时(右)对流参数和特征高度分布

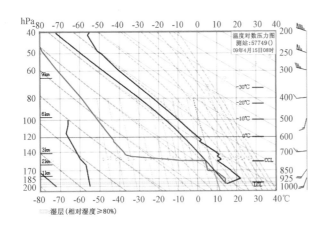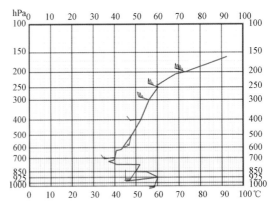

2009 年 4 月 15 日 08 时 57749(怀化)$T\text{-}\ln p$ 图(左)和假相当位温变化图(右)

从怀化探空资料分析,4 月 15 日 08 时的环境条件有利于冰雹大风的发生:1)从 925 hPa 到 700 hPa,θ_{se} 下降了 20℃,条件不稳定特征明显;2)逆温层以上,即 925 hPa 开始到约 770 hPa,温度层结曲线与干绝热线基本平行;3)700 hPa 到 500 hPa 风向逆转,存在冷平流,200 hPa 存在 30 m/s 以上的偏西高空急流;4)整层湿度偏干,低层湿层浅薄;5)0℃层高度 4.37 km,−20℃层高度 7.07 km,有利于冰雹发生。另外,从对流参数分布可以看出,从 08 时到 20 时,怀化上空的不稳定程度增加很大,总指数 TT 从 42℃增加到 54℃,20 时 850 hPa(温度 19℃)与 500 hPa(温度−11℃)的温差达 30℃。

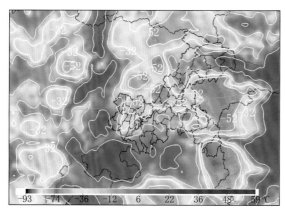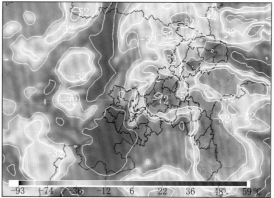

2009 年 4 月 15 日 18 时(左)和 19 时(右)FY2C 卫星 IR1 通道 TBB 云图

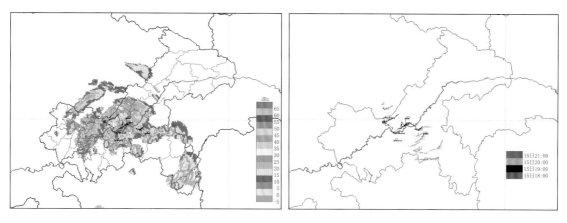

2009 年 4 月 15 日 CR(左,19 时,重庆雷达)及回波跟踪(右,18—21 时)

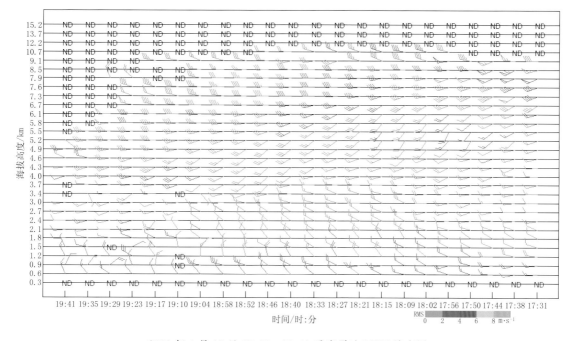

2009 年 4 月 15 日 17:31—19:41 重庆雷达 VWP 演变图

4 月 15 日 19:13 和 19:50,涪陵的马武和武隆的羊角分别出现 18.1 和 25.8 m/s 的大风。武隆冰雹最大直径达 6 cm。从 18:00 到 19:00,重庆中西部偏北的分散对流云团迅速合并加强并东南移。强对流回波也快速向东南方向移动。从重庆雷达 VWP 可以看到,从 17:50 左右开始,低层有冷空气楔入。

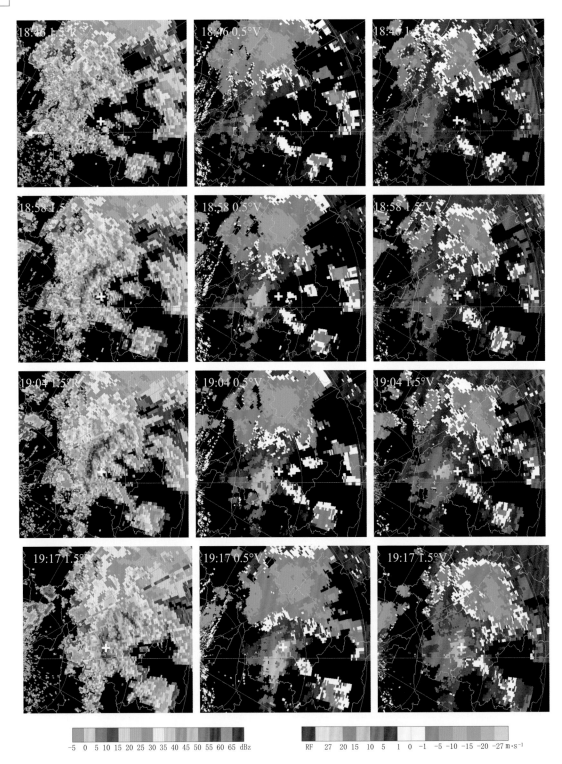

−5 0 5 10 15 20 25 30 35 40 45 50 55 60 65 dBz　　　RF 27 20 15 10 5 1 0 −1 −5 −10 −15 −20 −27 m·s⁻¹

2009 年 4 月 15 日 18:46—19:17 重庆反射率因子(1.5°仰角)和平均径向速度（0.5°和 1.5°仰角）PPI
（图中白色"+"为涪陵马武位置,白色粗箭头指向雷达,马武相对于重庆雷达方位 84°,距离 82 km）

　　强对流回波组成飑线,向东南方向移动,前方反射率因子梯度大,回波向移动前方倾斜(参考三维视图);19:04—19:17,0.5°平均径向速度图上在马武附近有 20 m/s 以上的低层径向速度大值区;VIL 达 50 kg/m² 以上,18 dBz 回波顶高在 14～15 km,10 min 地闪密度达 40 次/78.5 km² 以上。

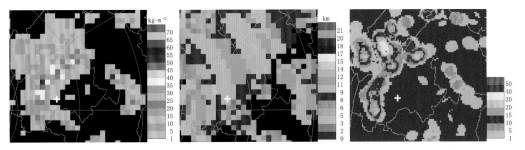

2009 年 4 月 15 日 18:58 重庆雷达 VIL(左)、ET(中)和 18:50—19:00 的地闪密度图(右,单位:次/78.5 km²)

(图中白色"＋"为涪陵马武位置)

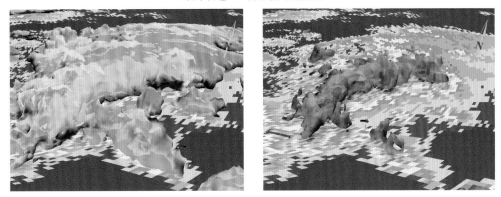

2009 年 4 月 15 日 18:58 重庆雷达得到的涪陵马武附近反射率因子三维视图

(左图:外层 18 dBz,内层 40 dBz;右图:外层 40 dBz,内层 55 dBz)

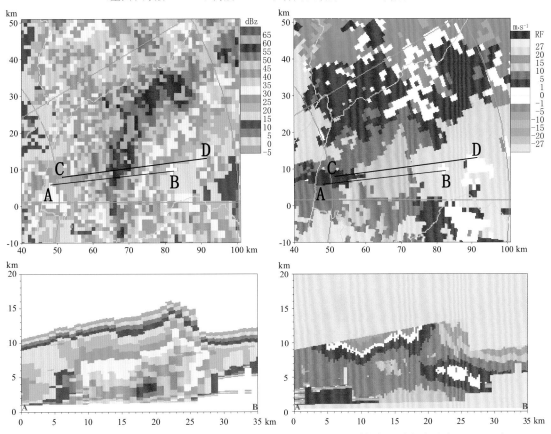

2009 年 4 月 15 日 18:58 重庆雷达组合反射率因子(上左)和 0.5°仰角平均径向速度 PPI(上右)

以及沿 84°径向,距离雷达 47~82 km(A—B)的反射率因子垂直剖面(下左)和平均径向速度垂直剖面(下右)

(图中白色"＋"为涪陵马武位置)

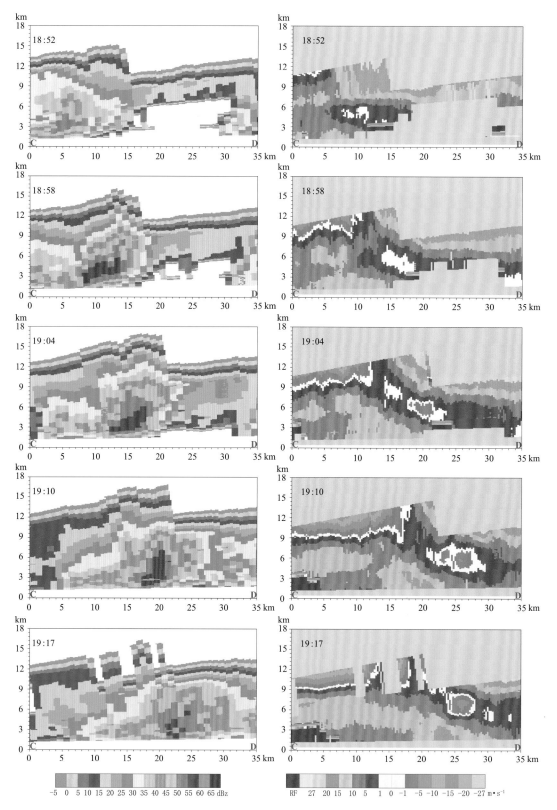

2009 年 4 月 15 日 18:52—19:17 重庆雷达沿 83°径向(见 18:58 组合反射率因子图中的 C—D)，
距离雷达 56～91 km 的反射率因子垂直剖面(左)和平均径向速度垂直剖面(右)

从 19:10—19:17 的 7 min 内,高反射率因子核急速下降,低层出现径向速度大值区,在下塌着的反射率因子核顶部偏西一侧出现高层辐散(19:04 和 19:10 的径向速度剖面图上最为明显)和中层径向辐合(19:10 的径向速度剖面图上最为明显)。同时可以看到 15 m/s 以上的后侧入流。

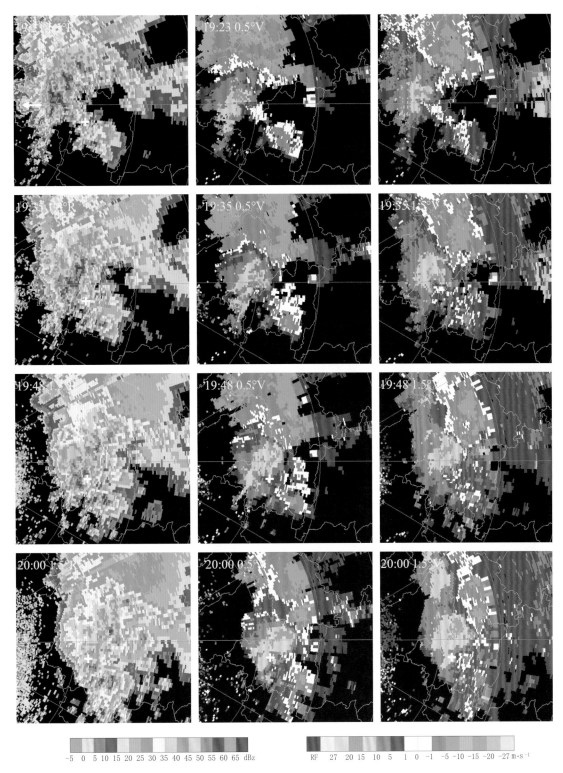

2009 年 4 月 15 日 19：23—20：00 重庆反射率因子(1.5°仰角)和平均径向速度（0.5°和 1.5°仰角）PPI

(图中白色或紫色"+"为武隆羊角位置，白色粗箭头指向雷达，羊角相对于重庆雷达方位 97°，距离 110 km)

飑线前侧的出流可能是触发武隆南部强对流回波的原因之一，回波南面反射率因子梯度大，缓慢向偏东方向移动，回波向东南方向倾斜(参考三维视图及反射率因子剖面图)，有回波悬垂；45 dBz 的回波伸展到 12 km。19：23—20：00，0.5°平均径向速度图上羊角以北有 20 m/s 以上的低层径向速度大值区；武隆南部 VIL 达 60 kg/m² 以上，18 dBz 回波顶高在 14～15 km，羊角附近 10 min 地闪密度在 10 次/78.5 km² 左右。

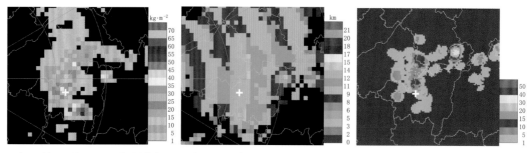

2009 年 4 月 15 日 19:48 重庆雷达 VIL(左)、ET(中)和 19:40—19:50 的地闪密度图(右,单位:次/78.5 km²)

(图中白色"+"为武隆羊角位置)

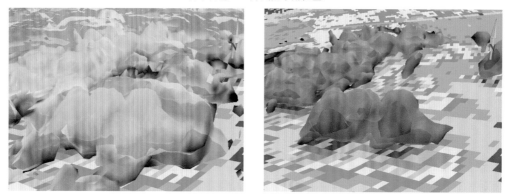

2009 年 4 月 15 日 19:48 重庆雷达得到的武隆羊角附近反射率因子三维视图

(左图:外层 18 dBz,内层 40 dBz;右图:外层 40 dBz,内层 55 dBz)

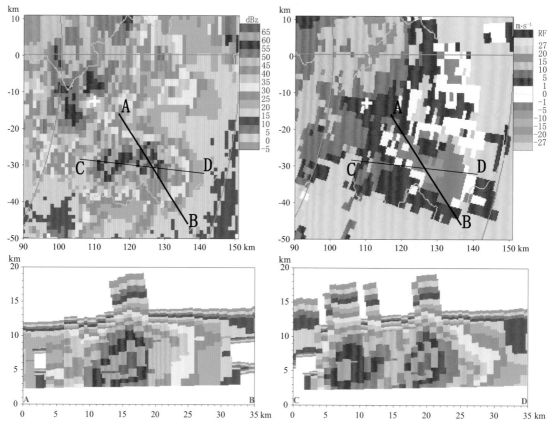

2009 年 4 月 15 日 19:48 重庆雷达组合反射率因子(上左)和 0.5°仰角平均径向速度 PPI(上右)

以及沿图中 A—B 和 C—D 的反射率因子垂直剖面(下左和下右)

(图中白色"+"为武隆羊角位置)

5.18　2009 年 8 月 4 日短时强降水

　　实况:强对流天气主要发生在重庆西部以及中部偏西的部分地区,以短时强降水(13 个区县)为主。主要发生时段是 3 日夜间到 4 日白天。最大小时雨量出现在渝北的鸳鸯,为 73.3 mm(4 日 18 时)。从 2 日开始到 5 日,整个过程造成全市 10 人死亡,1 人失踪,40 人受伤。

　　主要影响系统:500 hPa 低槽,925 hPa 至 700 hPa 低涡,850 hPa 至 700 hPa 急流,地面冷锋。

　　系统配置及演变:3 日 20 时到 4 日 08 时,500 hPa 低槽由重庆中部东移,但副高在南海台风的作用下北抬并略有西伸,副高西侧在重庆西部再次出现切变线,850 hPa 及 700 hPa 低涡维持在重庆西部缓慢向南移动;地面冷锋继续西移;850 hPa 东南气流较强,南海台风外围水汽逐渐向重庆西部输送,为重庆西部强降雨的持续提供了有利条件。

2009 年 8 月 3 日 20 时—4 日 20 时短时强降水分布

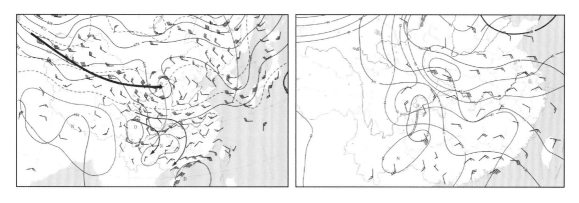

2009 年 8 月 3 日 20 时 500 hPa(左)和 850 hPa(右)天气形势

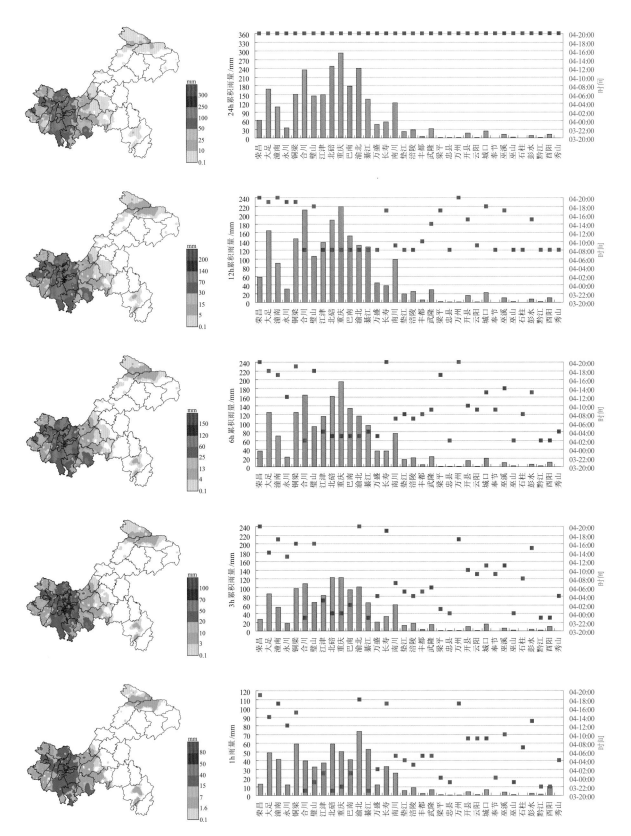

2009 年 8 月 3 日 20 时—4 日 20 时的 24 h、12 h、6 h、3 h 和 1 h 最大降水分布（752 个雨量站）

（其中最大 24 h、12 h、6 h、3 h 和 1 h 累积雨量分别为 292.6 mm、219.2 mm、194.9 mm、122.8 mm 和 73.3 mm）

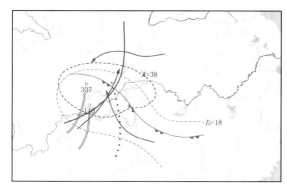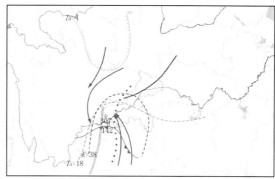

2009 年 8 月 3 日 20 时(左)和 4 日 08 时(右)中尺度天气环境条件场分析

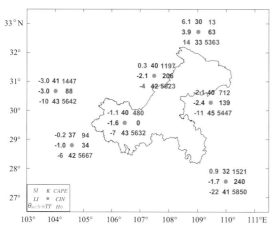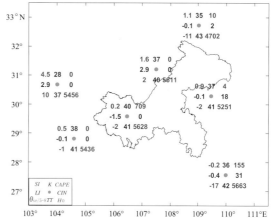

2009 年 8 月 3 日 20 时(左)和 4 日 08 时(右)对流参数和特征高度分布

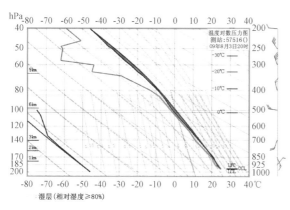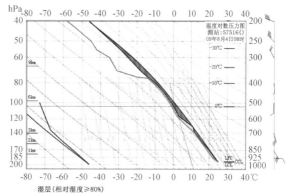

2009 年 8 月 3 日 20 时(左)和 8 月 4 日 08 时(右)57516(沙坪坝)$T\text{-}\ln p$ 图

从沙坪坝探空资料分析,8 月 3 日 20 时的环境条件有利于短时强降水的发生:1)湿层深厚,从近地面一直伸展到 400 hPa 左右,850 hPa 比湿达 17 g/kg;2)K 指数达 40℃(850 hPa 与 500 hPa 温差为 22℃,850 hPa 的露点为 20℃,700 hPa 的温度露点差为 2℃),表明对流层中下层存在热力不稳定层结;3)从 850 hPa 到 500 hPa,θ_{se} 下降了 7℃,具有一定的条件不稳定特征;4)从 850 hPa 到 500 hPa 风随高度顺转,到 4 日 08 时,850 hPa 和 700 hPa 存在 12 m/s 左右的东南偏南低空急流;5)对流层高层到 400 hPa 有明显的干空气层,温湿层结曲线具有"上干冷、下暖湿"特征。

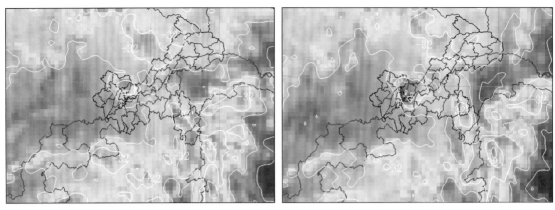

2009 年 8 月 4 日 16 时(左)和 17 时(右)FY2C 卫星 IR1 通道 TBB 云图

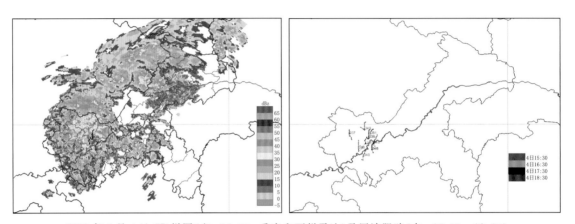

2009 年 8 月 4 日 CR 拼图(左,17:30,重庆和万州雷达)及回波跟踪(右,15:30—18:30)

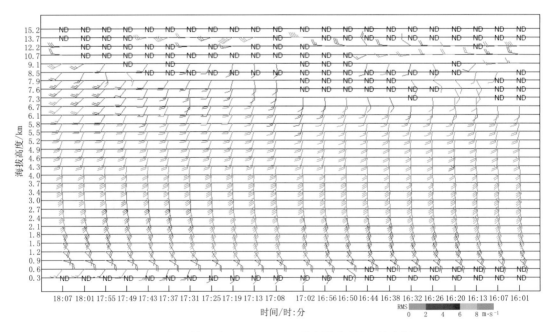

2009 年 8 月 4 日 16:01—18:07 重庆雷达 VWP 演变图

　　4 日 16:00—17:00,卫星云图上,强对流云团在北碚和渝北迅速发展。15:20 左右,在江津北部的雷达回波向东北偏北方向移动并加强(图略),到 16:50 左右其前方边界移动到渝北鸳鸯附近,移动前方反射率因子梯度很大(参考三维视图)。在重庆雷达 VWP 上,低层风随高度顺转,从 1.5 km 到 4.0 km 左右存在 12~14 m/s 的偏南急流。

2009 年 8 月 4 日 17:02—17:49 重庆雷达反射率因子(0.5°仰角)和平均径向速度（0.5°和 2.4°仰角）PPI
（图中白色或紫色"＋"为渝北鸳鸯位置，白色粗箭头指向雷达，鸳鸯相对于重庆雷达方位 25°，距离 18 km）

17:00—18:00，西北—东南向弧状强降水回波带（45 dBz 回波宽度不到 15 km）极缓慢地自西南向东北移过渝北鸳鸯。45 dBz 回波多在 5 km 以下，具有低回波质心特征。径向速度剖面图和 0.5°PPI上，鸳鸯附近有低层辐合。1.5°径向速度 PPI 上，2 km 左右有 15 m/s 以上的偏南低空急流。VIL 在 20 ～25 kg/m²，18 dBz 回波顶高在 12 km 以上，地闪不明显。需要注意，对距离雷达较近的回波顶高和 VIL 可能低估（参考三维视图），同时需要结合反射率因子和速度图判断地物回波。

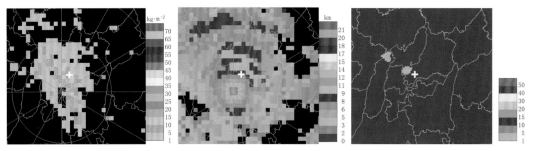

2009 年 8 月 4 日 17:13 重庆雷达 VIL(左)、ET(中)和 17:10—17:20 的地闪密度图(右,单位:次/78.5 km²)

(图中白色"+"为渝北鸳鸯位置)

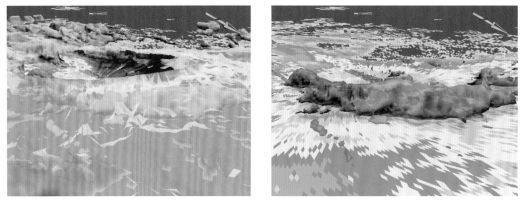

2009 年 8 月 4 日 17:13 重庆雷达得到的渝北鸳鸯附近反射率因子三维视图

(左图:外层 18 dBz,内层 40 dBz;右图:外层 40 dBz,内层 50 dBz)

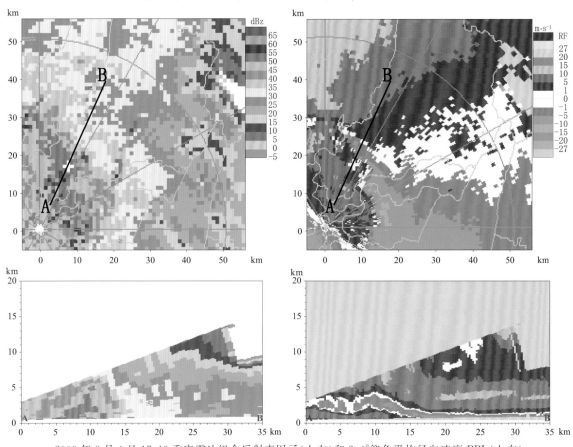

2009 年 8 月 4 日 17:13 重庆雷达组合反射率因子(上左)和 2.4°仰角平均径向速度 PPI(上右)

以及沿 24°径向,距离雷达 7~42 km(A—B)的反射率因子垂直剖面(下左)和平均径向速度垂直剖面(下右)

(图中白色"+"为渝北鸳鸯位置)

5.19 2009年9月19日短时强降水

实况:强对流天气以短时强降水(25个区县)为主。主要发生时段为19日下午到20日早晨。最大小时雨量为75.1 mm(20日06时,黔江中塘)。此次过程全市因灾死亡5人,受伤161人。

主要影响系统:500 hPa低槽,850 hPa至700 hPa西南涡,850 hPa温度脊,地面冷锋。

系统配置及演变:19日20时,500 hPa低槽位于河套—川北一带,槽前850 hPa至700 hPa有西南涡生成并向东南移动,低涡附近有850 hPa暖湿舌存在,地面冷高压位于青海东北部,高压前侧冷锋到达盆地北部;至20日08时,500 hPa低槽及其前部西南涡移至重庆中东部,地面冷锋侵入西南涡后部,加强了抬升运动。在低槽、西南涡及地面冷锋共同影响的暖湿舌内出现了大范围强降水。

2009年9月19日08时—20日08时,短时强降水分布图

2009年9月19日20时500 hPa(左)和850 hPa(右)天气形势

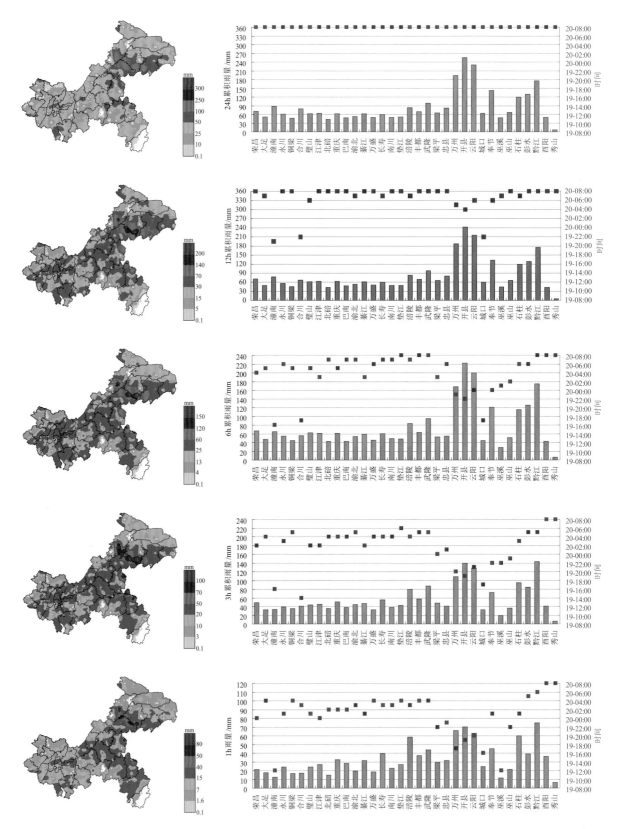

2009 年 9 月 19 日 08 时—20 日 08 时的 24 h、12 h、6 h、3 h 和 1 h 最大降水分布（728 个雨量站）

（其中最大 24 h、12 h、6 h、3 h 和 1 h 累积雨量分别为 255.0 mm、242.3 mm、222.5 mm、142.8 mm 和 75.1 mm）

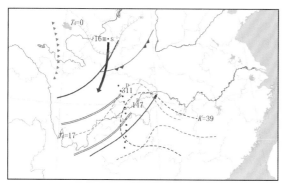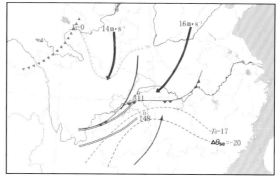

2009 年 9 月 19 日 20 时(左)和 20 日 08 时(右)中尺度天气环境条件场分析

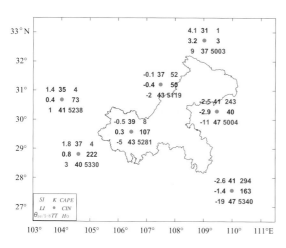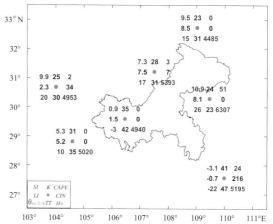

2009 年 9 月 19 日 20 时(左)和 20 日 08 时(右)对流参数和特征高度分布

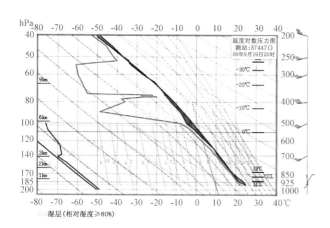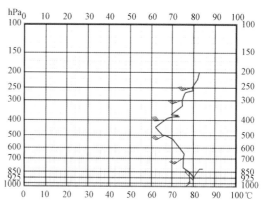

2009 年 9 月 19 日 20 时 57447(恩施)T-$\ln p$ 图(左)和假相当位温变化图(右)

从恩施探空资料分析,9 月 19 日 20 时的环境条件有利于短时强降水的发生:1)湿层深厚,从近地面一直伸展到 500 hPa 左右,850 hPa 比湿达 15 g/kg;2)K 指数达 41℃(850 hPa 与 500 hPa 温差为 24℃,850 hPa 的露点为 18℃,700 hPa 的温度露点差为 1℃),表明对流层中下层存在热力不稳定层结;3)从 650 hPa 到 440 hPa,θ_{se} 下降了 14℃,条件不稳定特征明显;4)从 850 hPa 到 700 hPa 风随高度顺转,风速增加;5)对流层高层到 500 hPa 有明显的干空气层,温湿层结曲线"上干冷、下暖湿"特征明显。

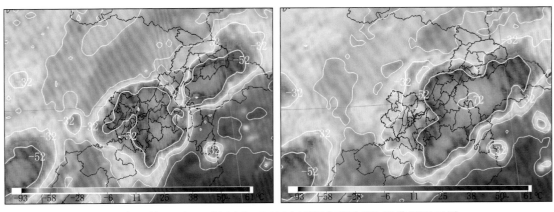

2009 年 9 月 20 日 03 时(左)和 05 时(右)FY2C 卫星 IR1 通道 TBB 云图

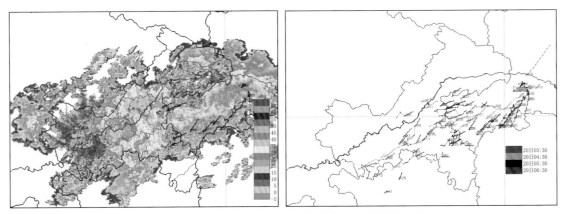

2009 年 9 月 20 日 CR 拼图(左,05:30,重庆和恩施雷达)及回波跟踪(右,03:30—06:30)

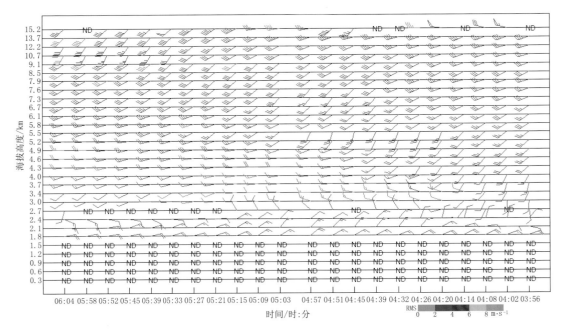

2009 年 9 月 20 日 03:56—06:04 恩施雷达 VWP 演变图

　　20 日 07:00 前,黔江中塘 3 h 累积雨量达 137.7 mm,逐时雨量为 50.5、75.1(06:00)和 12.1 mm。在卫星云图上,03:00 左右,中塘为其东北和西南两个云团亮温梯度大值区交接处,到 05:00,中塘附近发展为亮温低值中心。中塘附近的雷达回波较其他地方的回波移动速度慢。在恩施雷达 VWP 上,低层有一定的风向切变,但风速切变较弱。

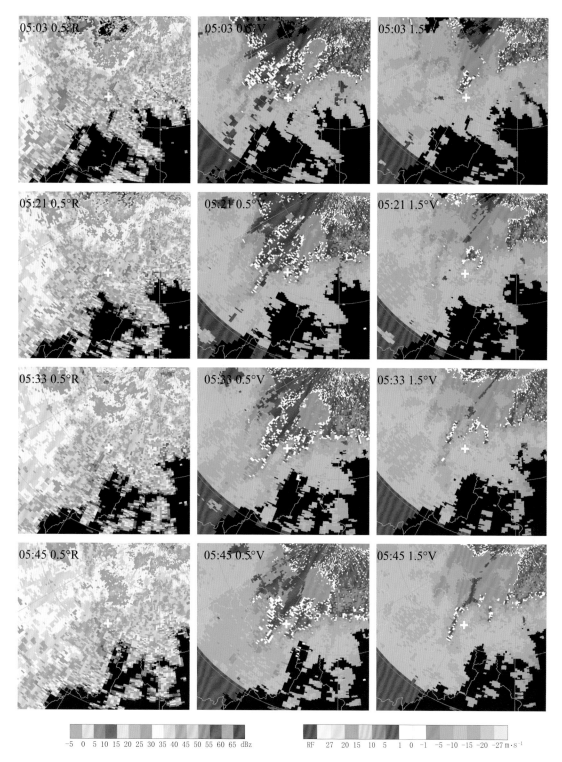

2009 年 9 月 20 日 05:03—05:45 恩施雷达反射率因子(0.5°仰角)和平均径向速度（0.5°和 1.5°仰角）PPI
（图中白色"＋"为黔江中塘位置，白色粗箭头指向雷达，中塘相对于恩施雷达方位 209°，距离 86 km）

　　位于中塘附近的回波带为东北—西南向，呈准静止，其上的回波单体向东北方向移动。在沿回波带走向的反射率因子垂直剖面上，45 dBz 的强回波基本连续。新的回波不断在回波带西南部生成，形成明显的"列车效应"。VIL 在 30～35 kg/m² ，18 dBz 回波顶高在 15 km 以上，10 min 地闪密度在 20～30 次/78.5 km² 左右。需要注意，恩施雷达所在高度达 1700 m 以上，其 0.5°仰角波束中心在中塘附近达 3 km 左右，可能造成 VIL 低估，同时也监测不到低层回波。

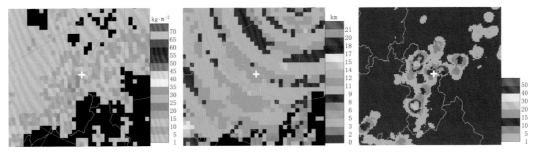

2009 年 9 月 20 日 05:33 恩施雷达 VIL(左)、ET(中)和 05:30—05:40 的地闪密度图(右,单位:次/78.5 km²)

(图中白色"+"为黔江中塘位置)

2009 年 9 月 20 日 05:33 恩施雷达得到的黔江中塘附近反射率因子三维视图

(左图:外层 18 dBz,内层 40 dBz;右图:外层 40 dBz,内层 50 dBz)

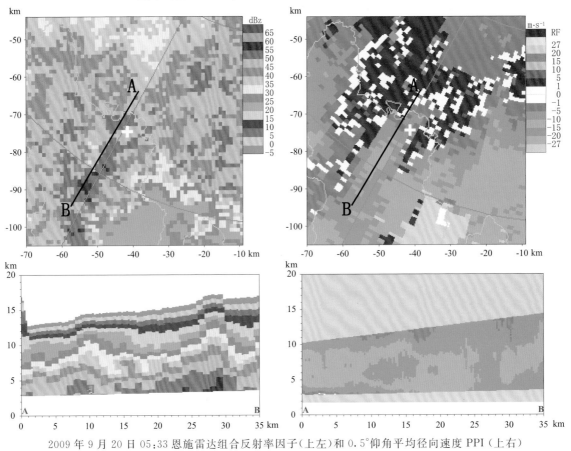

2009 年 9 月 20 日 05:33 恩施雷达组合反射率因子(上左)和 0.5°仰角平均径向速度 PPI(上右)

以及沿 211°径向,距离雷达 76～111 km(A—B)的反射率因子垂直剖面(下左)和平均径向速度垂直剖面(下右)

(图中白色"+"为黔江中塘)

5.20 2010年5月6日大风冰雹

实况:强对流天气以大风(7个区县)和冰雹(2个区县)为主,伴有短时强降水(18个区县)。主要发生时段为5日夜间到6日午后。垫江的沙坪和梁平的回龙极大风速分别达到31.2 m/s(6日 01:12)和30 m/s(6日 01:23)。此次过程全市因灾死亡32人,受伤262人。

主要影响系统:850 hPa 至 500 hPa 低槽或切变线,地面冷锋,500 hPa 温度槽,850 hPa 温度脊,850 hPa 干线。

系统配置及演变:5日20时,500 hPa 低槽、700 hPa 切变及地面冷锋位于盆地北部,并逐渐东南移;重庆中部500 hPa 温度槽及干区叠加于850 hPa 温度脊及湿区之上,暖湿且不稳定,850 hPa 暖切位于此不稳定区域;850 hPa 盆地北有干线,并有东北风穿越干线吹向盆地。5日20时—6日08时,干冷锋南移侵入重庆中部显著的暖湿不稳定区,触发了重庆地区的强对流天气。

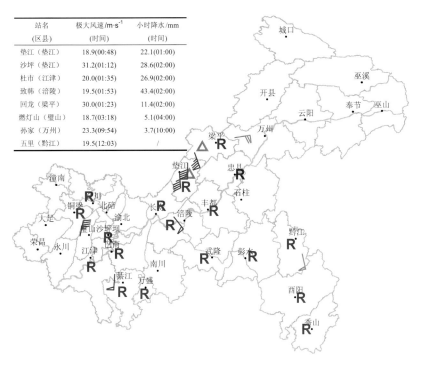

站名	极大风速/m·s⁻¹	小时降水/mm
(区县)	(时间)	(时间)
垫江 (垫江)	18.9(00:48)	22.1(01:00)
沙坪 (垫江)	31.2(01:12)	28.6(02:00)
杜市 (江津)	20.0(01:35)	26.9(02:00)
致韩 (涪陵)	19.5(01:53)	43.4(02:00)
回龙 (梁平)	30.0(01:23)	11.4(02:00)
燃灯山 (璧山)	18.7(03:18)	5.1(04:00)
孙家 (万州)	23.3(09:54)	3.7(10:00)
五里 (黔江)	19.5(12:03)	/

2010 年 5 月 5 日 20 时—6 日 20 时,大风、冰雹和短时强降水分布图

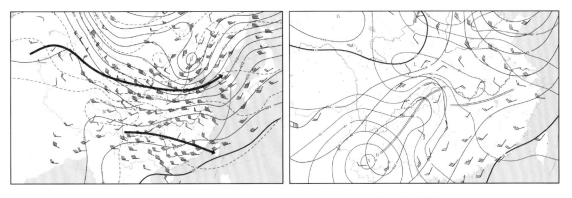

2010 年 5 月 5 日 20 时 500 hPa(左)和 850 hPa(右)天气形势

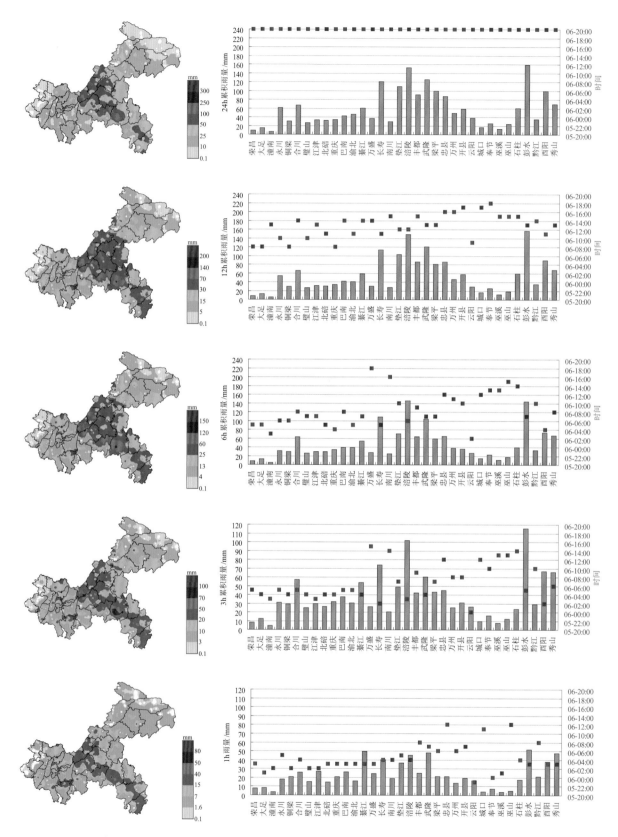

2010 年 5 月 5 日 20 时—6 日 20 时的 24 h、12 h、6 h、3 h 和 1 h 最大降水分布(854 个雨量站)

(其中最大 24 h、12 h、6 h、3 h 和 1 h 累积雨量分别为 158.8 mm、157.6 mm、146.1 mm、115.2 mm 和 52.1 mm)

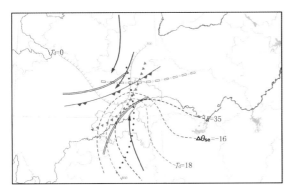
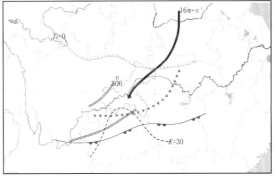

2010 年 5 月 5 日 20 时(左)和 6 日 08 时(右)中尺度天气环境条件场分析

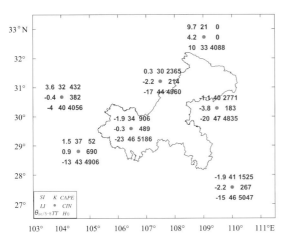
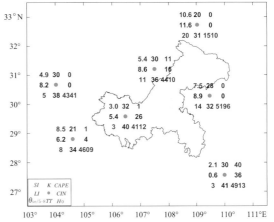

2010 年 5 月 5 日 20 时(左)和 6 日 08 时(右)对流参数和特征高度分布

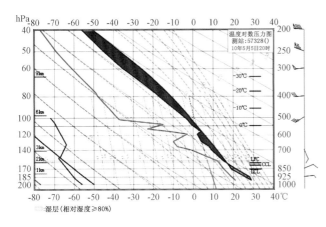
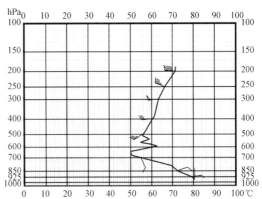

2010 年 5 月 5 日 20 时 57328(达州)$T\text{-}\ln p$ 图(左)和假相当位温变化图(右)

从达州探空资料分析,5 月 5 日 20 时的环境条件有利于雷雨大风、冰雹和短时强降水的发生:1)从近地面到 640 hPa,θ_{se} 下降了 31℃,条件不稳定特征非常明显;2)从 925 hPa 到 780 hPa 左右,温度层结曲线与干绝热线平行;3)对流有效位能很强(2365 J/kg);4)垂直风切变明显,850 hPa 东偏北风(4 m/s)顺转为 500 hPa 的西偏南风(14m/s);5)850 hPa 温度为 21℃,比湿为 13 g/kg,对流层高层到 700 hPa 有明显的干空气层,温湿层结曲线"上干冷、下暖湿"特征明显;6)0℃ 层高度 4.96 km,−20℃ 层高度 7.86 km,较有利于冰雹发生。

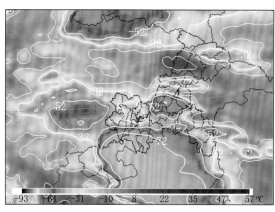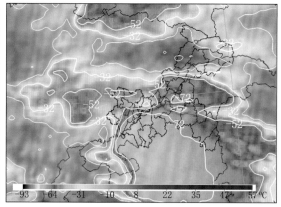

2010 年 5 月 6 日 00 时(左)和 01 时(右)FY2E 卫星 IR1 通道 TBB 云图

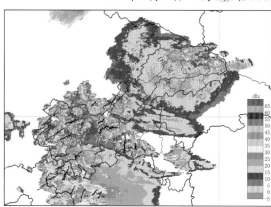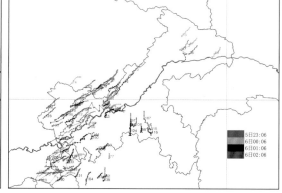

2010 年 5 月 6 日 CR 拼图(左,01:06,重庆和万州雷达)及回波跟踪(右,5 日 23:06—6 日 02:06)

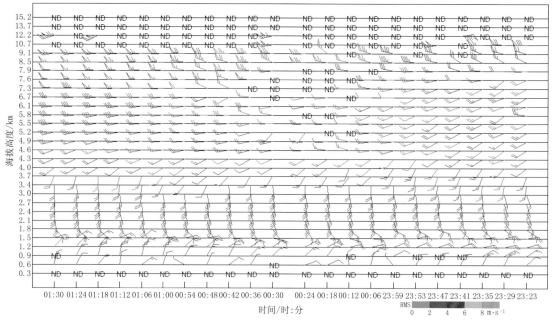

2010 年 5 月 5 日 23:23—6 日 01:30 重庆雷达 VWP 演变图

从 5 日 22:30 左右开始,长寿附近发展起来的强对流云团(图略)亮温梯度大值区一直稳定在长寿、涪陵、垫江和梁平附近。重庆中西部偏北的雷达回波向东北方向快速移动。重庆雷达 VWP 上,风从近地面的东北偏北风强烈顺转到 3.4 km 高度上的偏南风,风速从近地面 2~4 m/s 迅速增加到 2.1 km 的 12 m/s,在 10 km 左右反演出 40 m/s 以上的偏西高空急流(与卫星云图上云砧向偏东方向伸展一致)。

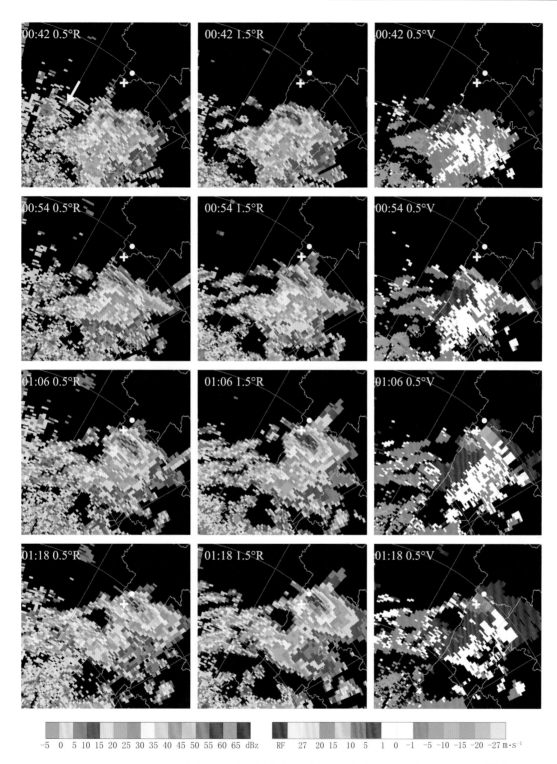

-5　0　5　10　15　20　25　30　35　40　45　50　55　60　65 dBz　　　RF　27　20　15　10　5　　1　0　-1　-5　-10　-15　-20　-27 m·s⁻¹

2010 年 5 月 6 日 00:42—01:18 重庆雷达反射率因子(0.5°和 1.5°仰角)和平均径向速度（0.5°仰角）PPI
（图中白色 "+" 为垫江沙坪，白色圆点为梁平回龙，白色粗箭头指向雷达，沙坪相对于重庆雷达
方位 40°，距离 141 km，回龙相对于重庆雷达方位 40°，距离 149 km）

　　强对流单体向东北方向移动，其前侧反射率因子梯度很大（参考三维视图），后侧有弱回波区，具有
弓形回波特征，并有 "三体散射" 特征，从垂直剖面可见明显回波悬垂。径向速度上有中层径向辐合（3
km 高度风速差达 30 m/s 以上），灾害性大风可能是下击暴流造成。VIL 高达 55 kg/m²，18 dBz 回波顶
高在 12～14 km，10 min 地闪密度为 30～40 次/78.5 km²。需要注意，重庆雷达 0.5°仰角波束中心在沙
坪附近达 3 km 左右，可能造成 VIL 低估，同时也监测不到低层回波。

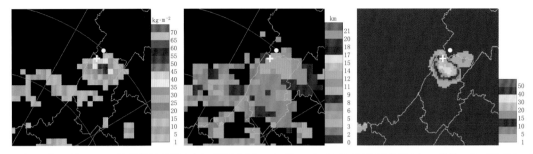

2010 年 5 月 6 日 01:06 重庆雷达 VIL(左)、ET(中)和 01:00—01:10 的地闪密度图(右,单位:次/78.5 km²)

(图中白色"+"为垫江沙坪位置,白色圆点为梁平回龙位置)

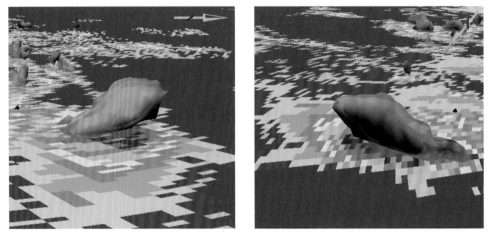

2010 年 5 月 6 日 01:06 重庆雷达得到的垫江沙坪和梁平回龙附近反射率因子三维视图

(外层 40 dBz,内层 50 dBz. 左图:自东向西看;右图:自西北向东南看)

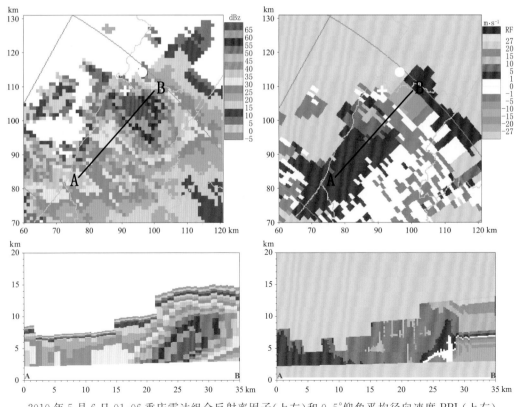

2010 年 5 月 6 日 01:06 重庆雷达组合反射率因子(上左)和 0.5°仰角平均径向速度 PPI(上右)

以及沿 43°径向,距离雷达 112~147 km(A—B)的反射率因子垂直剖面(下左)和平均径向速度垂直剖面(下右)

(图中白色"+"为垫江沙坪位置,白色圆点为梁平回龙位置)

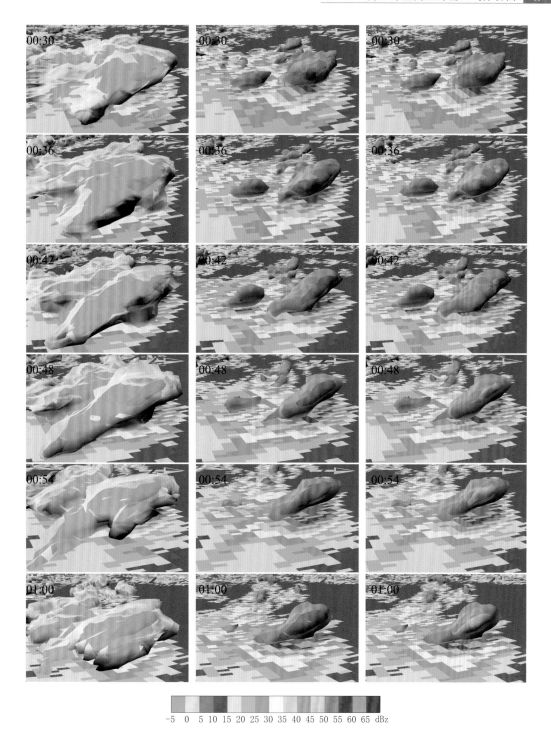

2010 年 5 月 6 日 00:30—01:00 重庆雷达得到的垫江沙坪和梁平回龙附近反射率因子三维视图
（左：外层 18 dBz，内层 55 dBz；中：外层 40 dBz，内层 55 dBz；右：外层 40 dBz，内层 60 dBz）

　　从反射率因子三维视图演变可以看出，5 月 6 日 00:30 左右，有 55 dBz 的强反射率因子核出现，从 0.5°PPI 图判断，出现高度在 2.3 km 左右，此时强风暴单体还位于垫江南部。6 min 后，55 dBz 的强反射率因子区域迅速增大且向东北方向突起，4.5 km 高度上左右出现了 60 dBz 的强反射率因子核，此时 1.5°仰角反射率因子 PPI 上弓形回波特征明显（图略）。之后，60 dBz 的强反射率因子核快速增长，且回波倾斜增大，回波悬垂非常明显。到 01:00 左右，强风暴已移动到垫江北部，强反射率因子核下降，在 1.5°仰角反射率因子 PPI 上出现 65 dBz 的回波。

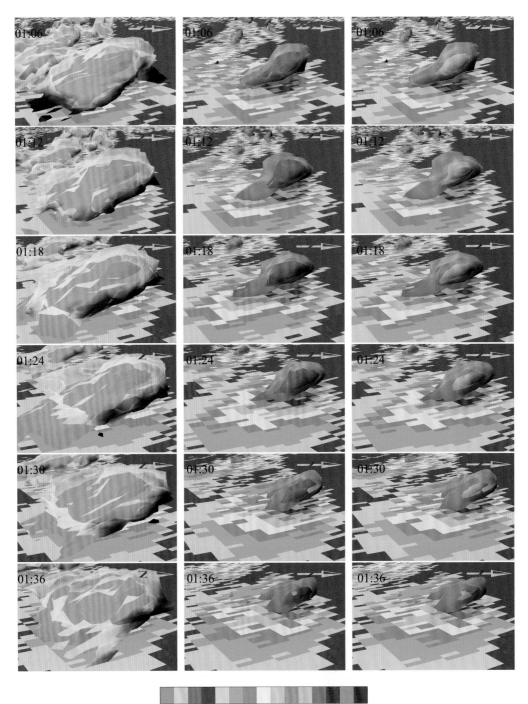

2010 年 5 月 6 日 01:06—01:36 重庆雷达得到的垫江沙坪和梁平回龙附近反射率因子三维视图

（左：外层 18 dBz，内层 55 dBz；中：外层 40 dBz，内层 55 dBz；右：外层 40 dBz，内层 60 dBz）

　　在垫江沙坪和梁平回龙极大风速分别达到 31.2 m/s（6 日 01:12）和 30 m/s（6 日 01:23）的这段时间，也是 60 dBz 以上的反射率因子核范围基本维持的时间。01:24 以后，60 dBz 和 55 dBz 的回波核范围迅速减小，整个强风暴也开始减弱。

5.21　2011 年 6 月 23 日短时强降水

实况:强对流天气以短时强降水(17 个区县)为主。主要发生时段为 22 日夜间到 23 日白天。最大小时雨量为 92.2 mm(23 日 11 时,丰都许明寺)。此次过程全市因灾死亡 6 人,失踪 4 人。

主要影响系统:500 hPa 低槽,700 hPa 切变线,850 hPa 西南涡及切变线,地面冷锋。

系统配置及演变:6 月 22 日 20 时—23 日 08 时,500 hPa 副热带高压控制华东地区并维持,高原北部有高空槽、切变线东移,盆地南部 850 hPa 有西南涡生成并逐渐向东南方向移动,同时伴有地面冷锋南下,冷锋进入盆地后,移速减缓。低槽、切变线、低涡及冷锋的共同影响和重庆地区的暖湿不稳定特性,有利于重庆地区出现强降水。

2011 年 6 月 22 日 20 时—23 日 20 时短时强降水分布

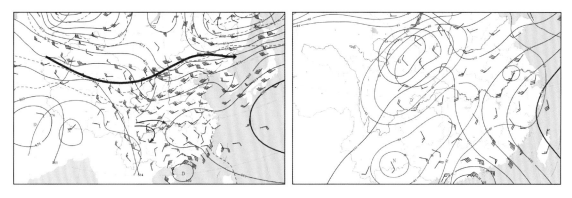

2011 年 6 月 22 日 20 时 500 hPa(左)和 850 hPa(右)天气形势

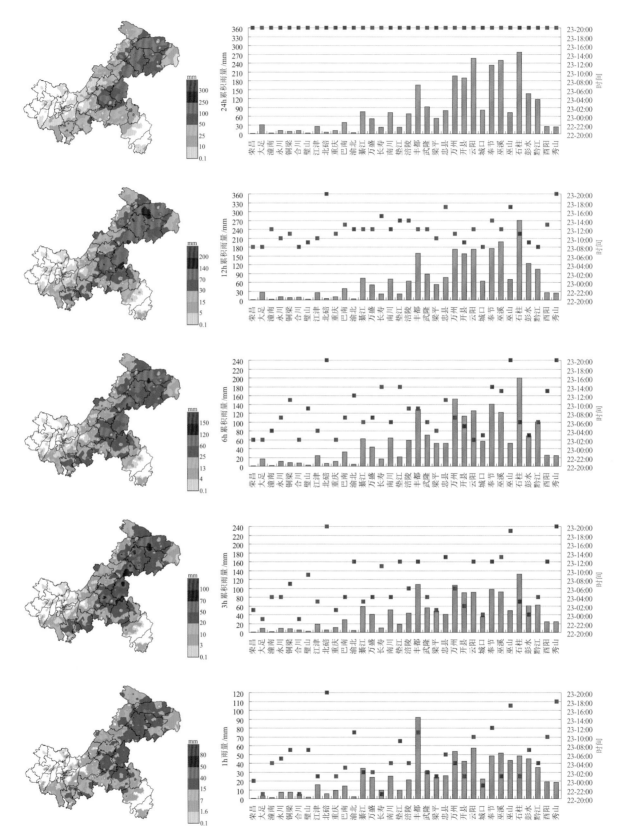

2011 年 6 月 22 日 20 时—23 日 20 时的 24 h、12 h、6 h、3 h 和 1 h 最大降水分布（936 个雨量站）

（其中最大 24 h、12 h、6 h、3 h 和 1 h 累积雨量分别为 277.1 mm、270.4 mm、199.9 mm、131.8 mm 和 92.2 mm）

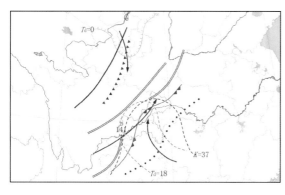
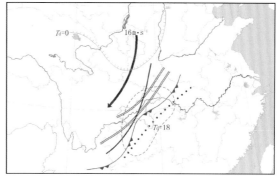

2011 年 6 月 22 日 20 时(左)和 23 日 08 时(右)中尺度天气环境条件场分析

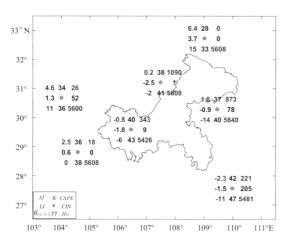
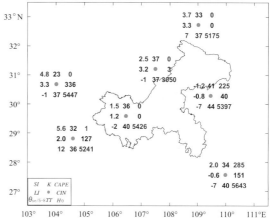

2011 年 6 月 22 日 20 时(左)和 23 日 08 时(右)对流参数和特征高度分布

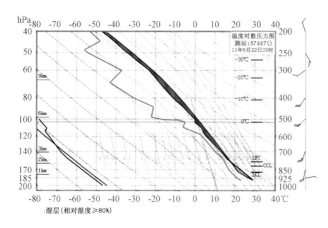
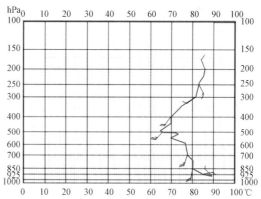

2011 年 6 月 22 日 20 时 57447 (恩施) T-$\ln p$ 图(左)和假相当位温变化图(右)

从恩施探空资料分析,6月22日20时的环境条件有利于短时强降水的发生:1)从 850 hPa 到 500 hPa, θ_{se} 下降了 14℃,条件不稳定特征明显;2)湿层较深厚,从 850 hPa 伸展到 600 hPa 左右,850 hPa 和 700 hPa 比湿分别为 14 g/kg 和 11 g/kg,同时,20 时沙坪坝站探空站上空(图略)湿层非常深厚,从近地面伸展到 400 hPa,850 hPa 比湿为 16 g/kg;3)K 指数为 37℃(850 hPa 与 500 hPa 温差为 23℃,850 hPa 的露点为 17℃,700 hPa 的温度露点差为 3℃),同时,20 时沙坪坝站的探空资料得到 K 指数为 40℃(850 hPa 与 500 hPa 温差为 22℃,850 hPa 的露点为 19℃,700 hPa 的温度露点差为 1℃),表明对流层中下层存在热力不稳定层结;4)垂直风切变较弱;5)对流层高层到 600 hPa 有明显的干空气层,温湿层结曲线"上干冷、下暖湿"特征明显。

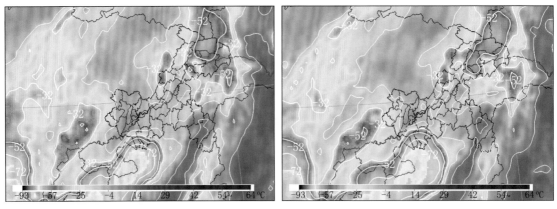

2011年6月23日00时(左)和01时(右)FY2E卫星IR1通道TBB云图

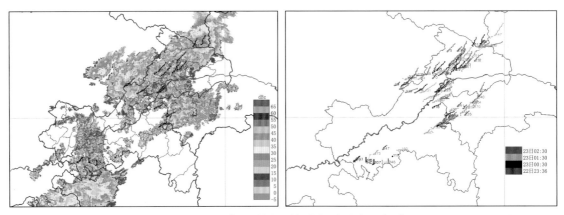

2011年6月23日CR拼图(左,00:30,重庆、万州和恩施雷达)及回波跟踪(右,22日23:36—23日02:30)

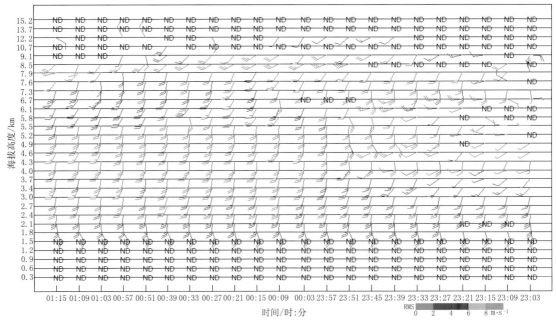

2011年6月22日23:03—23日01:15恩施雷达VWP演变图

23日03:00前,位于石柱南部的马武3 h累积雨量达131.8 mm,逐时雨量为48.5(01:00)、37.1和46.2 mm,04:00小时雨量也达47.9 mm。00:00—01:00,强对流云团主要位于贵州东北部到重庆西部偏南,以及重庆东北部偏东,石柱附近没有明显的强对流云团。马武附近的雷达回波移动速度明显慢于其他地方的回波移速。恩施雷达VWP上是较为一致的偏南气流,2.4 km左右达12 m/s。

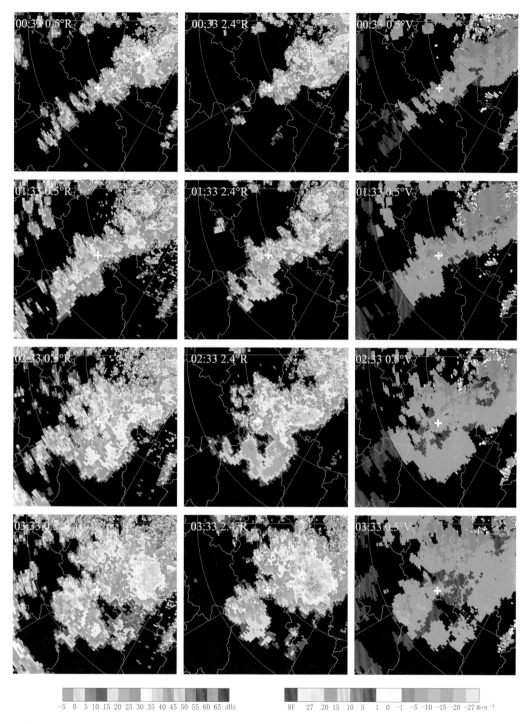

2011 年 6 月 23 日 00:33—03:33 恩施雷达反射率因子(0.5°和 2.4°仰角)和平均径向速度（0.5°仰角）PPI
（图中白色"＋"为石柱马武位置，白色粗箭头指向雷达，马武相对于恩施雷达方位 238°，距离 105 km）

　　石柱马武附近的回波具有由小的对流单体组成的线状结构(参考三维视图)。由于从 00:00 左右开始就不断有回波单体经过，列车效应导致马武产生连续 4 个小时的短时强降水，00:00—04:00 的 4 h 累积雨量达 179.7 mm。22 日 20:00 恩施探空的零度层高度达 5.84 km，23 日 08:00 也达 5.40 km，而 45 dBz 的回波大多位于零度层以下，具有低回波质心特征。VIL 在 20 kg/m² 左右，18 dBz 回波顶高在 11 km 左右，地闪不明显。需要注意，恩施雷达所在高度达 1.70 km 以上，其 0.5°仰角波束中心在马武附近达 3.4 km 左右，可能造成 VIL 低估，同时也监测不到低层回波。

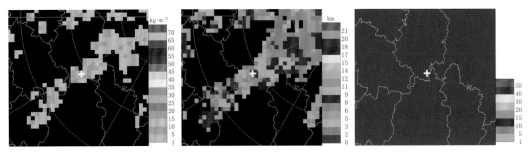

2011 年 6 月 23 日 00:33 恩施雷达 VIL(左)、ET(中)和 00:30—00:40 的地闪密度图(右,单位:次/78.5 km²)

(图中白色"+"为石柱马武位置)

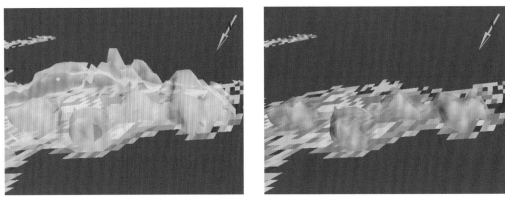

2011 年 6 月 23 日 00:33 恩施雷达得到的石柱马武附近反射率因子三维视图

(左图:外层 18 dBz,内层 40 dBz;右图:外层 40 dBz,内层 45 dBz)

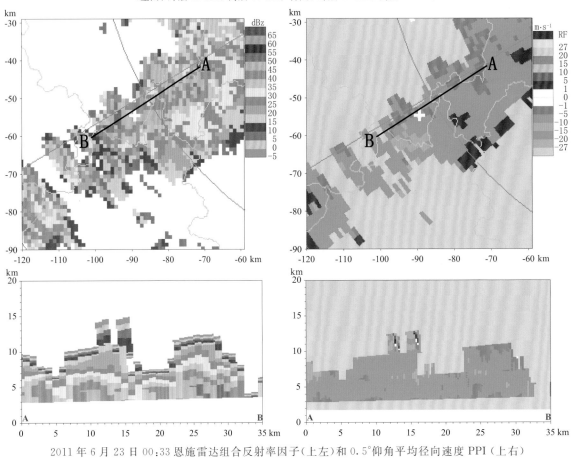

2011 年 6 月 23 日 00:33 恩施雷达组合反射率因子(上左)和 0.5°仰角平均径向速度 PPI(上右)

以及沿 239°径向,距离雷达 83~118 km(A—B)的反射率因子垂直剖面(下左)和平均径向速度垂直剖面(下右)

(图中白色"+"为石柱马武位置)

5.22　2011 年 7 月 6 日短时强降水

实况:强对流天气主要发生在重庆中东部,以短时强降水(14 个区县)为主。主要发生时段是 6 日午后到 7 日早晨,从东北部和中部开始,向偏东方向发展。最大小时雨量出现在彭水的靛水,为 79.7 mm (7 日 05 时)。此次过程丰都因灾死亡 1 人。

主要影响系统:500 hPa 低槽,850 hPa 至 700 hPa 切变线,850 hPa 温度脊,地面冷锋。

系统配置及演变:6 日 20 时—7 日 08 时,四川北部高空低槽及切变线东移,地面冷锋逐渐南移,锋后 700 hPa 偏北风显著,锋前重庆地区暖湿不稳定特征显著。在低槽、切变线及冷锋的共同影响下,重庆地区出现强降水。

2011 年 7 月 6 日 08 时—7 日 08 时短时强降水分布

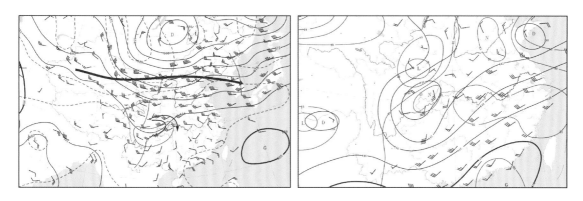

2011 年 7 月 6 日 08 时 500 hPa(左)和 850 hPa(右)天气形势

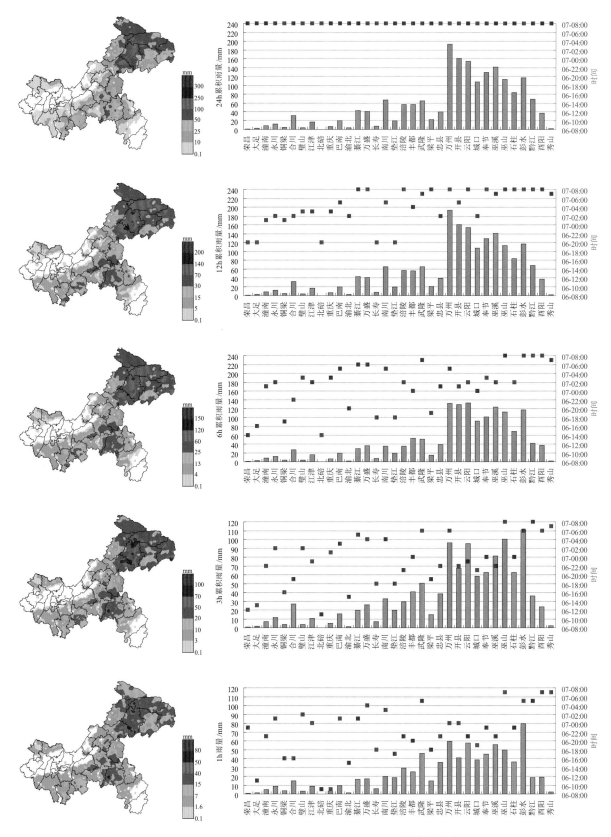

2011年7月6日08时—7日08时的24 h、12 h、6 h、3 h和1 h最大降水分布（929个雨量站）

（其中最大24 h、12 h、6 h、3 h和1 h累积雨量分别为193.1 mm、193.1 mm、132.6 mm、111.3 mm和79.7 mm）

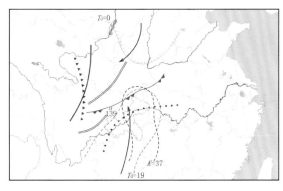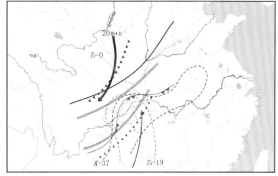

2011 年 7 月 6 日 08 时（左）和 20 时（右）中尺度天气环境条件场分析

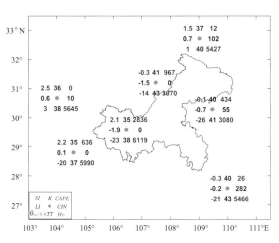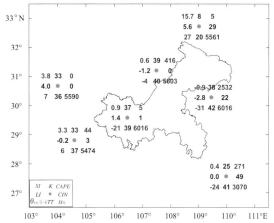

2011 年 7 月 6 日 08 时（左）和 20 时（右）对流参数和特征高度分布

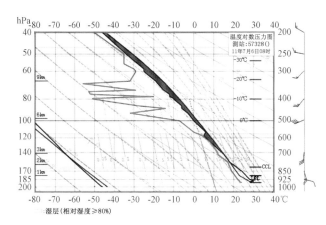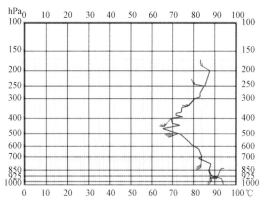

2011 年 7 月 6 日 08 时 57328（达州）T-$\ln p$ 图（左）和假相当位温变化图（右）

从达州探空资料分析，7 月 6 日 08 时的环境条件有利于短时强降水的发生：1）湿层从 850 hPa 以上伸展到 580 hPa 左右，850 hPa 比湿达 16 g/kg；2）从近地面到 460 hPa，θ_{se} 下降了 26℃，条件不稳定特征明显；3）对流有效位能适中（967 J/kg）；4）K 指数高达 41℃（850 hPa 与 500 hPa 温差为 24℃，850 hPa 的露点为 19℃，700 hPa 的温度露点差为 2℃），表明对流层中下层存在热力不稳定层结；5）500 hPa 以下风随高度顺转明显，也有一定的风速垂直切变；6）对流层高层到 580 hPa 有明显的干空气层，温湿层结曲线"上干冷、下暖湿"特征明显。

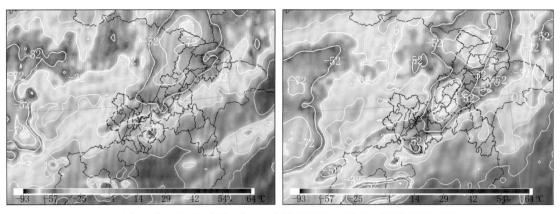

2011 年 7 月 6 日 18 时(左)和 20 时(右)FY2E 卫星 IR1 通道 TBB 云图

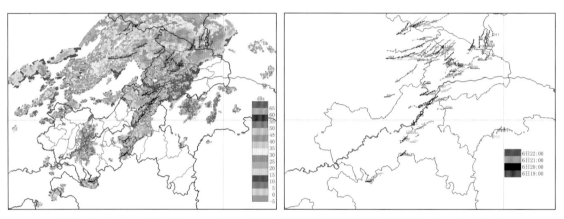

2011 年 7 月 6 日 CR 拼图(左,20 时,重庆、万州和恩施雷达)及回波跟踪(右,19—22 时)

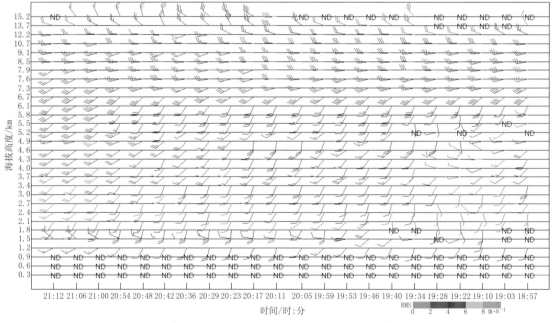

2011 年 7 月 6 日 18:57—21:12 万州雷达 VWP 产品

　　6 日 23:00 前,云阳北部的鱼泉 3 h 累积雨量达 95.3 mm,逐时雨量为 57.7(21:00)、17.6 和 20 mm。18:00 左右,−52℃的亮温云罩覆盖重庆中部到东北部的长江沿线及以北地区。到 20:00,东北部的云团发展加强,同时,丰都和忠县附近有强对流云团发展。长江沿线雷达回波的移动速度比四川东部到重庆东北部偏北的回波移速慢。万州雷达 VWP 上为较一致的西南偏南气流。

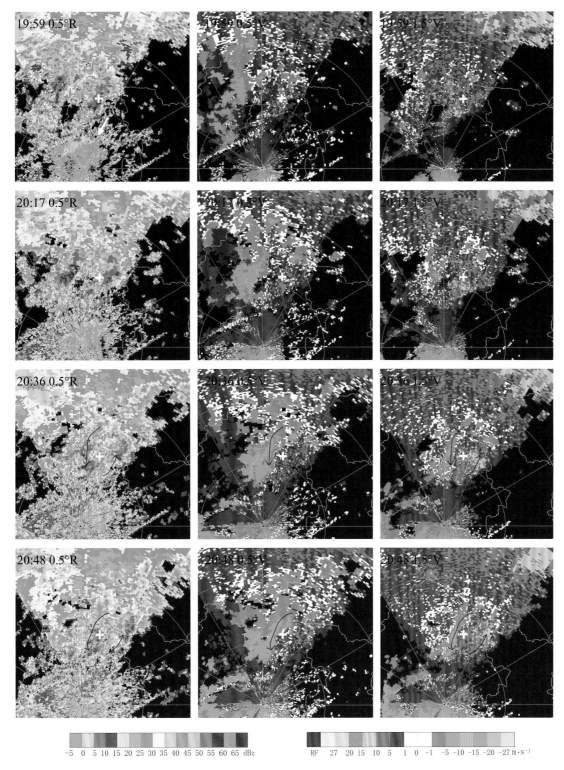

2011年7月6日19:59—20:48万州雷达反射率因子(0.5°仰角)和平均径向速度（0.5°和1.5°仰角）PPI
（图中白色"＋"为云阳鱼泉位置，白色粗箭头指向雷达，黑色箭头表示局地气旋性涡旋，
鱼泉相对于万州雷达方位16°，距离57 km）

　　6日19:59—20:48，云阳鱼泉附近逐渐发展出一个缓慢东移的局地气旋性涡旋，反射率因子也反映出相应的旋转特征。对流发展旺盛，反射率因子梯度大，45 dBz回波伸展到9 km以上。同时，鱼泉附近存在低层辐合。VIL在50 kg/m²左右，18 dBz回波顶高达到17 km以上，10 min地闪密度在15～20次/78.5 km²左右。

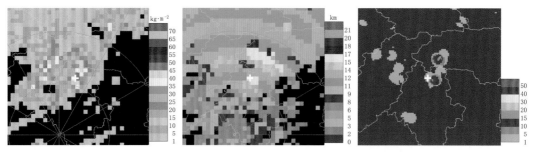

2011年7月6日19:59万州雷达VIL(左)、ET(中)和20:00—20:10的地闪密度图(右,单位:次/78.5 km²)

(图中白色"+"为云阳鱼泉位置)

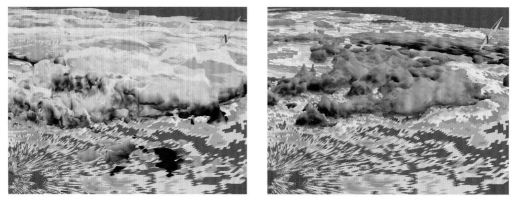

2011年7月6日19:59万州雷达得到的云阳鱼泉附近反射率因子三维视图

(左图:外层18 dBz,内层40 dBz;右图:外层40 dBz,内层50 dBz)

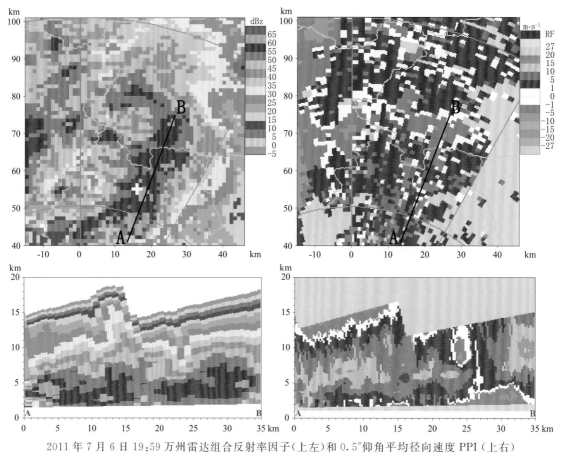

2011年7月6日19:59万州雷达组合反射率因子(上左)和0.5°仰角平均径向速度PPI(上右)

以及沿19°径向,距离雷达43~78 km(A—B)的反射率因子垂直剖面(下左)和平均径向速度垂直剖面(下右)

(图中白色或紫色"+"为云阳鱼泉位置)

5.23　2012年7月21日短时强降水

实况:强对流天气主要发生在重庆中西部和东北部,以短时强降水(23个区县)为主。主要发生时段为21日夜间到22日白天。最大小时雨量为180.9 mm(21日23时,荣昌盘龙)。此次过程全市因灾死亡5人,受伤2人。

主要影响系统:500 hPa低槽,850 hPa至700 hPa低涡,700 hPa急流,850 hPa温度脊,地面冷锋。

系统配置及演变:21日20时—22日08时,受副高影响,高原低槽东移极为缓慢,槽前四川盆地内中低层有西南涡生成,缓慢向东南方向移动,影响重庆西部;同时,贝湖冷涡势力强大,冷涡底部冷空气在旋转槽的引导下向南移动,锋后700 hPa有干侵入。冷锋与西南涡的共同作用,在锋后干侵入以及副高西侧低空暖湿气流的配置下,重庆西部出现了强降雨天气及罕见的小时降雨量。

2012年7月21日20时—22日20时短时强降水分布

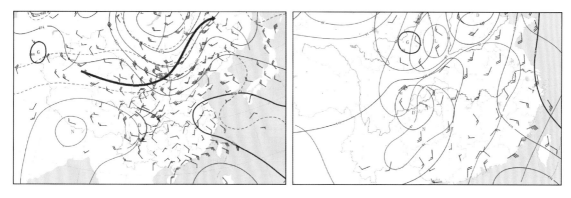

2012年7月21日20时500 hPa(左)和850 hPa(右)天气形势

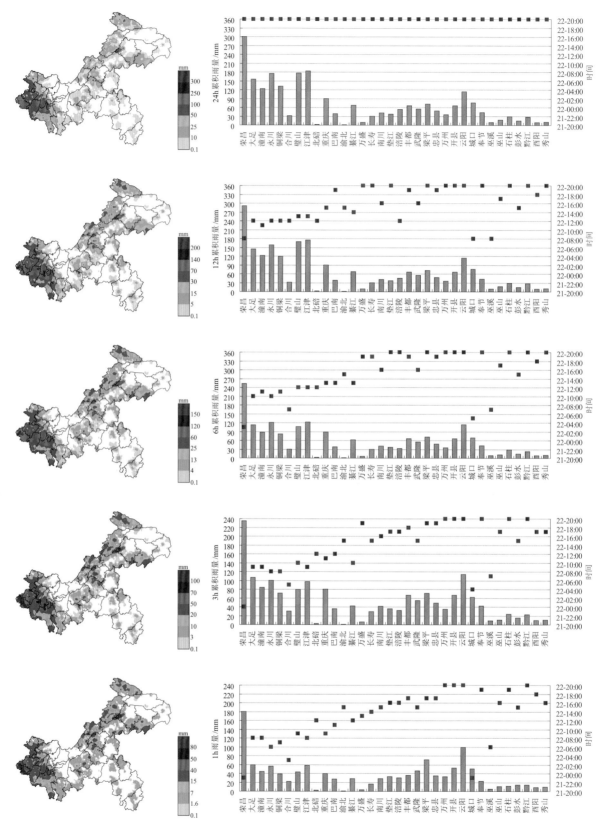

2012 年 7 月 21 日 20 时—22 日 20 时的 24 h、12 h、6 h、3 h 和 1 h 最大降水分布（1532 个雨量站）

（其中最大 24 h、12 h、6 h、3 h 和 1 h 累积雨量分别为 302.0 mm、292.1 mm、253.8 mm、235.7 mm 和 180.9 mm）

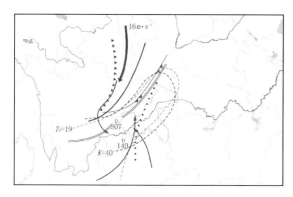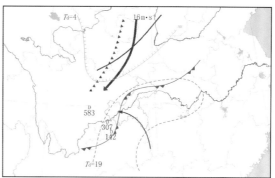

2012 年 7 月 21 日 20 时(左)和 22 日 08 时(右)中尺度天气环境条件场分析

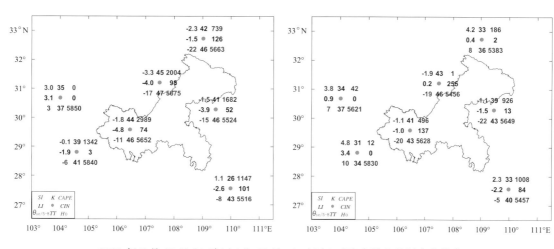

2012 年 7 月 21 日 20 时(左)和 22 日 08 时(右)对流参数和特征高度分布

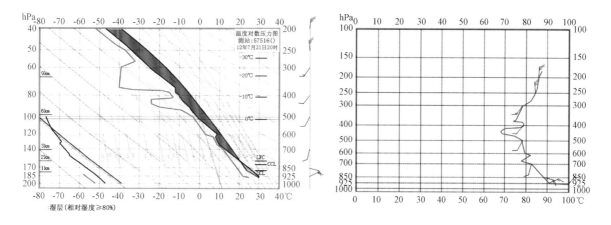

2012 年 7 月 21 日 20 时 57516(沙坪坝)T-$\ln p$ 图(左)和假相当位温变化图(右)

从沙坪坝探空资料分析,7 月 21 日 20 时的环境条件有利于短时强降水的发生:1)从近地面到 440 hPa,θ_{se} 下降了 32℃,条件不稳定特征非常明显;2)对流有效位能很强(2989 J/kg);3)K 指数达 44℃ (850 hPa 与 500 hPa 温差为 26℃,850 hPa 的露点为 19℃,700 hPa 的温度露点差为 1℃),表明对流层中下层存在热力不稳定层结;4)LI 指数达 -4.8℃,表明对流层中层,即 LFC(约 790 hPa 或 2.04 km)至 500 hPa(约 5.85 km)存在热力不稳定层结;5)925 hPa 的东偏北风顺转到 500 hPa 的西南偏南风,风速垂直切变较小;6)对流层高层到 500 hPa 有明显的干空气层,850 hPa、700 hPa 和 600 hPa 温度(比湿)分别为 25℃(16 g/kg)、13℃(13 g/kg)和 8℃(10 g/kg),温湿层结曲线"上干冷、下暖湿"特征明显。

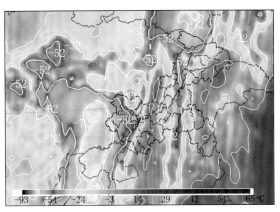

2012 年 7 月 21 日 21 时(左)和 22 时(右)FY2E 卫星 IR1 通道 TBB 云图

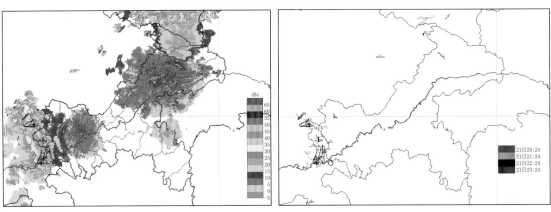

2012 年 7 月 21 日 CR 拼图(左,22:24,重庆、万州和黔江雷达)及回波跟踪(右,20:24—23:24)

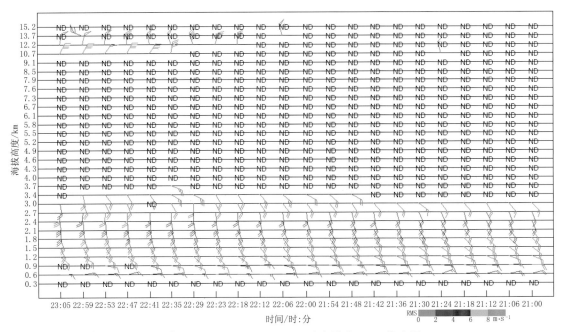

2012 年 7 月 21 日 21:00—23:05 重庆雷达 VWP 演变图

22 日 00:00 前,荣昌盘龙 3 h 累积雨量达 235.7 mm,逐时雨量为 27.2、180.9(21 日 23:00)和 27.6 mm。卫星云图上,重庆西部一直处于亮温梯度大值区。雷达回波带向东偏北方向缓慢移动,其上的回波单体向北偏东方向移动。由于重庆雷达 50 km 范围内几乎没有回波,重庆雷达 VWP 产品只反映出低层风向切变明显(风随高度由东偏北风顺转为偏南风),风速切变不大。

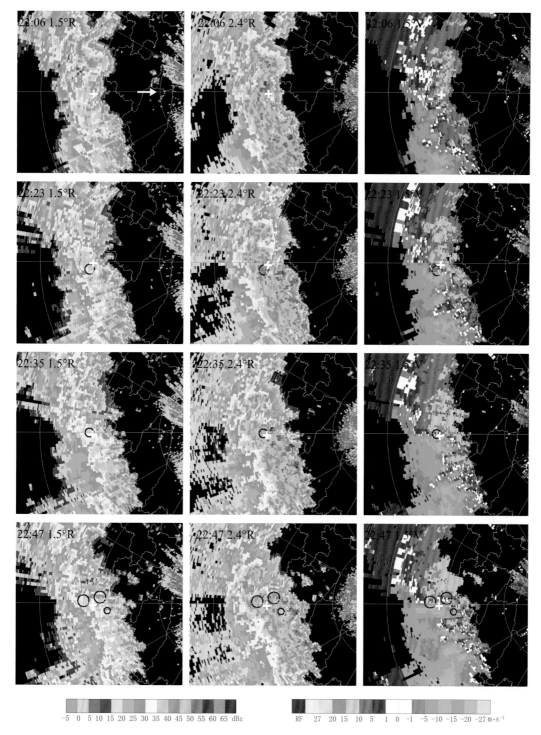

2012 年 7 月 21 日 22:06—22:47 重庆雷达反射率因子(1.5°和 2.4°仰角)和平均径向速度（1.5°仰角）PPI
（图中黑色空心圆为中气旋，白色"＋"为荣昌盘龙位置，白色粗箭头指向雷达，
盘龙相对于重庆雷达方位 269°，距离 105 km）

　　重庆雷达以西 0.5°仰角地物遮挡严重，即使 1.5°也有部分遮挡。反射率因子剖面中，低层的弱回波可能是由于遮挡造成。南北向的回波带缓慢东移，其东部反射率因子回波参差不齐，但梯度很大（参考三维视图），可能与中气旋的强烈发展和对流旺盛有关。45 dBz 的反射率因子伸展到 9 km 左右。从径向速度剖面可见，回波带前沿有深厚的中低层辐合。VIL 在 35 kg/m² 左右（遮挡会导致对 VIL 的低估），18 dBz 回波顶高达到 18 km，10 min 地闪密度在 10～15 次/78.5 km² 左右。

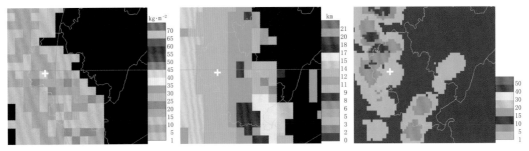

2012 年 7 月 21 日 22:23 重庆雷达 VIL（左）、ET（中）和 22:20—22:30 的地闪密度图（右，单位：次/78.5 km²）

（图中白色"+"为荣昌盘龙位置）

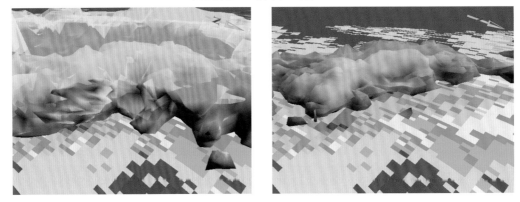

2012 年 7 月 21 日 22:23 重庆雷达得到的荣昌盘龙附近反射率因子三维视图

（左图：外层 18 dBz，内层 40 dBz；右图：外层 40 dBz，内层 45 dBz）

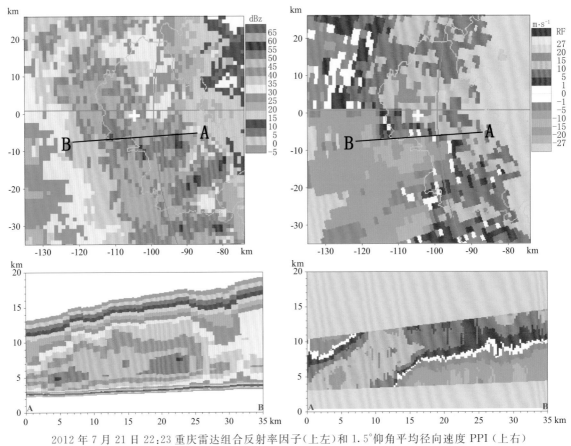

2012 年 7 月 21 日 22:23 重庆雷达组合反射率因子（上左）和 1.5°仰角平均径向速度 PPI（上右）

以及沿 266°径向，距离雷达 88～123 km（A—B）的反射率因子垂直剖面（下左）和平均径向速度垂直剖面（下右）

（图中白色"+"为荣昌盘龙位置）

5.24 2013年3月10日冰雹大风

实况:强对流天气主要发生在重庆东北部,以冰雹(2个区县)和大风(3个区县)为主,伴有短时强降水。主要发生在10日凌晨到早上。云阳凤鸣镇冰雹有鸡蛋大。此次过程万州因灾死亡1人。

主要影响系统:700 hPa温度槽,850 hPa干线,850 hPa低涡切变线,850 hPa温度脊,地面冷锋。

系统配置及演变:9日20时,强冷锋到达秦岭—大巴山一带,850 hPa干线也位于这一地区,锋前四川盆地为均压场,850 hPa湿舌及温度脊自贵州北部伸向重庆东北部。9日20时—10日08时,地面冷锋及850 hPa干线显著南移,侵入锋前湿舌和温度脊区域,有利于强对流天气的发生。

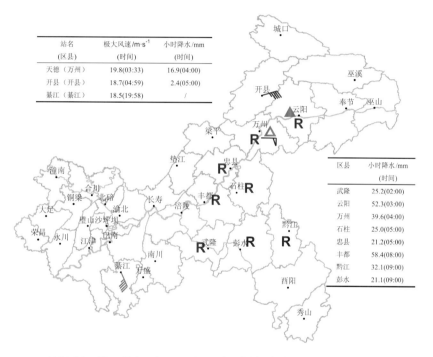

站名 (区县)	极大风速/m·s⁻¹ (时间)	小时降水/mm (时间)
天德(万州)	19.8(03:33)	16.9(04:00)
开县(开县)	18.7(04:59)	2.4(05:00)
綦江(綦江)	18.5(19:58)	/

区县	小时降水/mm (时间)
武隆	25.2(02:00)
云阳	52.3(03:00)
万州	39.6(04:00)
石柱	25.0(05:00)
忠县	21.2(05:00)
丰都	58.4(08:00)
黔江	32.1(09:00)
彭水	21.1(09:00)

2013年3月9日20时—10日20时,大风、冰雹和短时强降水分布

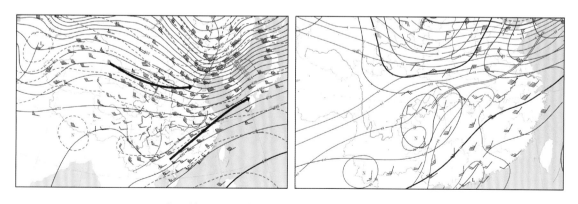

2013年3月9日20时500 hPa(左)和850 hPa(右)天气形势

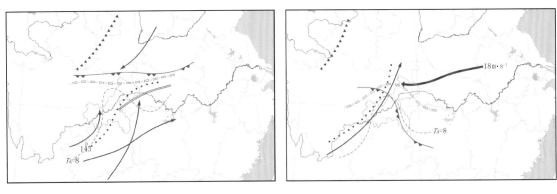

2013 年 3 月 9 日 20 时(左)和 10 日 08 时(右)中尺度天气环境条件场分析

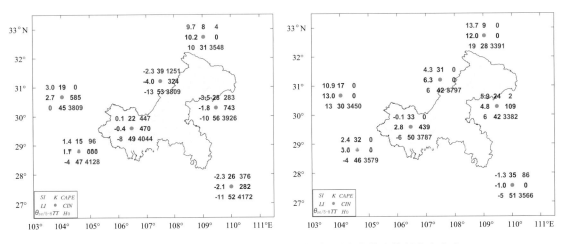

2013 年 3 月 9 日 20 时(左)和 10 日 08 时(右)对流参数和特征高度分布

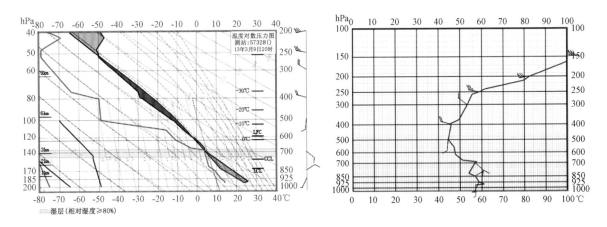

2013 年 3 月 9 日 20 时 57328(达州)T-$\ln p$ 图(左)和假相当位温变化图(右)

从达州探空资料分析,3 月 9 日 20 时的环境条件有利于冰雹和雷雨大风的发生:1)从 925 hPa 到 700 hPa,温度层结曲线与干绝热线基本平行;2)从 700 hPa 到 500 hPa,θ_{se}下降了 13℃,具有条件不稳定特征;3)TT 指数为 53℃,850 hPa 与 500 hPa 温差为 31℃,表明对流层中层存在热力不稳定层结;4)对流有效位能较强(1251 J/kg),有一定的对流抑制能(324 J/kg);5)中低层风速垂直切变较弱,但 850 hPa 到 500 hPa 风向顺转明显;6)0℃层高度 3.81 km,-20℃层高度 6.50 km,有利于冰雹发生。

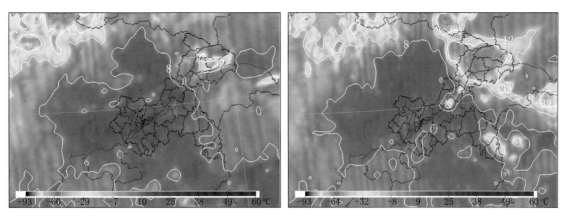

2013 年 3 月 10 日 00:30(左,FY2D)和 03:00(右,FY2E)卫星 IR1 通道 TBB 云图

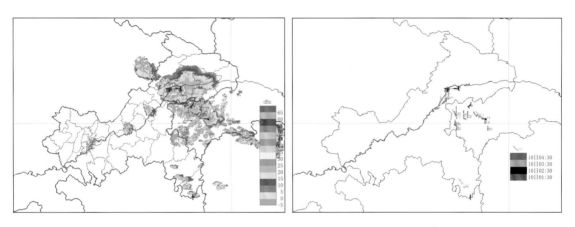

2013 年 3 月 10 日 CR 拼图(左,02:30,重庆、黔江和恩施雷达)及回波跟踪(右,01:30—04:30)

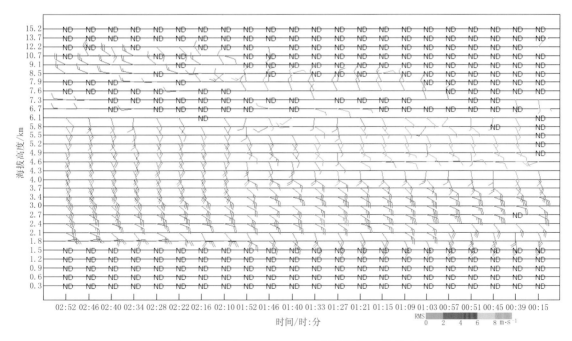

2013 年 3 月 10 日 00:15—02:52 恩施雷达 VWP 演变图

　　10 日凌晨,强对流云团在重庆东北部发展,到 03:00,—32℃亮温云罩几乎覆盖整个东北部,亮温低值中心位于云阳北部和巫溪西部。雷达回波为零散的块状回波,从万州到云阳的回波范围较大。恩施雷达 VWP 上,风随高度顺转,3 km 左右高度上有 12 m/s 的东南低空急流。

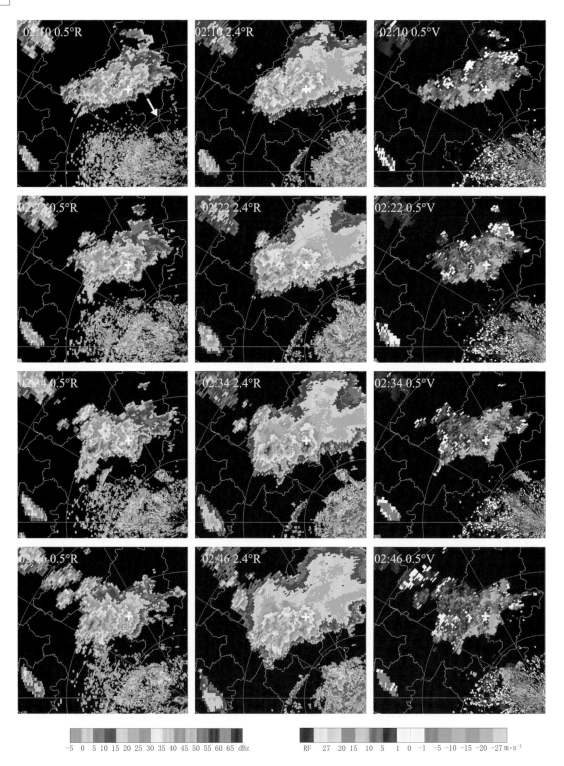

2013 年 3 月 10 日 02：10—02：46 恩施雷达反射率因子(0.5°和 2.4°仰角)和平均径向速度（0.5°仰角）PPI

（图中白色"＋"为云阳凤鸣位置，白色粗箭头指向雷达，凤鸣相对于恩施雷达方位 323°，距离 81 km）

　　凤鸣附近的回波几乎没有移动，基本上是原地发展。回波向东南偏南方向倾斜（参考三维视图和反射率因子剖面），有回波悬垂。回波前侧入流明显（参考径向速度剖面，3.5 km 左右高度上入流达到 20 m/s 以上）。VIL 在 50 kg/m² 左右，18 dBz 回波顶高在 13 km 左右，回波前侧地闪不明显，后侧有 1～5 次/78.5 km² 的地闪密度。需要注意，恩施雷达所在高度达 1.7 km 以上，其 0.5°仰角波束中心在凤鸣附近达 3 km 左右，可能造成 VIL 低估，同时也监测不到低层回波。

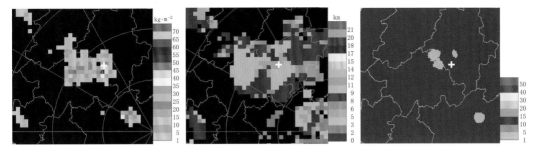

2013 年 3 月 10 日 02:34 恩施雷达 VIL(左)、ET(中)和 02:30—02:40 的地闪密度图(右,单位:次/78.5 km²)

(图中白色"＋"为云阳凤鸣位置)

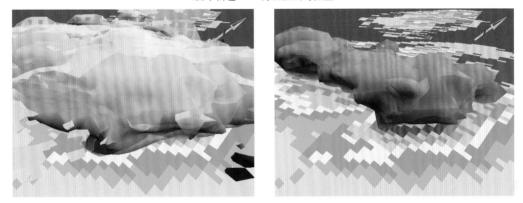

2013 年 3 月 10 日 02:34 恩施雷达得到的云阳凤鸣附近反射率因子三维视图

(左图:外层 18 dBz,内层 40 dBz;右图:外层 40 dBz,内层 60 dBz)

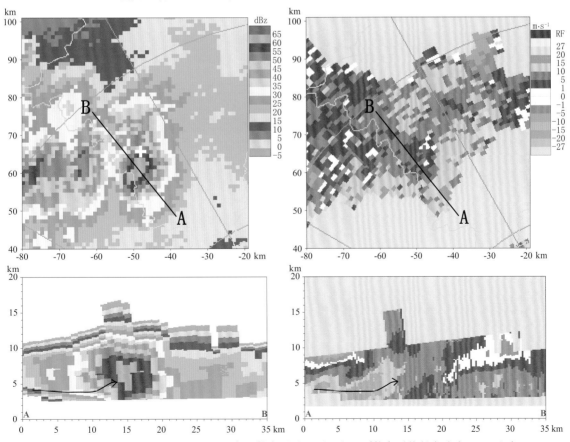

2013 年 3 月 10 日 02:34 恩施雷达组合反射率因子(上左)和 0.5°仰角平均径向速度 PPI(上右)

以及沿 321°径向,距离雷达 62~97 km(A—B)的反射率因子垂直剖面(下左)和平均径向速度垂直剖面(下右)

(图中白色或紫色"＋"为云阳凤鸣位置,剖面图中黑色箭头为前侧入流)

5.25 2014年3月20日短时强降水

实况:强对流天气主要发生在重庆中西部以及东北部偏南、东南部偏北地区,以短时强降水(18个区县)为主,伴有阵性大风。主要发生时段是19日夜间到20日早晨。最大小时雨量为75.5 mm(19日22时,忠县华兴)。

主要影响系统:500 hPa低槽,850 hPa干线,850 hPa温度脊,地面冷锋。

系统配置及演变:19日20时,重庆700 hPa至500 hPa受低槽前部西南气流影响,由北方进入盆地的冷空气与由两湖地区回流进入盆地的冷空气在重庆中部附近相遇形成锢囚,锋后盆地北部存在干侵入,同时重庆地区温湿条件异常偏高,K指数≥40℃,为此次重庆地区有气象记录以来一年中最早的一次区域暴雨过程提供了有利条件。

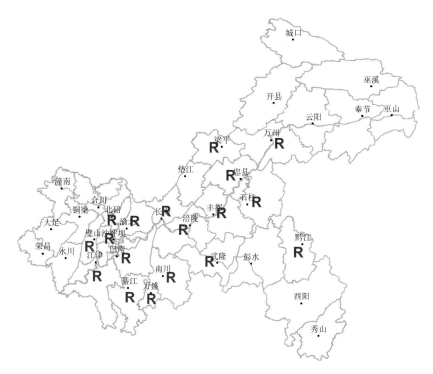

2014年3月19日20时—20日20时,短时强降水分布图

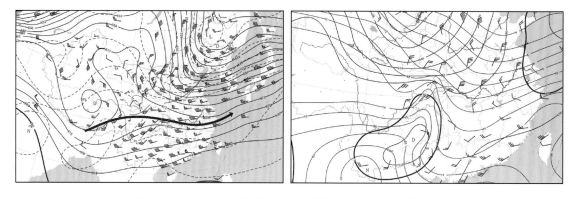

2014年3月19日20时500 hPa(左)和850 hPa(右)天气形势

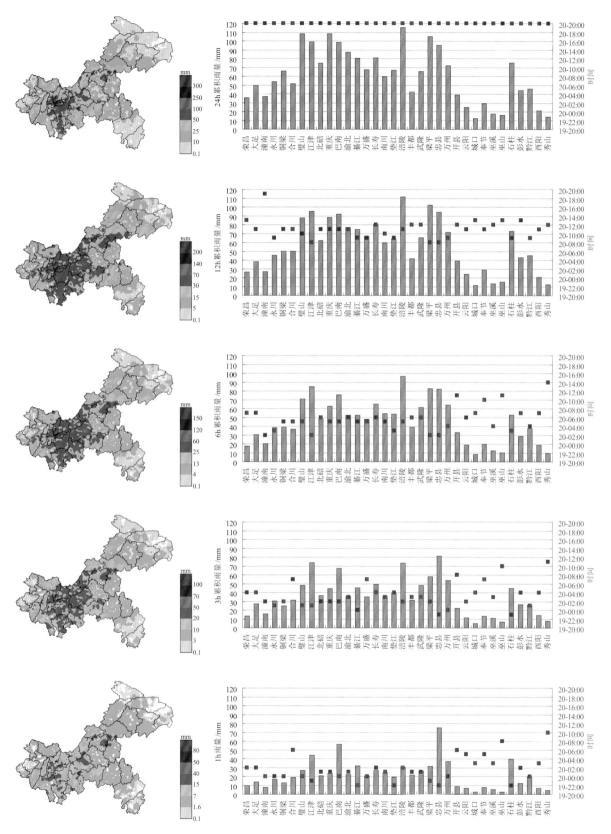

2014 年 3 月 19 日 20 时—20 日 20 时的 24 h、12 h、6 h、3 h 和 1 h 最大降水分布（1962 个雨量站）

（其中最大 24 h、12 h、6 h、3 h 和 1 h 累积雨量分别为 115.5 mm、111.4 mm、96.6 mm、81.5 mm 和 75.5 mm）

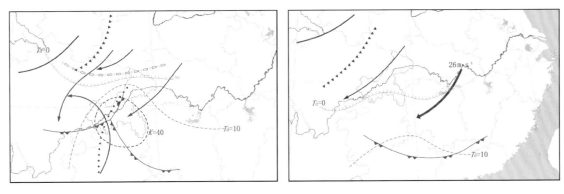

2014 年 3 月 19 日 20 时(左)和 20 日 08 时(右)中尺度天气环境条件场分析

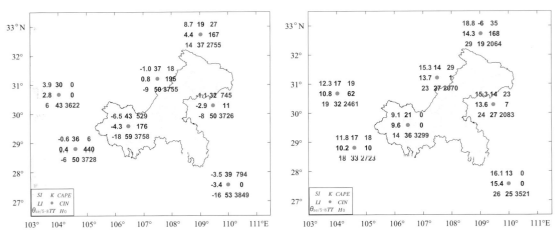

2014 年 3 月 19 日 20 时(左)和 20 日 08 时(右)对流参数和特征高度分布

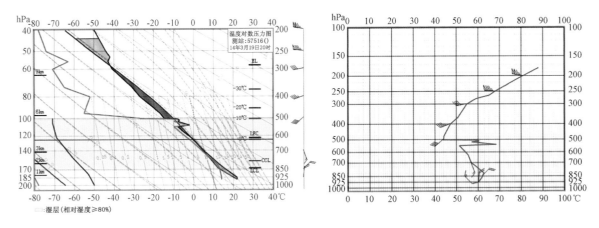

2014 年 3 月 19 日 20 时 57516(沙坪坝)T-$\ln p$ 图(左)和假相当位温变化图(右)

从沙坪坝探空资料分析,3 月 19 日 20 时的环境条件有利于短时强降水和阵性大风的发生:1)湿层深厚,从 850 hPa 一直伸展到 500 hPa 左右,850 hPa 比湿为 11 g/kg;2)从 850 hPa 到 500 hPa,θ_{se} 下降了 18℃,条件不稳定特征明显;3)从 925 hPa 到 800 hPa 左右,温度层结曲线与干绝热线基本平行;4)K 指数达 43℃(850 hPa 与 500 hPa 温差为 31℃,850 hPa 的露点为 13℃,700 hPa 的温度露点差为 1℃),表明对流层中下层存在热力不稳定层结;5)垂直风切变明显,925 hPa 的偏北风(7 m/s)顺转到 500 hPa 的西南风(15 m/s),200 hPa 存在 45 m/s 的偏西高空急流;6)对流层高层到 500 hPa 有明显的干空气层,温湿层结曲线"上干冷、下暖湿"特征明显。

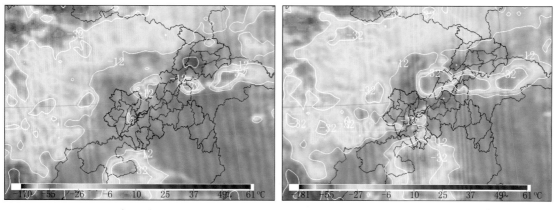

2014 年 3 月 19 日 20:00(左)和 21:00(右) FY2E 卫星 IR1 通道 TBB 云图

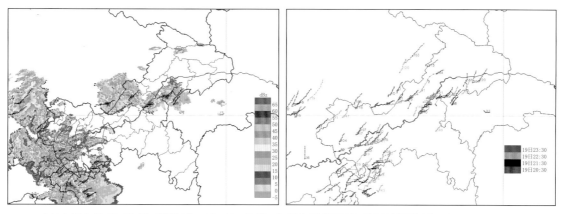

2014 年 3 月 19 日 CR 拼图(左,21:30,重庆、永川和万州雷达)及回波跟踪(右,20:30—23:30)

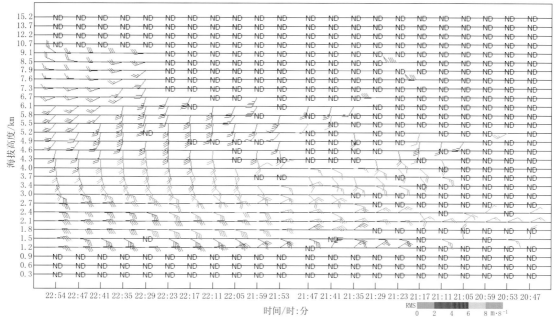

2014 年 3 月 19 日 20:47—22:54 万州雷达 VWP 演变图

从 19 日 20:00—21:00,垫江、梁平、忠县和万州等地有对流云团发展,呈东西向排列。相应雷达回波也为东西向带状排列,其上的回波单体缓慢向东北方向移动,但移动速度较其他地方的回波慢。万州雷达 VWP 上,风随高度顺转明显,21:47 在 1.8 km 开始出现 16 m/s 的东北偏东急流,到 22:54,从 1.8 km 到 2.4 km 均为 16 m/s 的偏东急流。

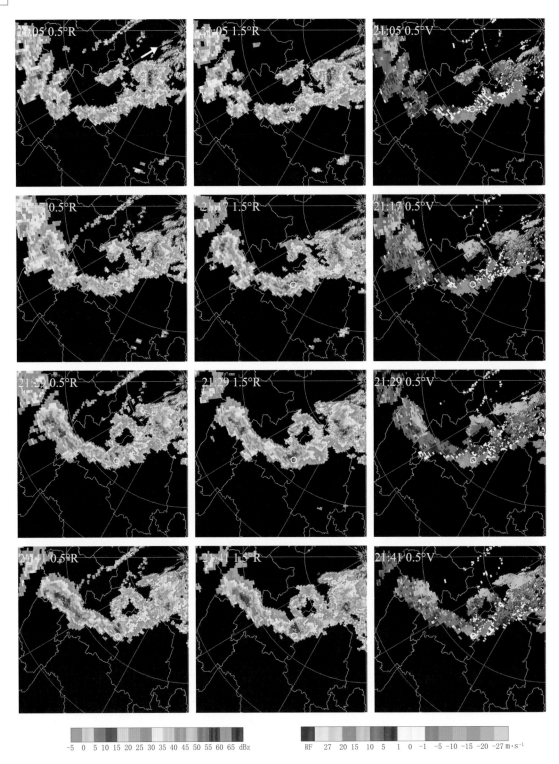

2014 年 3 月 19 日 21:05—21:41 万州雷达反射率因子(0.5°和 1.5°仰角)和平均径向速度（0.5°仰角）PPI

（图中白色空心圆为忠县华兴位置，白色粗箭头指向雷达，华兴相对于万州雷达方位 223°，距离 86 km）

　　强降水回波带从垫江北部和梁平南部开始，向东南方向延伸到忠县华兴附近，然后从华兴向东北方向延伸到石柱北部和万州南部。在华兴附近有明显的低层辐合持续，对流发展旺盛，45 dBz 回波伸展到 8 km。VIL 在 35～40 kg/m²，18 dBz 回波顶高在 12 km 左右，华兴附近 10 min 地闪密度在 10～15 次/78.5 km²。需要注意，万州雷达所在高度达 1 km 以上，其 0.5°仰角波束中心在华兴附近达 2.3 km 左右，可能造成 VIL 低估，同时也监测不到低层回波。

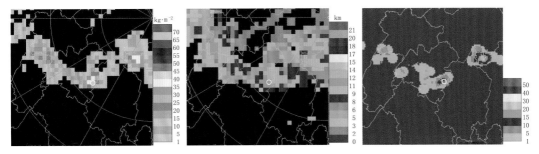

2014 年 3 月 19 日 21:29 万州雷达 VIL（左）、ET（中）和 21:20—21:30 的地闪密度图（右，单位：次/78.5 km²）

（图中白色空心圆"＋"为忠县华兴位置）

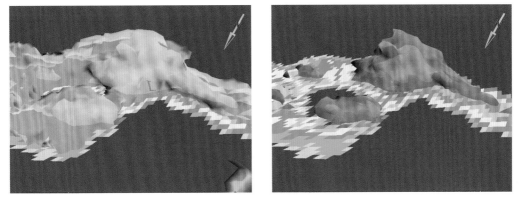

2014 年 3 月 19 日 21:29 万州雷达得到的忠县华兴附近反射率因子三维视图

（左图：外层 18 dBz，内层 40 dBz；右图：外层 40 dBz，内层 50 dBz）

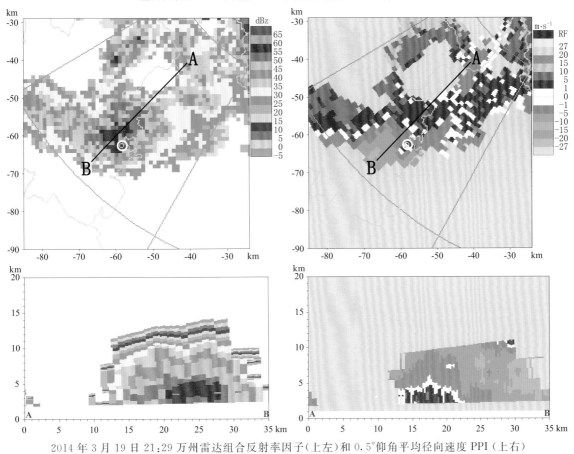

2014 年 3 月 19 日 21:29 万州雷达组合反射率因子（上左）和 0.5°仰角平均径向速度 PPI（上右）

以及沿 225°径向，距离雷达 59～94 km（A—B）的反射率因子垂直剖面（下左）和平均径向速度垂直剖面（下右）

（图中白色空心圆为忠县华兴位置）

5.26 2014年9月2日短时强降水

实况:强对流天气主要发生在重庆长江沿线及以南地区,以短时强降水(15个区县)为主。主要发生时段是1日夜间到2日早晨。最大小时雨量出现在彭水的香树坝,为61.8 mm(2日2时)。从8月30日开始到9月3日,整个过程全市因灾死亡28人,失踪33人,受伤35人。

主要影响系统:500 hPa低槽,700 hPa及850 hPa低涡切变线,低空急流。

系统配置及演变:1日20时—2日08时,700 hPa切变线及850 hPa低涡在冷空气的推动下逐渐向东向南移动,切变线后部的干冷平流与切变线前部暖湿平流仍十分显著。在切变线的抬升和冷暖空气交汇的作用下,重庆地区强降水持续。

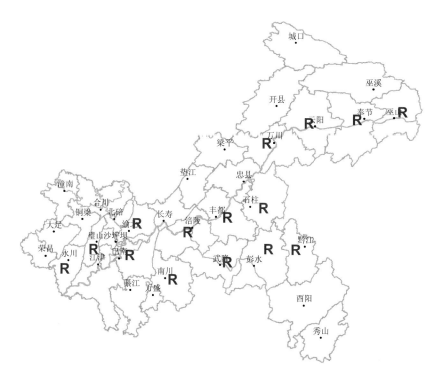

2014年9月1日20时—2日20时短时强降水分布

2014年9月1日20时500 hPa(左)和850 hPa(右)天气形势

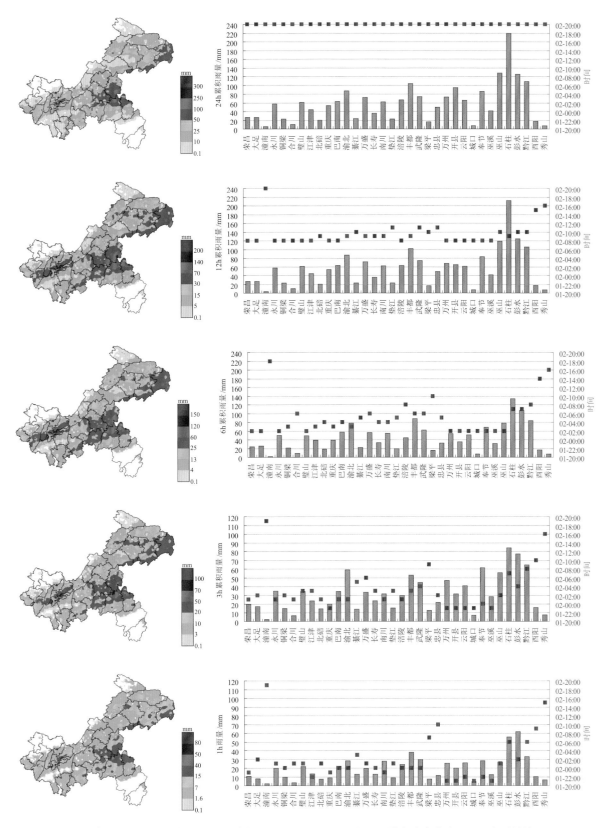

2014 年 9 月 1 日 20 时—2 日 20 时的 24 h，12 h，6 h，3 h 和 1 h 最大降水分布（1984 个雨量站）

（其中最大 24 h，12 h，6 h，3 h 和 1 h 累积雨量分别为 219.8 mm，211.9 mm，134.4 mm，84.3 mm 和 61.8 mm）

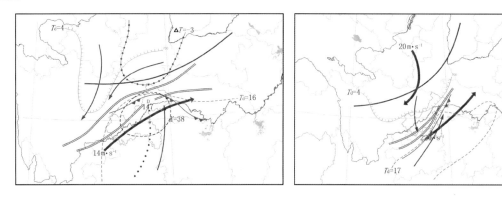

2014 年 9 月 1 日 20 时(左)和 2 日 08 时(右)中尺度天气环境条件场分析

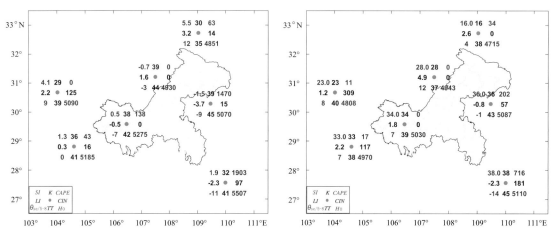

2014 年 9 月 1 日 20 时(左)和 2 日 08 时(右)对流参数和特征高度分布

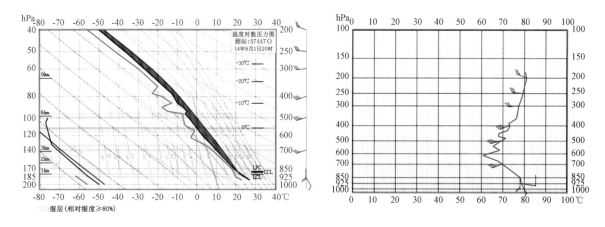

2014 年 9 月 1 日 20 时 57447(恩施)T-$\ln p$ 图(左)和假相当位温变化图(右)

从恩施探空资料分析,9 月 1 日 20 时的环境条件有利于短时强降水的发生:1)湿层较深厚,从 925 hPa 伸展到 700 hPa,850 hPa 和 700 hPa 比湿分别为 15 g/kg 和 10 g/kg;2)对流有效位能较强 (1470 J/kg);3)从 850 hPa 到 620 hPa 左右,θ_{se} 下降了 17 ℃,条件不稳定特征明显;4)LI、TT、SI 和 K 指数分别为 −3.7 ℃、45 ℃、−1.5 ℃和 39 ℃,表明对流层中层和中下层存在热力不稳定层结;5)风随高度顺转明显,700 hPa 出现 14 m/s 的西南低空急流;6)700 hPa 以上层结偏干,整个温湿层结曲线具有"上干冷、下暖湿"特征。

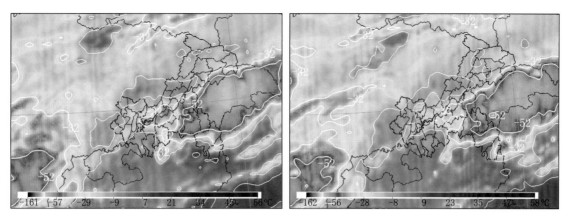

2014年9月2日04时(左)和05时(右)FY2E卫星IR1通道TBB云图

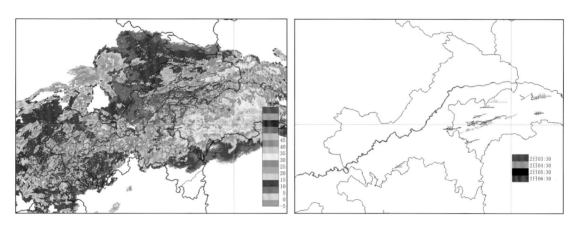

2014年9月2日CR拼图(左,05:30,重庆、万州、黔江和恩施雷达)及回波跟踪(右,03:30—06:30)

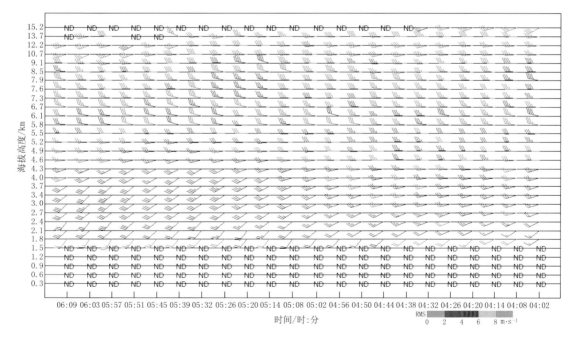

2014年9月2日04:02—06:09恩施雷达VWP演变图

　　2日07:00前,石柱洗新3 h累积雨量达84.3 mm,逐时雨量为15.4、55.7(06:00)和13.2 mm。洗新位于-52℃云罩边缘的亮温梯度大值区。雷达回波主要为偏东方向移动。恩施雷达VWP上,风随高度顺转,在3.4 km附近有14 m/s的西南低空急流。

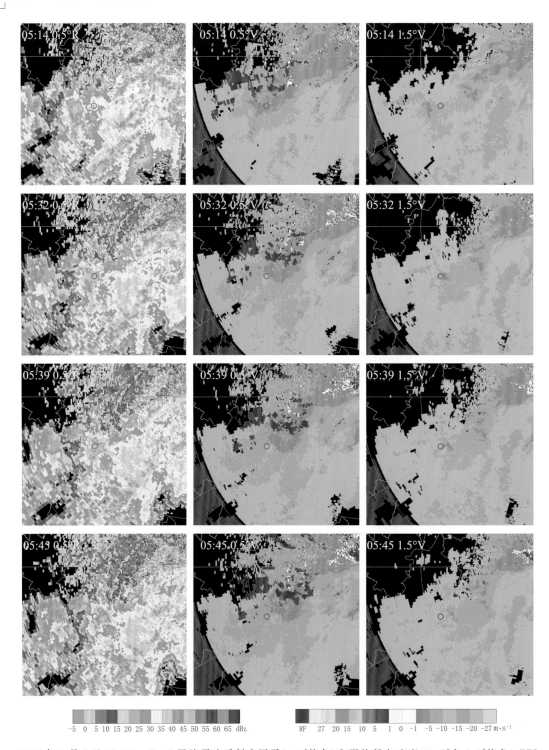

2014 年 9 月 2 日 05:14—05:45 恩施雷达反射率因子(0.5°仰角)和平均径向速度（0.5°和 1.5°仰角）PPI
（图中红色空心圆为石柱洗新位置，白色粗箭头指向雷达，洗新相对于恩施雷达方位 244°，距离 93 km）

9 月 1 日 20:00 恩施探空零度层高度为 5070 m，45 dBz 回波基本上都在零度层以下（参考反射率因子剖面图），具有低回波质心特征。从反射率因子动画可以看到，洗新以西不断有降水回波生成东移，列车效应使得 3 h 累积雨量较大。0.5°仰角径向速度 PPI 上，洗新位于 15 m/s 的西南低空急流左侧。VIL 在 10～15 kg/m²，18 dBz 回波顶高在 13 km 左右，洗新附近 10 min 地闪密度在 1～5 次/78.5 km²。需要注意，恩施雷达所在高度达 1700 m 以上，其 0.5°仰角波束中心在洗新附近达 3 km 左右，可能造成 VIL 低估，同时也监测不到低层回波。

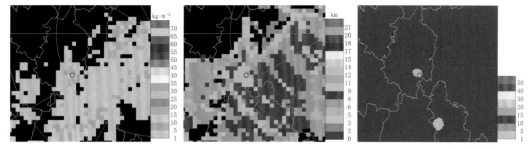

2014 年 9 月 2 日 05:32 恩施雷达 VIL(左)、ET(中)和 05:30—05:40 的地闪密度图(右，单位：次/78.5 km²)

(图中红色空心圆为石柱洗新位置)

2014 年 9 月 2 日 05:32 恩施雷达得到的石柱洗新附近反射率因子三维视图

(左图：外层 18 dBz，内层 40 dBz；右图：外层 40 dBz，内层 45 dBz)

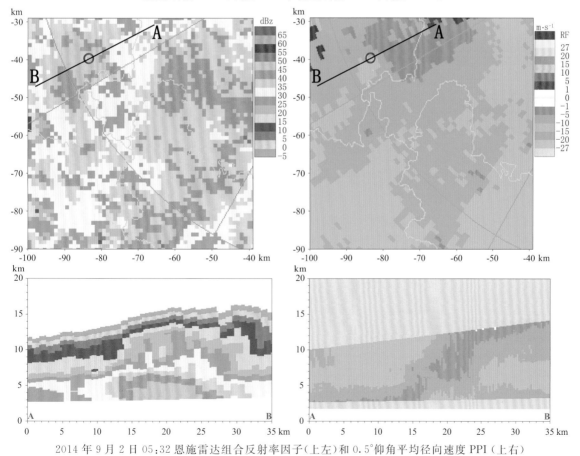

2014 年 9 月 2 日 05:32 恩施雷达组合反射率因子(上左)和 0.5°仰角平均径向速度 PPI(上右)

以及沿 244°径向，距离雷达 74～109 km(A—B)的反射率因子垂直剖面(下左)和平均径向速度垂直剖面(下右)

(图中红色空心圆为石柱洗新位置)

5.27 2014 年 9 月 13 日短时强降水

实况:强对流天气主要发生在重庆长江沿线及以北地区,以短时强降水(16 个区县)为主。主要发生时段是 12 日夜间到 13 日早晨。最大小时雨量为 93.3 mm(13 日 10 时,长寿安坪)。此次过程全市因灾死亡 18 人,失踪 2 人。

主要影响系统:500 hPa 低槽,850 hPa 低涡,低空急流,地面冷锋。

系统配置及演变:12 日 20 时—13 日 08 时,重庆地区 500 hPa 维持副高外围西南气流影响,700 hPa 西南急流在盆地上空形成辐合,850 hPa 重庆西部有低涡生成并向东北部缓慢移动,冷空气回流进入四川盆地,进一步增强了垂直上升运动,并减慢了低空低涡的移速,有利于低涡移动路径上强降雨的出现。

2014 年 9 月 12 日 20 时—13 日 20 时短时强降水分布

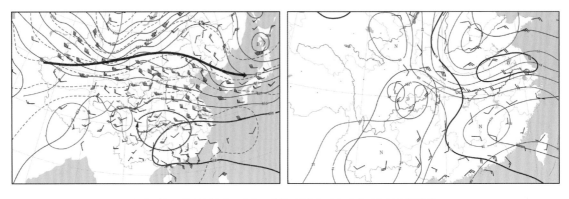

2014 年 9 月 12 日 20 时 500 hPa(左)和 850 hPa(右)天气形势

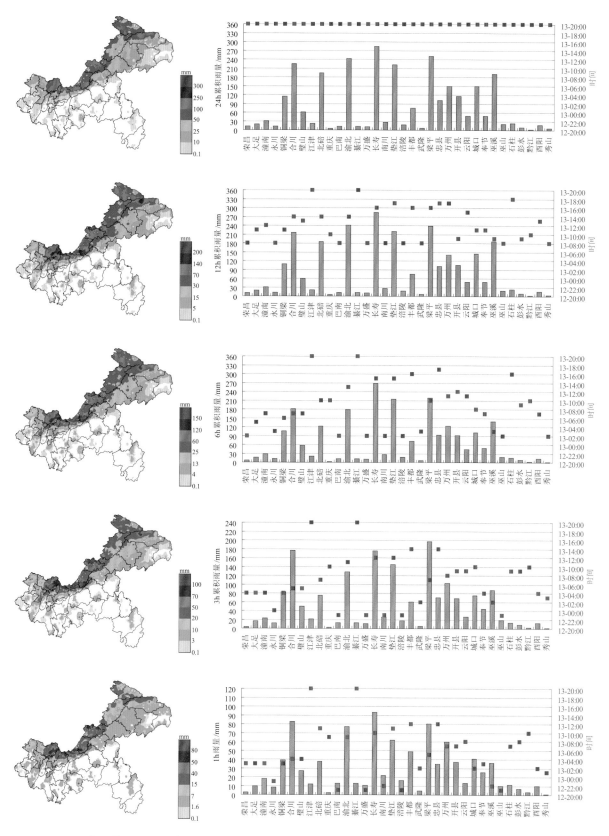

2014 年 9 月 12 日 20 时—13 日 20 时的 24 h、12 h、6 h、3 h 和 1 h 最大降水分布(1987 个雨量站)

(其中最大 24 h、12 h、6 h 、3 h 和 1 h 累积雨量分别为 284.4 mm、284.4 mm、268.0 mm、197.3 mm 和 93.3 mm)

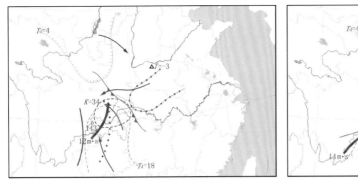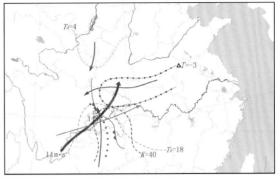

2014 年 9 月 12 日 20 时(左)和 13 日 08 时(右)中尺度天气环境条件场分析

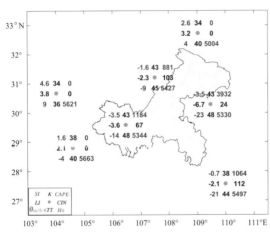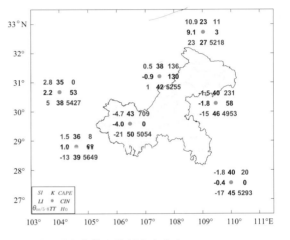

2014 年 9 月 12 日 20 时(左)和 13 日 08 时(右)对流参数和特征高度分布

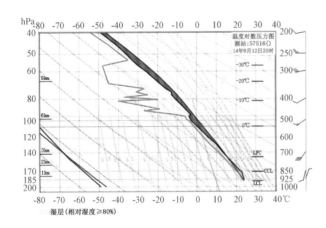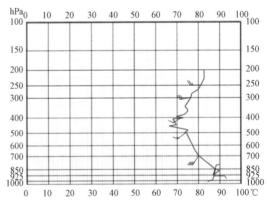

2014 年 9 月 12 日 20 时 57516(沙坪坝)T-$\ln p$ 图(左)和假相当位温变化图(右)

　　从沙坪坝探空资料分析,9 月 12 日 20 时的环境条件有利于短时强降水的发生:1)湿层深厚,从近地面一直伸展到 480 hPa 左右,850 hPa 比湿达 17 g/kg;2)从 850 hPa 到 450 hPa,θ_{se} 下降了 22℃,条件不稳定特征明显;3)对流有效位能适中(1184J/kg);4)K 指数达 43℃(850 hPa 与 500 hPa 温差为 25℃,850 hPa 的露点为 20℃,700 hPa 的温度露点差为 2℃),表明对流层中下层存在热力不稳定层结;5)850 hPa(4 m/s)到 700 hPa(11 m/s)存在风速垂直切变,到 13 日 08 时 700 hPa 存在 14 m/s 的低空急流;6)对流层高层到 500 hPa 有明显的干空气层,温湿层结曲线"上干冷、下暖湿"特征明显。

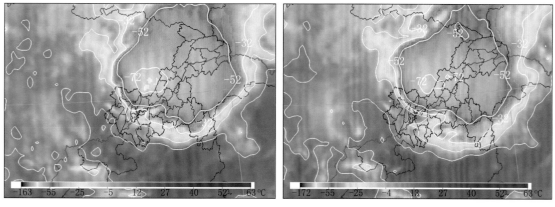

2014年9月13日08:30(左)和09:30(右)FY2F卫星IR1通道TBB云图

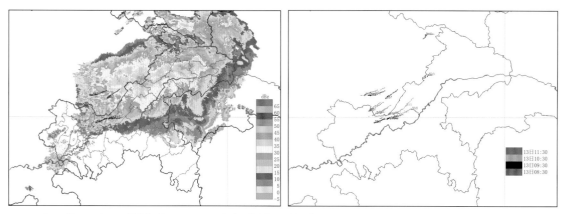

2014年9月13日CR拼图(左,09:30,重庆、永川、万州、黔江和恩施雷达)及回波跟踪(右,08:30—11:30)

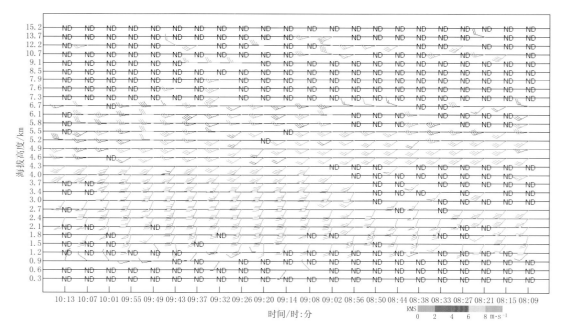

2014年9月13日08:09—10:13重庆雷达VWP演变图

13日12:00前,长寿安坪3 h累积雨量达169.3 mm,逐时雨量为93.3(10:00)、52.9和23.1 mm。卫星云图上,亮温低于−52℃的云罩覆盖四川东部、重庆东北部及中西部偏北和东南部偏北地区,云罩西部亮温梯度大,−72℃以下的低值中心位于四川广安。长寿附近的雷达回波移动速度较其他地方的回波移速慢。重庆雷达VWP上,3 km左右的偏南低空急流最大达到20 m/s以上。

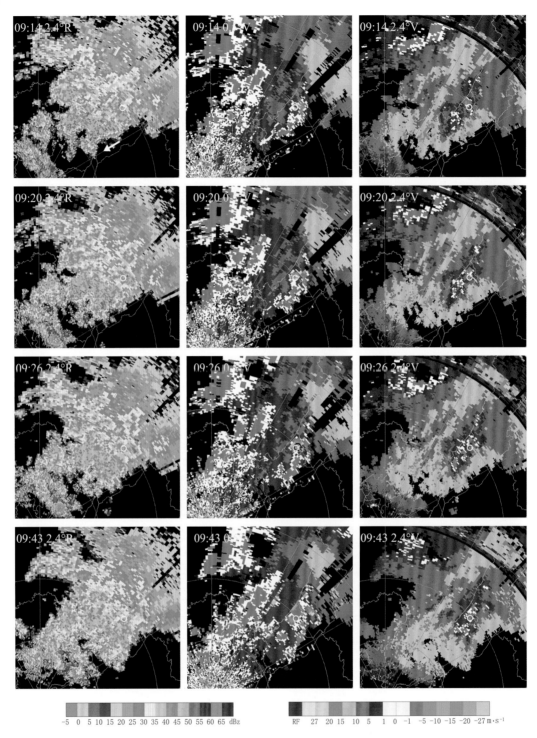

2014 年 9 月 13 日 09：14—09：43 重庆雷达反射率因子(2.4°仰角)和平均径向速度（0.5°和 2.4°仰角）PPI
（图中黑色空心圆为中气旋，白色空心圆为长寿安坪位置，白色粗箭头指向雷达，
安坪相对于重庆雷达方位 47°，距离 98 km）

　　安坪附近降水回波整体呈准静止，对流单体向东北方向移动。安坪西南不断有降水回波生成，列车效应使得 3 h 累积雨量较大。对流发展旺盛，09：26 低层出现中气旋，45 dBz 的反射率因子回波伸展到 8 km，有明显低层辐合。VIL 在 30～35 kg/m²，18 dBz 回波顶高达 17 km，10 min 地闪密度达 50 次/78.5 km²以上。重庆雷达 0.5°仰角波束中心在安坪附近达 1.9 km，其附近低层回波还受到较严重波束遮挡(导致反射率因子剖面图上较弱的低层回波)，都会造成 VIL 低估。

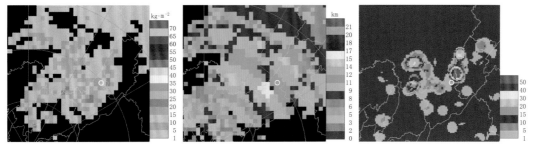

2014 年 9 月 13 日 09:26 重庆雷达 VIL(左)、ET(中)和 09:20—09:30 的地闪密度图(右,单位:次/78.5 km²)

(图中白色空心圆为长寿安坪位置)

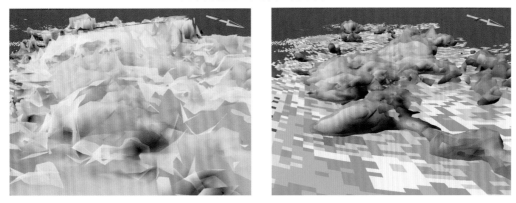

2014 年 9 月 13 日 09:26 重庆雷达得到的长寿安坪附近反射率因子三维视图

(左图:外层 18 dBz,内层 40 dBz;右图:外层 40 dBz,内层 45 dBz)

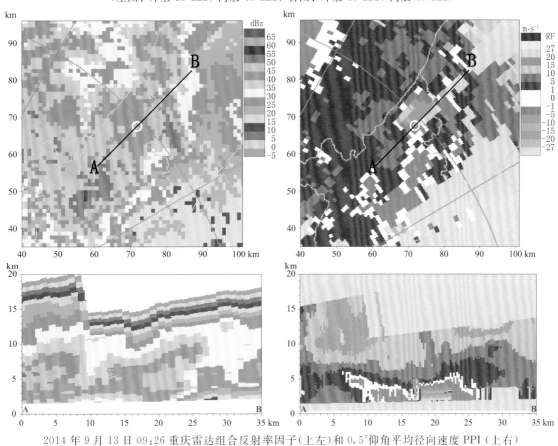

2014 年 9 月 13 日 09:26 重庆雷达组合反射率因子(上左)和 0.5°仰角平均径向速度 PPI(上右)

以及沿 47°径向,距离雷达 83～118 km(A—B)的反射率因子垂直剖面(下左)和平均径向速度垂直剖面(下右)

(图中白色空心圆为长寿安坪位置)

第6章 准正压类强对流天气分析图

准正压类强对流天气过程简表

序号	天气过程时间	强天气类型	主要天气系统	天气雷达特征	页码
1	2009 年 8 月 2 日凌晨到上午	短时强降水	500 hPa 低槽，700 hPa 切变线，850 hPa 低涡	列车效应，低层辐合，部分强降水回波有低质心特征	225
2	2010 年 7 月 4 日	短时强降水	500 hPa 低槽，700 hPa 切变线，850 hPa 低涡，850 hPa 温度脊	低回波质心，中低层辐合	234
3	2010 年 8 月 1 日午后至夜间	大风、短时强降水	850 hPa 至 500 hPa 切变线，850 hPa 至 700 hPa 急流及辐合线	低层径向速度大值区，后侧入流，弓形回波，中气旋，中层径向辐合，回波悬垂	240
4	2011 年 7 月 26 日白天到 27 日早晨	短时强降水	500 hPa 低槽，700 hPa 及 850 hPa 切变线	局地气旋性涡旋	250
5	2014 年 8 月 9 日夜间到 10 日早晨	短时强降水	500 hPa 低槽，700 hPa 及 850 hPa 低涡	列车效应，低回波质心，低层辐合	256

6.1 2009年8月2日短时强降水

实况:强对流天气主要发生在重庆中东部的长江沿线及以北地区,以短时强降水(12个区县)为主。主要发生时段是2日凌晨到上午。最大小时雨量出现在垫江的鹤游,为77 mm(2日08时)。从2日开始到5日,整个过程全市因灾死亡10人,失踪1人,受伤40人。

主要影响系统:500 hPa低槽,700 hPa切变线,850 hPa低涡。

系统配置及演变:1日20时—2日08时,大陆高压中心位于贵州、湖南、广西交界地区上空,高压北侧为纬向多波动气流,500 hPa波动槽迅速东移后,盆地东部700 hPa切变线与850 hPa低涡仍维持,切变及低涡前部维持较强西南气流,有利于强降雨天气的持续。

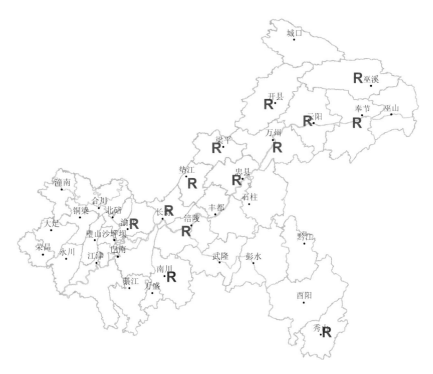

2009年8月1日20时—2日20时短时强降水分布

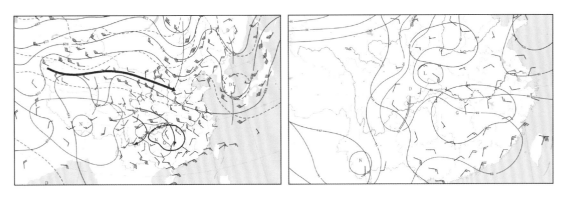

2009年8月1日20时500 hPa(左)和850 hPa(右)天气形势

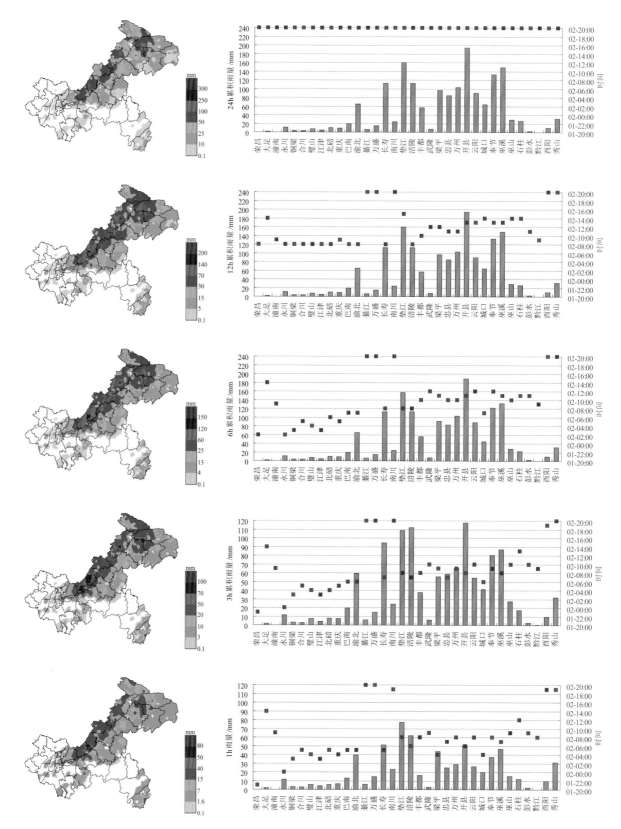

2009 年 8 月 1 日 20 时—2 日 20 时的 24 h、12 h、6 h、3 h 和 1 h 最大降水分布(721 个雨量站)

(其中最大 24 h、12 h、6 h、3 h 和 1 h 累积雨量分别为 194.1 mm、194.1 mm、188.7 mm、117.9 mm 和 77.0 mm)

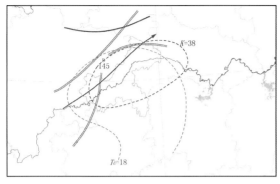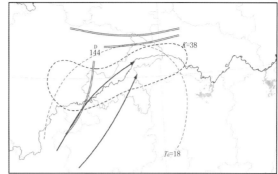

2009年8月1日20时（左）和2日08时（右）中尺度天气环境条件场分析

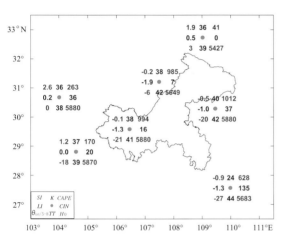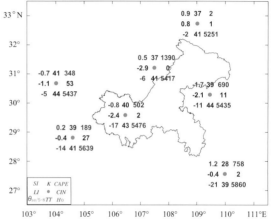

2009年8月1日20时（左）和2日08时（右）对流参数和特征高度分布

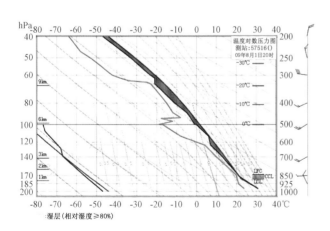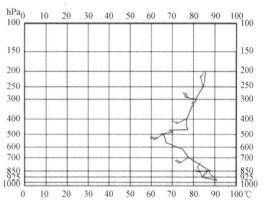

2009年8月1日20时57516（沙坪坝）T-lnp图（左）和假相当位温变化图（右）

从沙坪坝探空资料分析，8月1日20时的环境条件有利于短时强降水的发生：1）湿层从850 hPa伸展到600 hPa左右，850 hPa比湿达17 g/kg；2）从850 hPa到500 hPa，θ_{se}下降了21℃，条件不稳定特征明显；3）对流有效位能适中（994 J/kg）；4）K指数达38℃（850 hPa与500 hPa温差为21℃，850 hPa的露点为20℃，700 hPa的温度露点差为3℃），表明对流层中下层存在热力不稳定层结；5）垂直风切变较弱；6）600 hPa到400 hPa有明显的干空气层，温湿层结曲线"上干冷、下暖湿"特征明显。

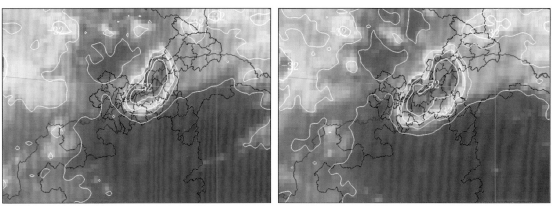

2009 年 8 月 2 日 04 时(左)和 05 时(右)FY2C 卫星 IR1 通道 TBB 云图

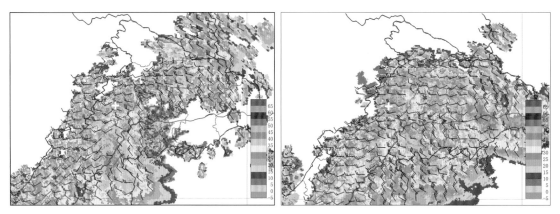

2009 年 8 月 2 日 CR 拼图(重庆和万州雷达)与 COTREC 叠加(左,05:30,右,08:36)

(图中白色"+"为开县镇安位置)

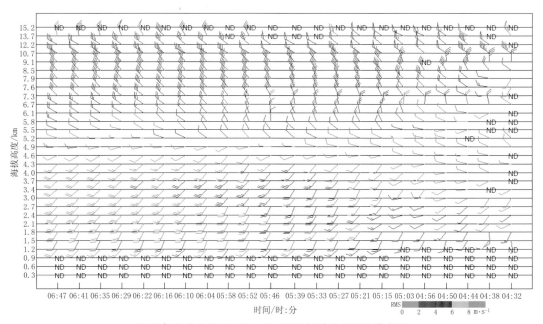

2009 年 8 月 2 日 04:32—06:47 万州雷达 VWP 演变图

　　2 日 08:00 前,位于开县南部的镇安 3 h 累积雨量达 117.9 mm,逐时雨量为 51.1(06:00)、31.9 和 34.9 mm,09:00 小时雨量也达 46.6 mm。04:00—05:00,强对流云团主要位于重庆中部,镇安位于云团东北边缘。重庆东北部雷达回波整体呈准静止,其上的回波单体主要向偏东方向移动。万州雷达 VWP 上低层为较一致的西南气流,最大达到 12 m/s。

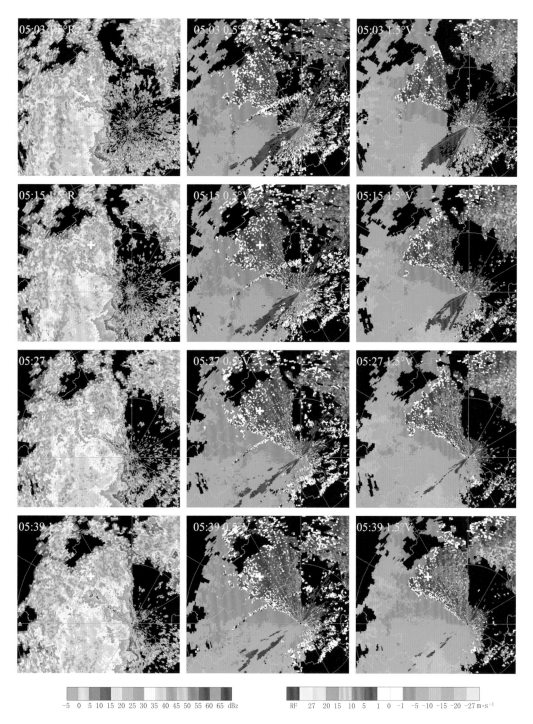

2009 年 8 月 2 日 05:03—05:39 万州雷达反射率因子(1.5°仰角)和平均径向速度（0.5°和 1.5°仰角）PPI
（图中白色"＋"为开县镇安位置，白色粗箭头指向雷达，镇安相对于万州雷达方位 318°，距离 53 km）

　　开县镇安以西不断有降水回波生成并东移，列车效应导致镇安产生连续 4 个小时的短时强降水，
05:00—09:00 的 4 h 累积雨量达 164.5 mm。2 日 08:00 万州探空的零度层高度为 5.42 km，45 dBz 的
回波大多位于零度层以下，具有低回波质心特征。径向速度 PPI 上，镇安西北面有低层辐合，从垂直于
321°径向的速度剖面上可以看出，具有偏西北分量的气流伸展到 4 km 左右。VIL 在 20 kg/m² 左右，18
dBz 回波顶高在 11 km 左右，地闪不明显。需要注意，万州雷达所在高度达 1 km 以上，其 0.5°仰角波束
中心在镇安附近达 1.7 km，可能造成 VIL 低估，同时也监测不到高度较低的回波。

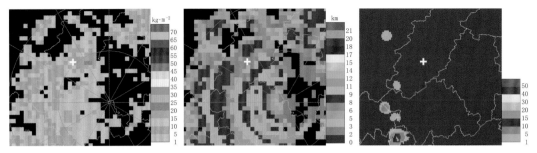

2009 年 8 月 2 日 05:27 万州雷达 VIL(左)、ET(中)和 05:20—05:30 的地闪密度图(右,单位:次/78.5 km²)

(图中白色"+"为开县镇安位置)

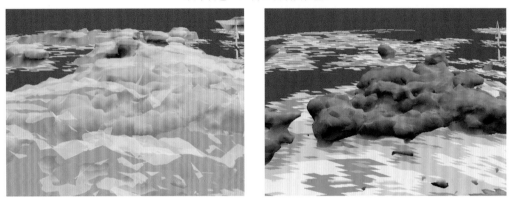

2009 年 8 月 2 日 05:27 万州雷达得到的开县镇安附近反射率因子三维视图

(左图:外层 18 dBz,内层 40 dBz;右图:外层 40 dBz,内层 50 dBz)

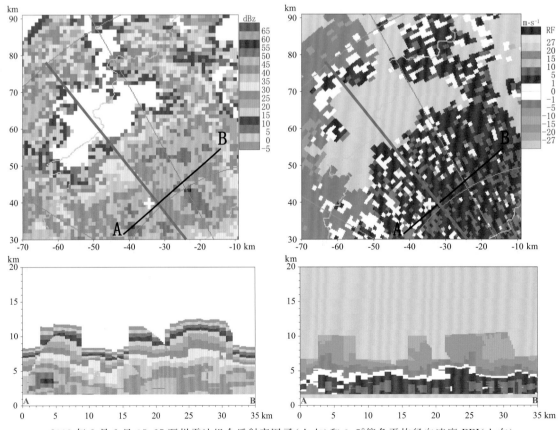

2009 年 8 月 2 日 05:27 万州雷达组合反射率因子(上左)和 0.5°仰角平均径向速度 PPI(上右)

以及沿垂直于 321°径向 (A—B)的反射率因子垂直剖面(下左)和平均径向速度垂直剖面(下右)

(图中白色"+"为开县镇安位置)

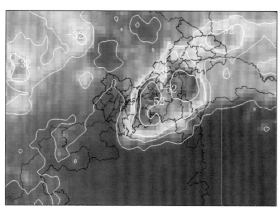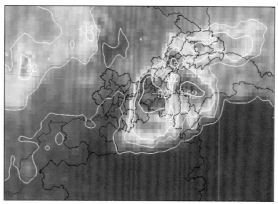

2009 年 8 月 2 日 06 时(左)和 07 时(右)FY2C 卫星 IR1 通道 TBB 云图

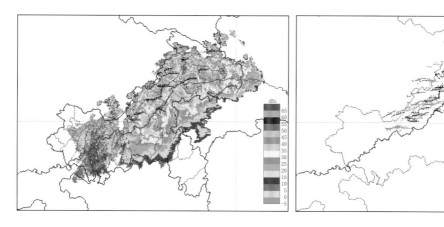

2009 年 8 月 2 日 CR 拼图(左,07:12,重庆和万州雷达)及回波跟踪(右,03:30—09:12)

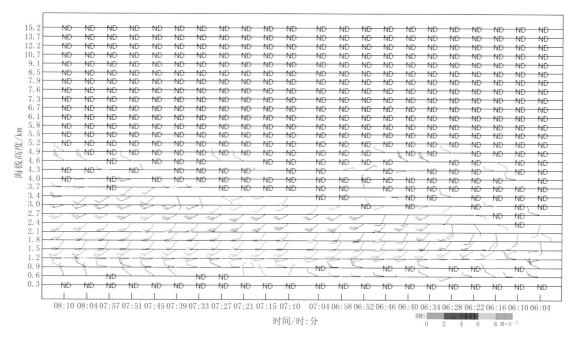

2009 年 8 月 2 日 06:04—08:10 重庆雷达 VWP 演变图

　　2 日 06:00 以后,重庆中部的强对流云团分离为东、西两个云团,垫江南部的鹤游位于西面云团的北部,为亮温梯度大值区。雷达回波整体向偏东方向移动,对流单体也以偏东移动为主。重庆雷达 VWP 上,低层风随高度逆转,2.7 km 左右高度上以 10 m/s 的西偏南气流为主。

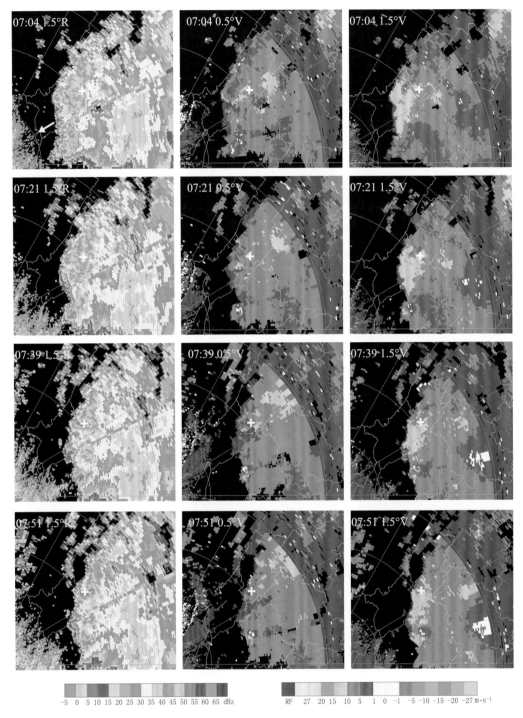

2009 年 8 月 2 日 07:04—07:51 重庆雷达反射率因子(1.5°仰角)和平均径向速度（0.5°和 1.5°仰角）PPI
（图中白色"＋"为垫江鹤游位置，白色粗箭头指向雷达，鹤游相对于重庆雷达方位 54°，距离 105 km）

　　2 日 07:04—07:51，垫江南部、长寿西部到涪陵中部为南北向的带状回波覆盖，回波带整体缓慢东移。影响鹤游的雷达回波西部梯度很大（参考三维视图），强对流发展旺盛，45 dBz 的回波伸展到 8 km。从径向速度垂直剖面可以看出低层有 10 m/s 以上的西南入流，高层有辐散。鹤游附近 VIL 在 20～25 kg/m²，18 dBz 回波顶高在 13 km 左右，10 min 地闪密度为 15～20 次/78.5 km²。需要注意，重庆雷达 0.5°仰角波束中心在鹤游附近达 2.1 km，可能造成 VIL 低估，同时也监测不到高度较低的回波。

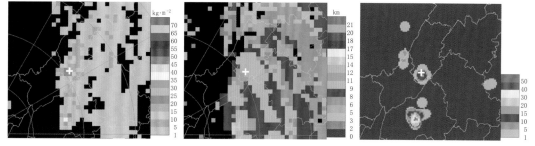

2009 年 8 月 2 日 07:39 重庆雷达 VIL(左)、ET(中)和 07:30—07:40 的地闪密度图(右,单位:次/78.5 km^2)

(图中白色"＋"为垫江鹤游位置)

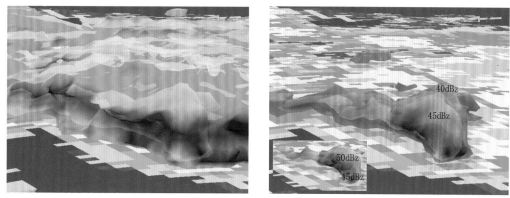

2009 年 8 月 2 日 07:39 重庆雷达得到的垫江鹤游附近反射率因子三维视图

(左图:外层 18 dBz,内层 40 dBz;右图:外层 40 dBz,内层 45 dBz,左下角小图外层 45 dBz,内层 50 dBz)

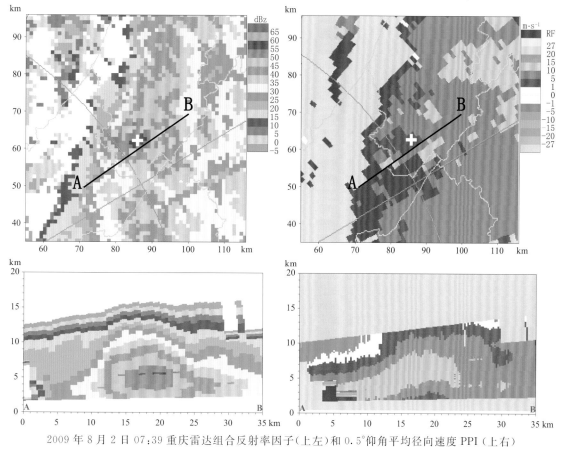

2009 年 8 月 2 日 07:39 重庆雷达组合反射率因子(上左)和 0.5°仰角平均径向速度 PPI(上右)

以及沿 55°径向,距离雷达 85～120 km(A—B)的反射率因子垂直剖面(下左)和平均径向速度垂直剖面(下右)

(图中白色"＋"为垫江鹤游位置)

6.2 2010年7月4日短时强降水

实况:强对流天气以短时强降水(31个区县)为主。主要发生时段为4日白天到5日早晨。最大小时雨量为83.5mm(4日17时,沙坪坝的回龙坝)。此次过程全市因灾死亡1人,失踪1人,受伤5人。

主要影响系统:500 hPa低槽,700 hPa切变线,850 hPa低涡,850 hPa温度脊。

系统配置及演变:4日20时,500 hPa低槽及700 hPa切变线影响重庆长江以北地区,低槽前倾,850 hPa低涡位于盆地中部,低涡附近及前侧为暖湿舌控制,K指数达到40℃以上;至5日08时,低槽及700 hPa切变线东移后尾段仍位于重庆北部,并转为东西向,850 hPa低涡仍维持在盆地中部地区,重庆地区850 hPa暖湿舌仍维持。500 hPa低槽、700 hPa切变线及850 hPa低涡系统和暖湿舌的配置,有利于重庆地区出现强降雨天气。

2010年7月4日08时—5日08时短时强降水分布

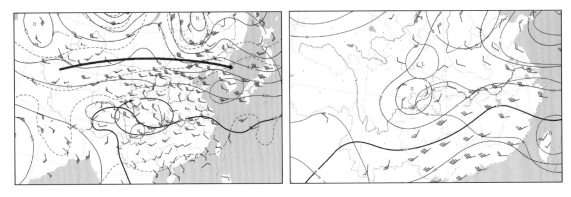

2010年7月4日08时500 hPa(左)和850 hPa(右)天气形势

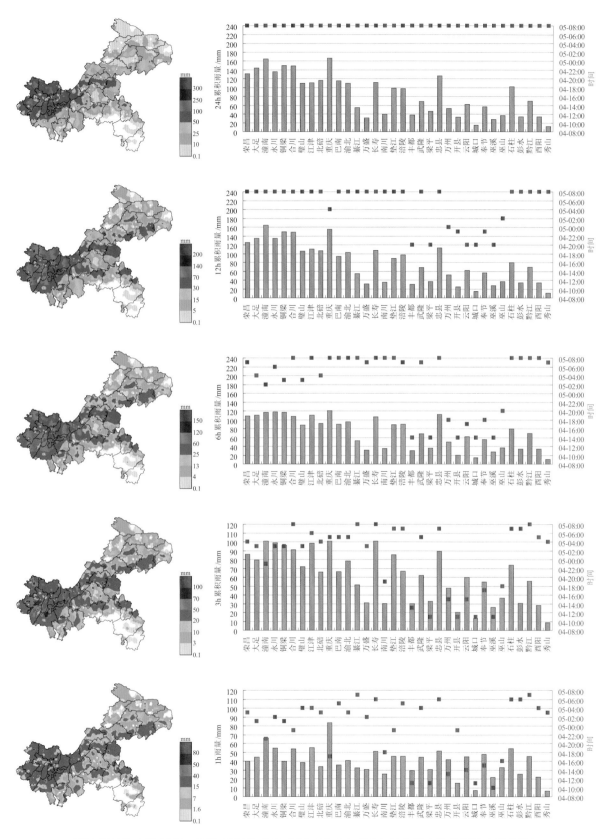

2010 年 7 月 4 日 08 时—5 日 08 时的 24 h、12 h、6 h、3 h 和 1 h 最大降水分布(879 个雨量站)

(其中最大 24 h、12 h、6 h、3 h 和 1 h 累积雨量分别为 166.1 mm、164.3 mm、120.6 mm、100.8 mm 和 83.5 mm)

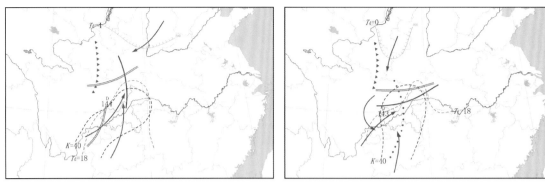

2010年7月4日08时(左)和20时(右)中尺度天气环境条件场分析

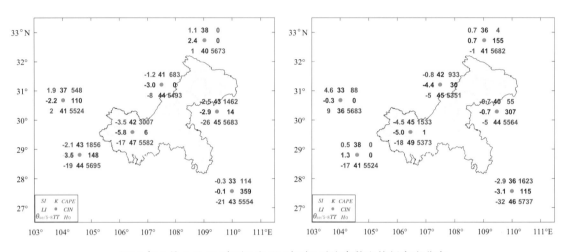

2010年7月4日08时(左)和20时(右)对流参数和特征高度分布

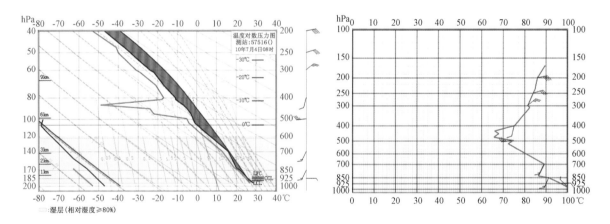

2010年7月4日08时57516(沙坪坝)T-$\ln p$图(左)和假相当位温变化图(右)

从沙坪坝探空资料分析,7月4日08时的环境条件有利于短时强降水的发生:1)从近地面到470 hPa,θ_{se}下降了34℃,条件不稳定特征非常明显;2)对流有效位能很强(3007 J/kg);3)K指数达42℃(850 hPa与500 hPa温差为24℃,850 hPa的露点为21℃,700 hPa的温度露点差为3℃),表明对流层中下层存在热力不稳定层结;4)LI指数达−5.8℃,表明从LFC(约912 hPa或0.81 km)至500 hPa(约5.89 km)存在热力不稳定层结;5)925 hPa的偏东风(1 m/s)顺转到500 hPa的偏西风(13 m/s);6)400 hPa到500 hPa有明显的干空气层,温湿层结曲线具有"上干冷、下暖湿"特征。

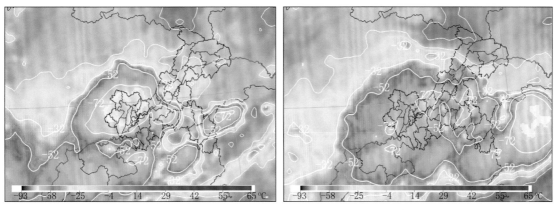

2010 年 7 月 5 日 03 时(左)和 07 时(右) FY2E 卫星 IR1 通道 TBB 云图

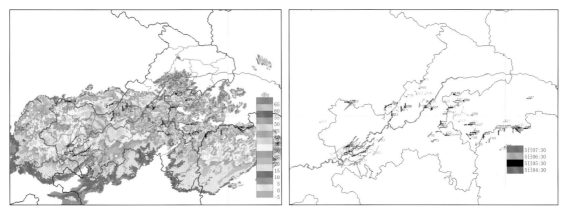

2010 年 7 月 5 日 CR 拼图(左,05:30,重庆、万州、黔江和恩施雷达)及回波跟踪(右,04:30—07:30)

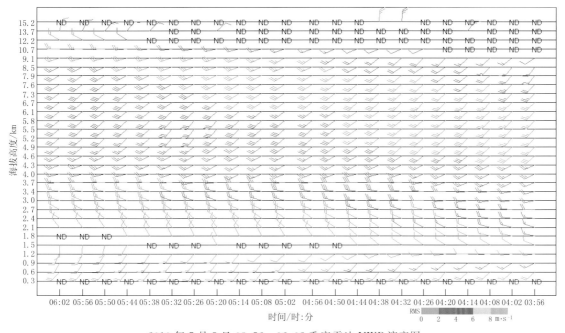

2010 年 7 月 5 日 03:56—06:02 重庆雷达 VWP 演变图

　　5 日 08:00 前,长寿云台 3 h 累积雨量达 100.7 mm,逐时雨量为 51.1(06:00)、41.9 和 7.7 mm。03:00,—52℃亮温云罩主要覆盖重庆中西部,之后向东发展。雷达回波分布与亮温梯度大值区基本一致,中部偏北的回波移速很慢。重庆雷达 VWP 上,1.5 km 以下为弱的西南气流,1.8 km 以上有冷空气楔入,到 04:38,3.4 km 左右高度上已转为 12 m/s 的西偏北风。

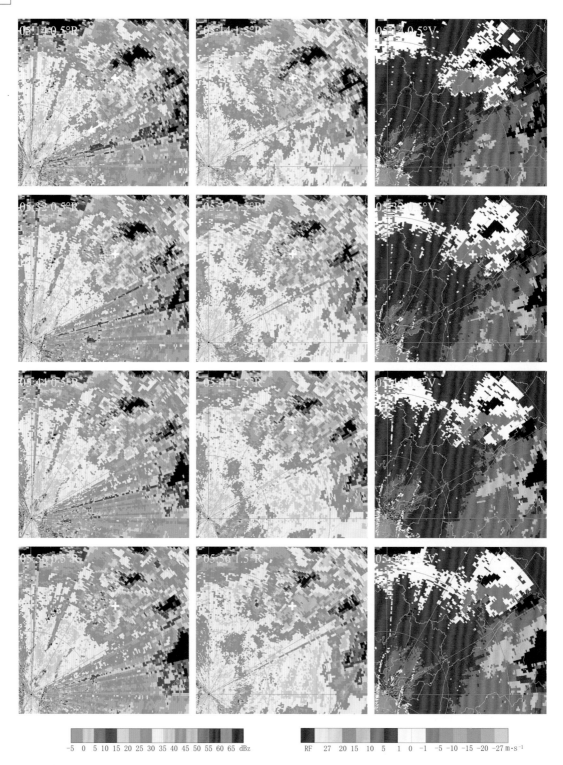

−5 0 5 10 15 20 25 30 35 40 45 50 55 60 65 dBz   RF 27 20 15 10 5   1 0 −1 −5 −10 −15 −20 −27 m·s⁻¹

2010 年 7 月 5 日 05：14—05：56 重庆雷达反射率因子(0.5°和 1.5°仰角)和平均径向速度（0.5°仰角）PPI
(图中白色或紫色"＋"为长寿云台位置，白色粗箭头指向雷达，云台相对于重庆雷达方位 44.5°，距离 98 km)

　　从 5 日 05：14 到 05：56，长寿云台受到从其南面向偏北方向移动的强降水回波影响。强降水单体包裹在大片层状云降水区中(参考三维视图)，45 dBz 的回波基本上都在零度层以下，具有低回波质心特征。从径向速度剖面图可见，中低层辐合伸展到 5 km 左右。云台附近 VIL 在 10～15 kg/m²，18 dBz 回波顶高在 12 km 左右，地闪不明显。需要注意，重庆雷达 0.5°仰角波束中心在云台附近达 2.0 km，可能造成 VIL 低估，同时也监测不到高度较低的回波。

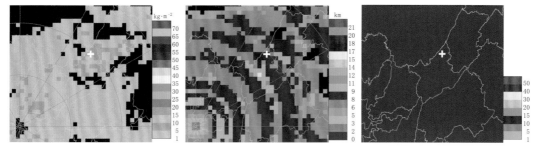

2010 年 7 月 5 日 05:44 重庆雷达 VIL(左)、ET(中)和 05:40—05:50 的地闪密度图(右,单位:次/78.5 km²)

(图中白色"+"为长寿云台位置)

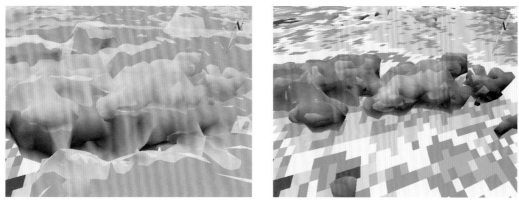

2010 年 7 月 5 日 05:44 重庆雷达得到的长寿云台附近反射率因子三维视图

(左图:外层 18 dBz,内层 40 dBz;右图:外层 40 dBz,内层 45 dBz)

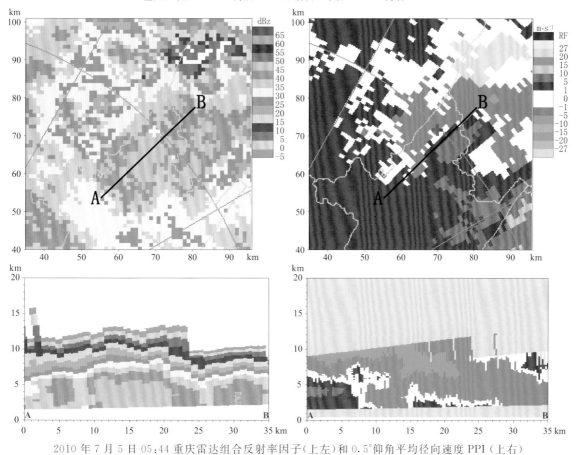

2010 年 7 月 5 日 05:44 重庆雷达组合反射率因子(上左)和 0.5°仰角平均径向速度 PPI(上右)

以及沿 46°径向,距离雷达 76～111 km(A—B)的反射率因子垂直剖面(下左)和平均径向速度垂直剖面(下右)

(图中白色或紫色"+"为长寿云台位置)

6.3 2010 年 8 月 1 日大风

实况：强对流天气以大风(14 个区县)为主,伴有短时强降水。主要发生时段为 1 日午后至夜间。江津龙华、长寿但渡、璧山三合的极大风速分别达 33.5 m/s(14：34)、31.8 m/s(16：59)和 30.3 m/s(15：04)。此次过程因灾死亡 2 人,受伤 5 人。

主要影响系统：850 hPa 至 500 hPa 切变线,850 hPa 至 700 hPa 急流及辐合线。

系统配置及演变：1 日 08—20 时,500 hPa 副热带高压加强西伸,青藏高压稳定,副高与青藏高压之间的切变略有西移,副高西侧的西南低空急流及急流左侧的风速辐合线随之西移,且 14 时有地面辐合线存在;重庆在 850 hPa 暖湿舌中,不稳定能量显著,日间增温更加有利于强对流天气的出现。

站名	极大风速/m·s⁻¹	小时降水/mm		站名	极大风速/m·s⁻¹	小时降水/mm
(区县)	(时间)	(时间)		(区县)	(时间)	(时间)
智凤(大足)	20.1(13:51)	26.3(14:00)		睦和(涪陵)	21.1(17:57)	4.5(19:00)
石鱼(铜梁)	19.5(14:29)	0.1(15:00)		高庙(綦江)	26.0(18:01)	7.5(19:00)
龙华(江津)	33.5(14:34)	34.3(15:00)		后坪(武隆)	20.8(18:54)	3.5(20:00)
江津(江津)	20.7(14:37)	16.8(15:00)				
新民(奉节)	17.7(14:45)	2.7(16:00)				
三合(璧山)	30.3(15:04)	19.5(16:00)				
土场(合川)	20.6(15:10)	0.1(16:00)				
虎溪(沙坪坝)	21.1(15:11)	28.5(16:00)				
永川(永川)	21.9(15:27)	1.9(16:00)				
璧山(璧山)	17.9(15:50)	32.1(16:00)				
麻柳(巴南)	21.2(16:37)	0.2(17:00)				
长寿(长寿)	17.5(16:51)	11.0(18:00)				
兴隆(渝北)	27.1(17:35)	16.1(18:00)				
但渡(长寿)	31.8(16:59)	16.3(18:00)				

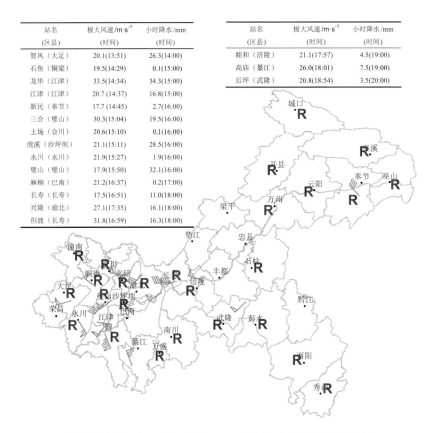

2010 年 8 月 1 日 08 时—2 日 08 时,大风和短时强降水分布图

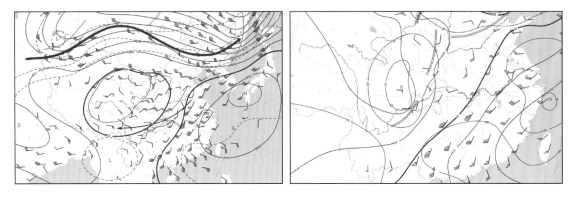

2010 年 8 月 1 日 08 时 500 hPa(左)和 850 hPa(右)天气形势

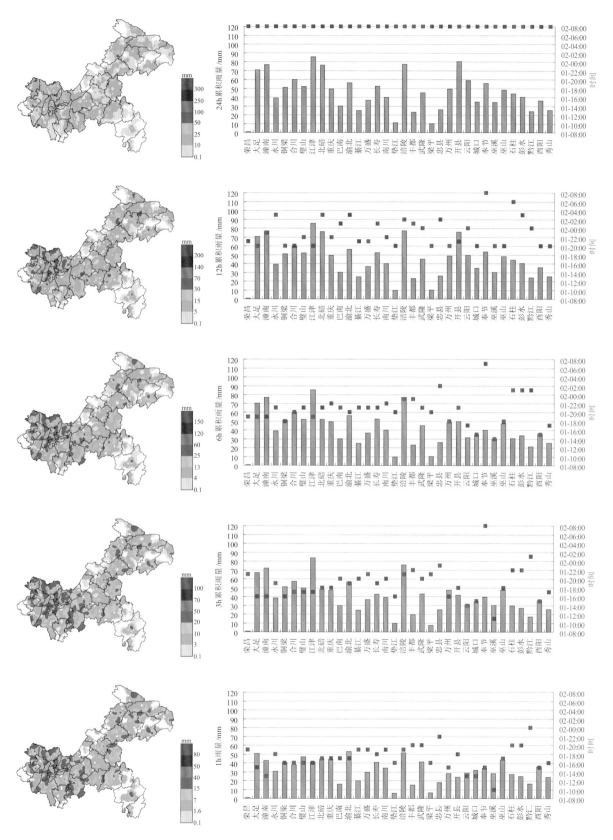

2010 年 8 月 1 日 08 时—2 日 08 时的 24 h、12 h、6 h、3 h 和 1 h 最大降水分布(867 个雨量站)

(其中最大 24 h、12 h、6 h、3 h 和 1 h 累积雨量分别为 85.7 mm、85.7 mm、85.7 mm、83.9 mm 和 53.1 mm)

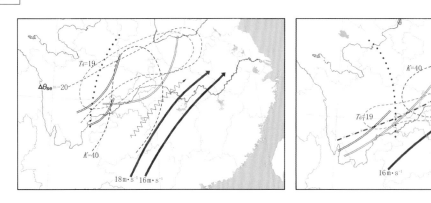

2010 年 8 月 1 日 08 时(左)和 20 时(右)中尺度天气环境条件场分析

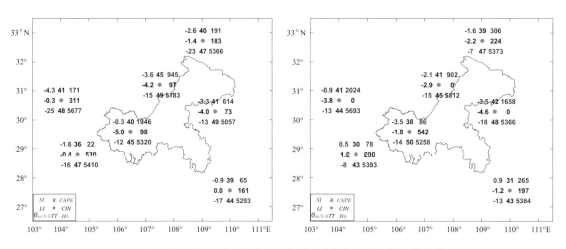

2010 年 8 月 1 日 08 时(左)和 20 时(右)对流参数和特征高度分布

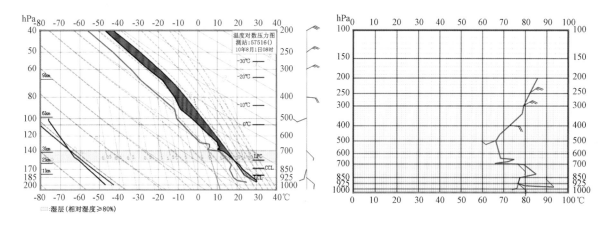

2010 年 8 月 1 日 08 时 57516(沙坪坝)$T\text{-}\ln p$ 图(左)和假相当位温变化图(右)

从沙坪坝探空资料分析,8 月 1 日 08 时的环境条件有利于雷暴大风和短时强降水的发生:1)从近地面到 500 hPa,θ_{se} 下降了 27℃,条件不稳定特征明显;2)从近地面到 850 hPa,温度层结曲线与干绝热线基本平行;3)对流有效位能很强(1946 J/kg);4)LI 指数达 −5.0℃,表明对流层中层,即 LFC(约 772 hPa 或 2.28 km)至 500 hPa(约 5.87 km)存在热力不稳定层结;5)K 指数达 40℃(850 hPa 与 500 hPa 温差为 26℃,850 hPa 的露点为 16℃,700 hPa 的温度露点差为 2℃),表明对流层中下层存在热力不稳定层结。

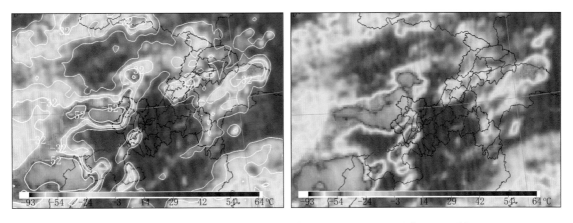

2010 年 8 月 1 日 14:00(左)和 14:30(右) FY2E 卫星 IR1 通道 TBB 云图

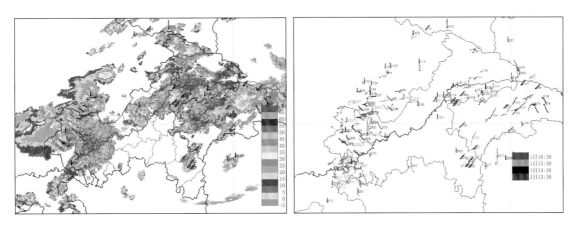

2010 年 8 月 1 日 CR 拼图(左,14:30,重庆、万州和恩施雷达)及回波跟踪(右,13:30—16:30)

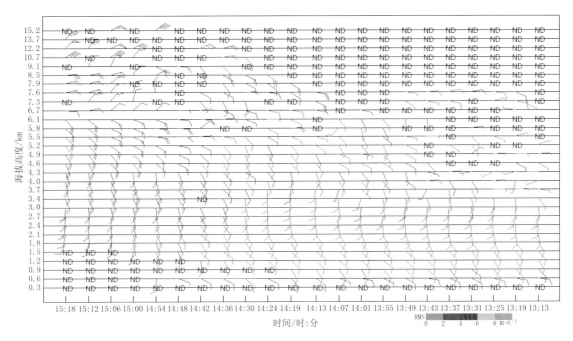

2010 年 8 月 1 日 13:13—15:18 重庆雷达 VWP 演变图

1 日 14:00—14:30,重庆西北部一直位于亮温梯度大值区,在江津北部的晴空区有强对流云团迅速发展。重庆西北部的强对流回波向偏北方向移动,江津北部的回波迅速发展并缓慢北移。重庆雷达 VWP 上以偏南风为主,风垂直切变较弱。

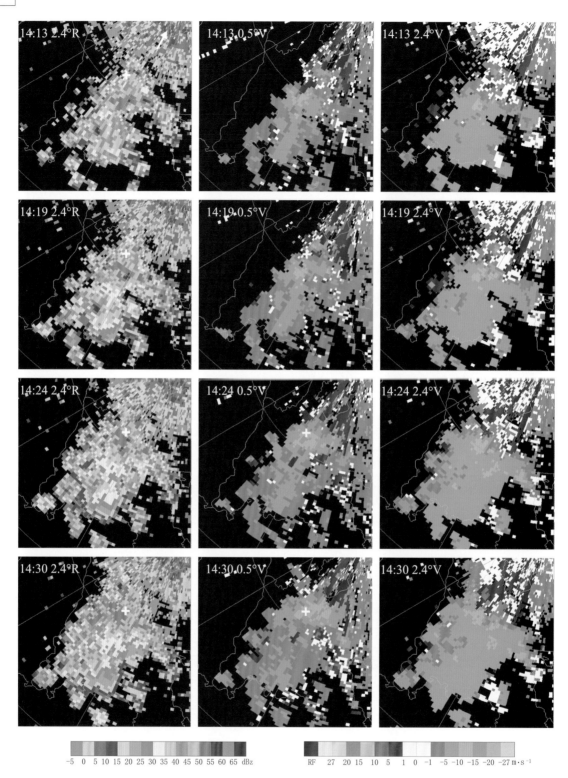

-5 0 5 10 15 20 25 30 35 40 45 50 55 60 65 dBz

RF 27 20 15 10 5 1 0 -1 -5 -10 -15 -20 -27 m·s⁻¹

2010 年 8 月 1 日 14：13—14：30 重庆雷达反射率因子（2.4°仰角）和平均径向速度（0.5°和 2.4°仰角）PPI
（图中白色或紫色"+"为江津龙华位置，白色粗箭头指向雷达，龙华相对于重庆雷达方位 217°，距离 43 km）

    1 日 14：13，江津南面回波呈弓形，回波向东北方向倾斜，在北移的过程中赶上其北面的强对流回波（14：24 左右），龙华位于回波相交处（参考三维视图）。低层有 15 m/s 以上径向速度大值区，后侧入流明显，强对流发展旺盛，45 dBz 回波伸展到 13 km 以上，高层有强辐散。VIL 在 45～50 kg/m²，18 dBz 回波顶高达 17 km 以上，10 min 地闪密度达 40～50 次/78.5 km²。

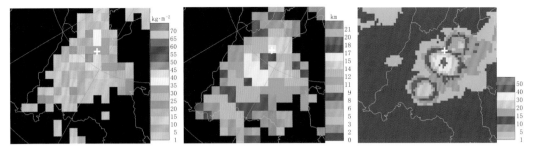

2010 年 8 月 1 日 14:24 重庆雷达 VIL(左)、ET(中)和 14:20—14:30 的地闪密度图(右，单位：次/78.5 km²)

(图中白色"＋"为江津龙华位置)

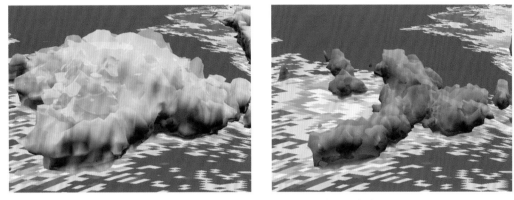

2010 年 8 月 1 日 14:24 重庆雷达得到的江津龙华附近反射率因子三维视图

(左图：外层 18 dBz，内层 40 dBz；右图：外层 40 dBz，内层 50 dBz)

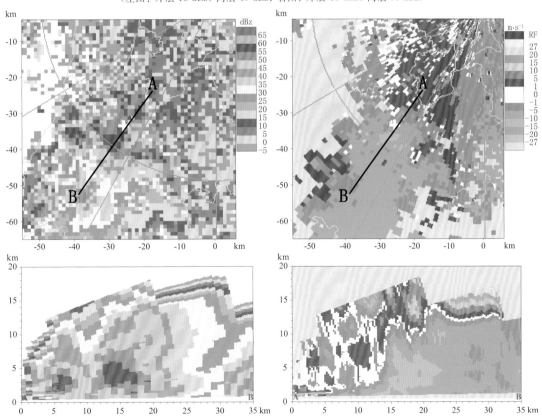

2010 年 8 月 1 日 14:24 重庆雷达组合反射率因子(上左)和 0.5°仰角平均径向速度 PPI(上右)

以及沿 216°径向，距离雷达 31～66 km(A—B)的反射率因子垂直剖面(下左)和平均径向速度垂直剖面(下右)

(图中白色"＋"为江津龙华位置)

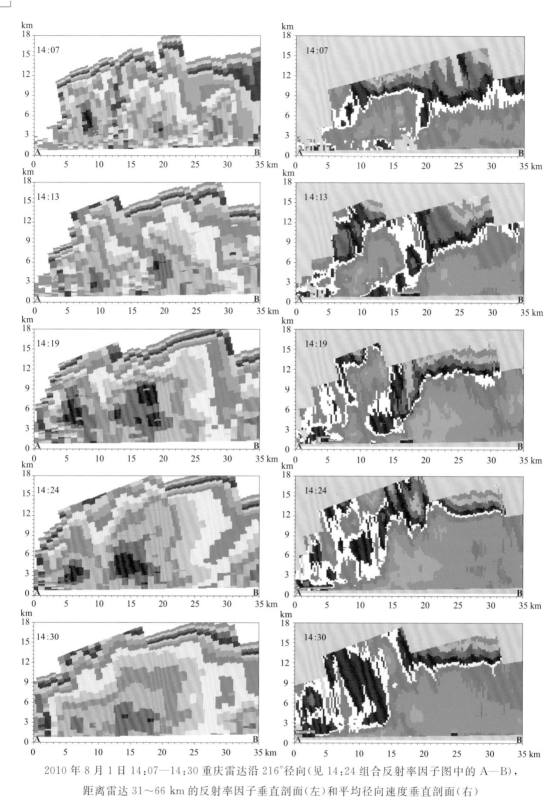

2010 年 8 月 1 日 14：07—14：30 重庆雷达沿 216°径向（见 14：24 组合反射率因子图中的 A—B），
距离雷达 31～66 km 的反射率因子垂直剖面（左）和平均径向速度垂直剖面（右）

从 14：19—14：30 的 11 min 内，高反射率因子核急速下降，低层出现径向速度大值区，在下塌着的反射率因子核顶部出现高层强辐散和中层径向辐合（14：24 的径向速度剖面图上最为明显）。同时可以看到 15 m/s 以上的后侧入流。

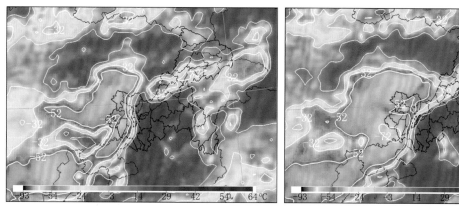

2010年8月1日15时(左)和16时(右) FY2E卫星 IR1 通道 TBB 云图

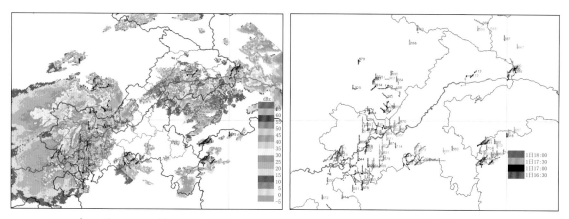

2010年8月1日CR拼图(左，17时，重庆、万州和恩施雷达)及回波跟踪(右，16:30—18:00)

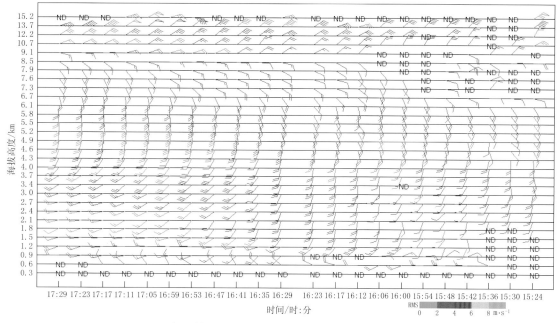

2010年8月1日15:24—17:29重庆雷达 VWP 演变图

　　1日15:00,亮温梯度大值区位于江津、主城(沙坪坝等)、璧山、铜梁、合川一线,到16:00,亮温梯度大值区的北段东移、南段少动,梯度大值区位于江津、主城(渝北等)、长寿、垫江、梁平一线。16:20以后渝北和长寿附近的强回波转为向东北方向移动。重庆雷达 VWP 上,16:29以后低层风随高度逆转,近地面(西北风)到1.2 km(西南风)风切变明显。

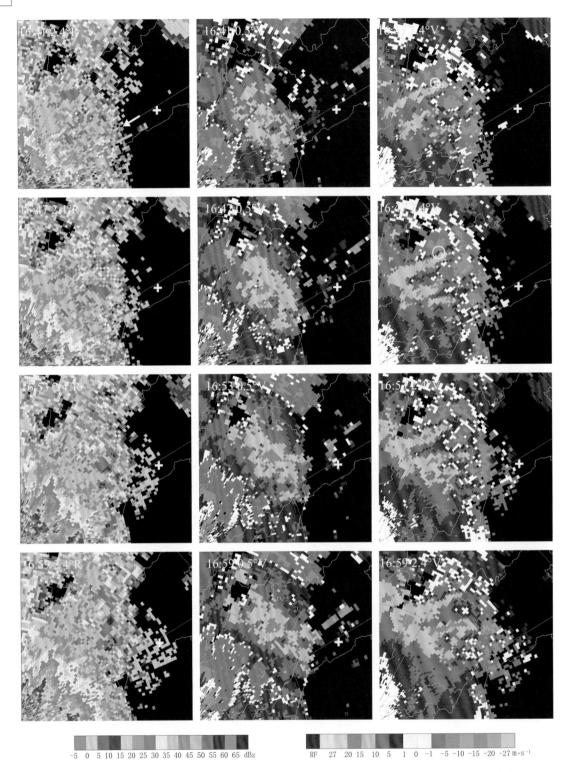

2010 年 8 月 1 日 16:41—16:59 重庆雷达反射率因子(2.4°仰角)和平均径向速度（0.5°和2.4°仰角）PPI
（图中黄色空心圆为中气旋,白色或紫色"＋"为长寿但渡位置,白色粗箭头指向雷达,
但渡相对于重庆雷达方位 61°,距离 72 km）

　　但渡以西的回波移速极为缓慢,其东部反射率因子回波向偏东方向倾斜,回波参差不齐,但梯度很大（参考三维视图）,可能与中气旋的发展和对流旺盛有关。45 dBz 回波伸展到 10 km 以上（通过组合反射率因子强中心的剖面得到,图略）。低层有 20 m/s 以上径向速度大值区,后侧入流明显。VIL 在 40～45 kg/m²,18 dBz 回波顶高达 17 km 以上,10 min 地闪密度为 20～30 次/78.5 km²。

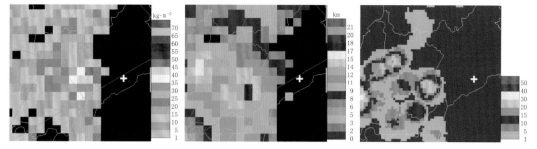

2010 年 8 月 1 日 16:53 重庆雷达 VIL(左)、ET(中)和 16:50—17:00 的地闪密度图(右，单位：次/78.5 km²)

(图中白色"＋"为长寿但渡位置)

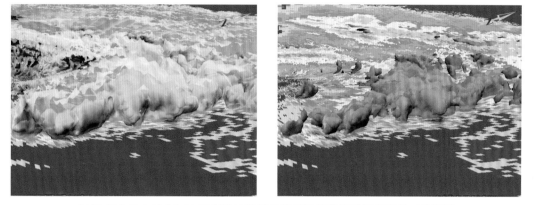

2010 年 8 月 1 日 16:53 重庆雷达得到的长寿但渡附近反射率因子三维视图

(左图：外层 18 dBz，内层 40 dBz；右图：外层 40 dBz，内层 50 dBz)

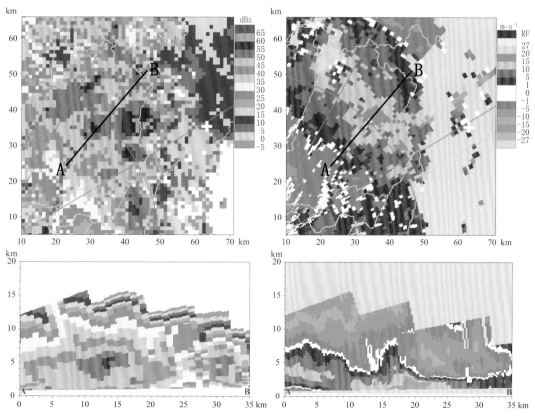

2010 年 8 月 1 日 16:53 重庆雷达组合反射率因子(上左)和 0.5°仰角平均径向速度 PPI(上右)

以及沿 43°径向，距离雷达 33～68 km(A—B)的反射率因子垂直剖面(下左)和平均径向速度垂直剖面(下右)

(图中白色"＋"为长寿但渡位置)

6.4 2011 年 7 月 26 日短时强降水

实况:强对流天气主要发生在东北部和西部,以短时强降水(12 个区县)为主。主要发生时段为 26 日白天到 27 日早晨。最大小时雨量为 94.9mm(26 日 15 时,梁平竹山)。此次过程梁平因灾受伤 1 人。

主要影响系统:500 hPa 低槽,700 hPa 及 850 hPa 切变线。

系统配置及演变:26 日 08 时,青藏高压位于高原东部,逐渐减弱,副高控制华南及华中南部地区,西脊点位于云南东部,500 hPa 低槽及 700 hPa 切变线位于陕甘南部,700 hPa 河套南部有干侵入,地面有弱的辐合线及相应的雷暴区,槽前四川盆地内为暖湿舌控制,K 指数>40℃;26 日 08—20 时,低槽及切变线逐渐东移,影响位于副高北侧、暖湿舌内部的重庆地区,触发强降水天气。

2011 年 7 月 26 日 08 时—27 日 08 时短时强降水分布

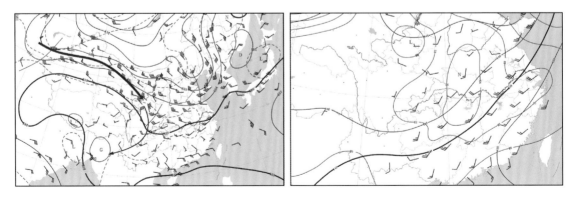

2011 年 7 月 26 日 08 时 500 hPa(左)和 850 hPa(右)天气形势

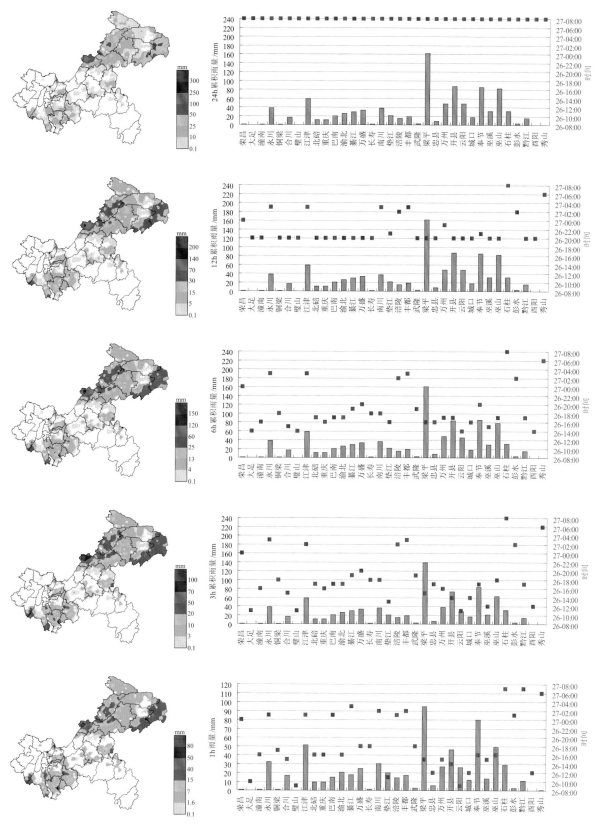

2011 年 7 月 26 日 08 时—27 日 08 时的 24 h、12 h、6 h、3 h 和 1 h 最大降水分布(929 个雨量站)

(其中最大 24 h、12 h、6 h、3 h 和 1 h 累积雨量分别为 161.4 mm、161.4 mm、161.3 mm、138.4 mm 和 94.9 mm)

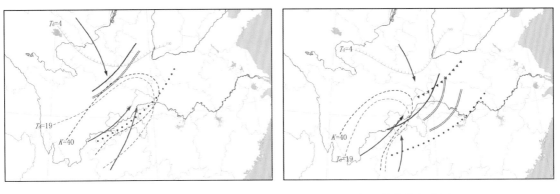

2011 年 7 月 26 日 08 时（左）和 20 时（右）中尺度天气环境条件场分析

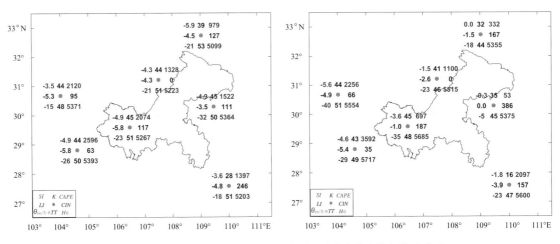

2011 年 7 月 26 日 08 时（左）和 20 时（右）对流参数和特征高度分布

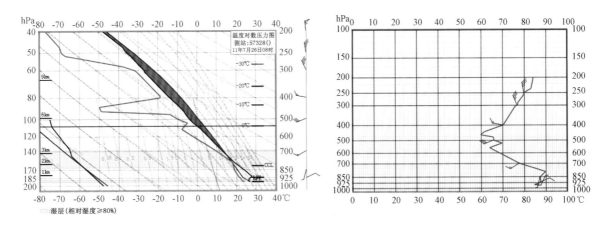

2011 年 7 月 26 日 08 时 57328（达州）T-$\ln p$ 图（左）和假相当位温变化图（右）

从达州探空资料分析，7 月 26 日 08 时的环境条件有利于短时强降水的发生：1）从 790 hPa 到 560 hPa，θ_{se} 下降了 26℃，条件不稳定特征非常明显；2）对流有效位能较强（1328 J/kg）；3）K 指数达 44℃（850 hPa 与 500 hPa 温差为 28℃，850 hPa 的露点为 19℃，700 hPa 的温度露点差为 3℃），表明对流层中下层存在热力不稳定层结；4）925 hPa 的东偏北风（4 m/s）顺转到 500 hPa 的西南偏西风（12 m/s），500 hPa 以上风向仍然顺转；5）400 hPa 到 500 hPa 有明显的干空气层，850 hPa 和 700 hPa 温度（比湿）分别为 24℃（16 g/kg）和 13℃（11 g/kg），温湿层结曲线具有"上干冷、下暖湿"特征。

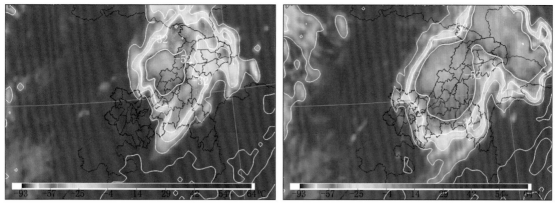

2011 年 7 月 26 日 12 时(左)和 14 时(右) FY2E 卫星 IR1 通道 TBB 云图

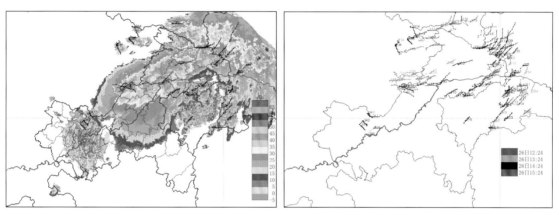

2011 年 7 月 26 日 CR 拼图(左,14:24,重庆、万州和恩施雷达)及回波跟踪(右,12:24—15:24)

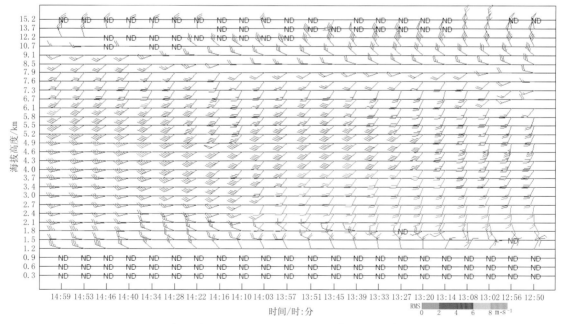

2011 年 7 月 26 日 12:50—14:59 万州雷达 VWP 演变图

  26 日 15:00 前,梁平竹山 3 h 累积雨量达 133.3 mm,逐时雨量为 19.4、19.0 和 94.9 mm(15:00)。12:00 到 15:00,梁平位于卫星云图上的亮温低值中心。长江以北雷达回波主要向偏东或偏南方向移动,长江以南回波主要向东北方向移动。在万州雷达(位于长江以南)VWP 上,低层风随高度逆转,14:10 以后在 3 km 左右为 12 m/s 以上的西南急流,在 4.9 km 左右也有 18 m/s 以上的西偏南急流。

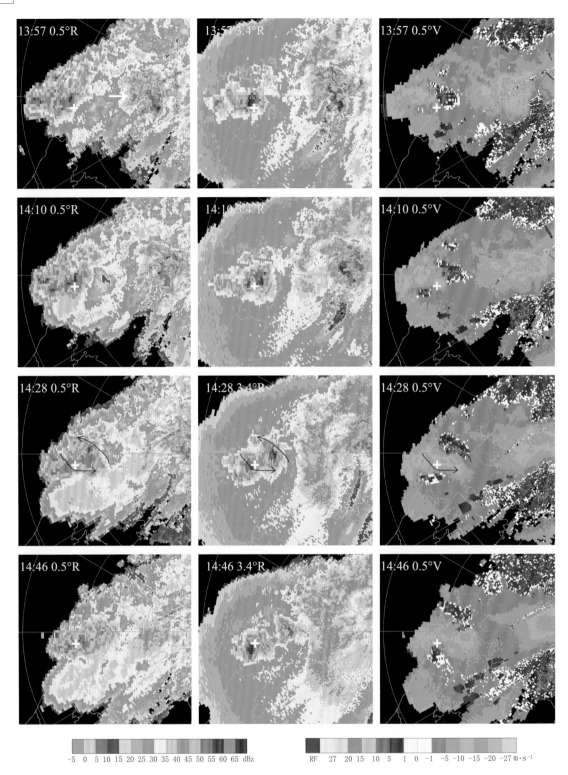

-5 0 5 10 15 20 25 30 35 40 45 50 55 60 65 dBz   RF 27 20 15 10 5 1 0 -1 -5 -10 -15 -20 -27 m·s⁻¹

2011 年 7 月 26 日 13:57—14:46 万州雷达反射率因子(0.5°和 3.4°仰角)和平均径向速度 (0.5°仰角) PPI

(图中黑色箭头表示局地气旋性涡旋,白色"+"为梁平竹山位置,白色粗箭头指向雷达,

竹山相对于万州雷达方位 265°,距离 107 km)

梁平竹山附近强降水回波缓慢向东偏南方向移动。径向速度 PPI 上,竹山附近有局地气旋性涡旋
发展,竹山主要位于涡旋西南部。强对流发展旺盛,45 dBz 的回波伸展到 13 km。VIL 达 60 kg/m² 以
上,18 dBz 回波顶高达 16 km,10 min 地闪密度达 50 次/78.5 km² 以上。

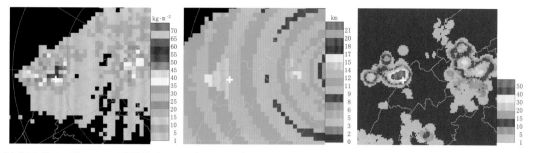

2011 年 7 月 26 日 14:10 万州雷达 VIL(左)、ET(中)和 14:00—14:10 的地闪密度图(右,单位:次/78.5 km²)

(图中白色"＋"为梁平竹山位置)

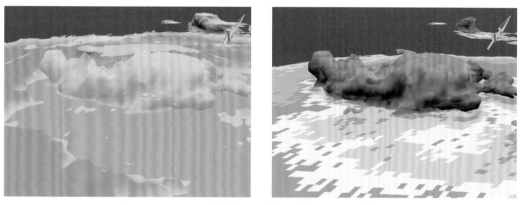

2011 年 7 月 26 日 14:10 万州雷达得到的梁平竹山附近反射率因子三维视图

(左图:外层 18 dBz,内层 40 dBz;右图:外层 40 dBz,内层 50 dBz)

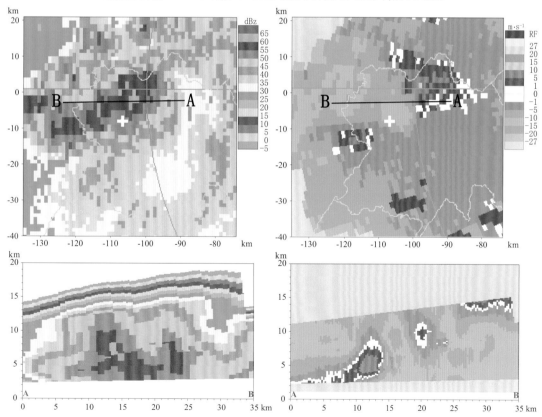

2011 年 7 月 26 日 14:10 万州雷达组合反射率因子(上左)和 0.5°仰角平均径向速度 PPI(上右)

以及沿 268°径向,距离雷达 89~124 km(A—B)的反射率因子垂直剖面(下左)和平均径向速度垂直剖面(下右)

(图中白色"＋"为梁平竹山位置)

6.5 2014年8月10日短时强降水

实况:强对流天气主要发生在重庆长江沿线及以北地区,以及中西部偏南的部分地区,以短时强降水(14个区县)为主。主要发生时段为9日夜间到10日早晨。最大小时雨量为56.7mm(10日07时,梁平堰坪)。此次过程全市因灾死亡8人,失踪3人,受伤4人。

主要影响系统:500 hPa低槽,700 hPa及850 hPa低涡。

系统配置及演变:9日20时—10日08时,副高西侧不断有低槽东移北收,盆地东部达州附近有低空低涡生成并维持,低涡前部维持较为显著的西南暖湿气流,暖湿舌控制重庆大部地区,低涡北部有干侵入。在西南涡的持续影响、充足的温湿环境和干侵入的共同作用下,重庆地区出现强降水。

2014年8月09日20时—10日20时短时强降水分布

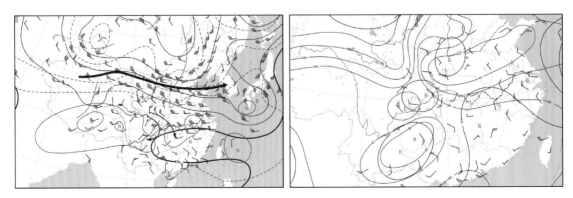

2014年8月9日20时500 hPa(左)和850 hPa(右)天气形势

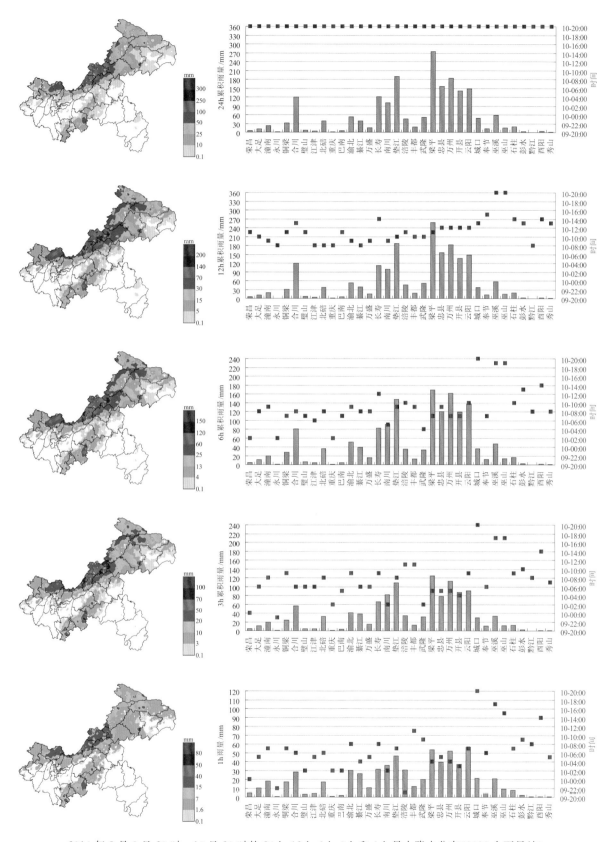

2014 年 8 月 9 日 20 时—10 日 20 时的 24 h、12 h、6 h、3 h 和 1 h 最大降水分布(1986 个雨量站)

(其中最大 24 h、12 h、6 h、3 h 和 1 h 累积雨量分别为 275.2 mm、258.3 mm、169.0 mm、124.2 mm 和 56.7 mm)

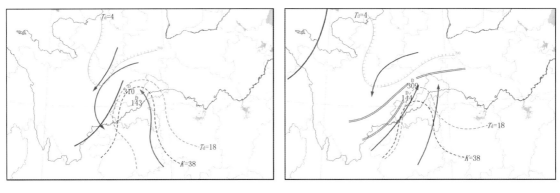

2014 年 8 月 9 日 20 时(左)和 10 日 08 时(右)中尺度天气环境条件场分析

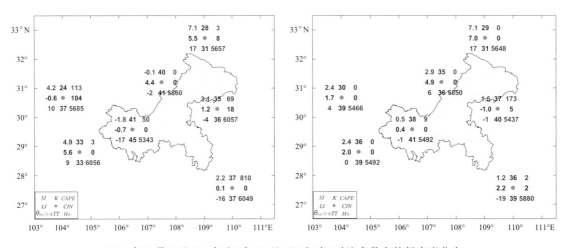

2014 年 8 月 9 日 20 时(左)和 10 日 08 时(右)对流参数和特征高度分布

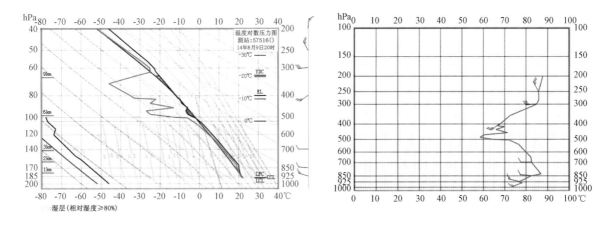

2014 年 8 月 9 日 20 时 57516(沙坪坝)T-ln p 图(左)和假相当位温变化图(右)

从沙坪坝探空资料分析,8 月 9 日 20 时的环境条件有利于短时强降水的发生:1)湿层深厚,从近地面一直伸展到 540 hPa 左右,850 hPa 比湿达 16 g/kg;2)从 850 hPa 到 500 hPa,θ_{se} 下降了 17℃,条件不稳定特征明显;3)K 指数达 41℃(850 hPa 与 500 hPa 温差为 23℃,850 hPa 的露点为 19℃,700 hPa 的温度露点差为 1℃),表明对流层中下层存在热力不稳定层结;4)垂直风切变较弱;5)300 hPa 到 500 hPa 有明显的干空气层,温湿层结曲线"上干冷、下暖湿"特征明显。

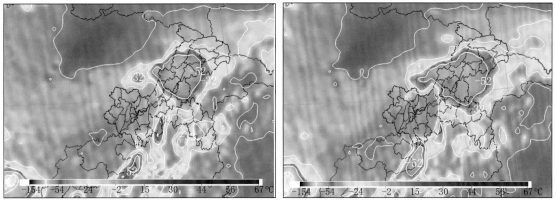

2014 年 8 月 10 日 01:30(左)和 02:30(右)FY2F 卫星 IR1 通道 TBB 云图

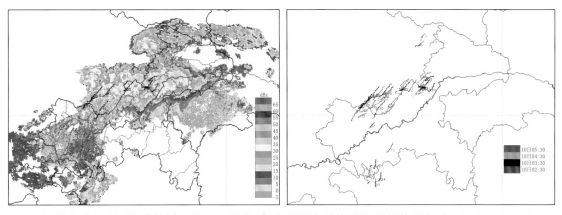

2014 年 8 月 10 日 CR 拼图(左,03:30,重庆、永川、万州和恩施雷达)及回波跟踪(右,02:30—05:30)

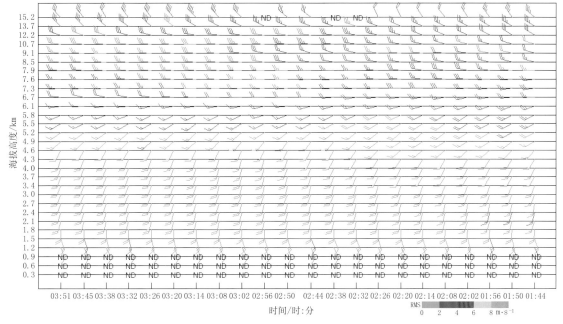

2014 年 8 月 10 日 01:44—03:51 万州雷达 VWP 演变图

　　10 日 05:00 前,梁平三合 3 h 累积雨量达 124.2 mm,逐时雨量为 29.3、53.7(04:00)和 41.2 mm。00:30 到 04:30,梁平位于卫星云图上的亮温低值中心附近,强对流云团逐渐发展,范围向南扩大。雷达回波整体呈准静止,不断有新的单体在四川广安和重庆垫江北部、忠县北部等地新生并向东北方向移动。万州雷达 VWP 上,风随高度顺转,风速切变较弱。

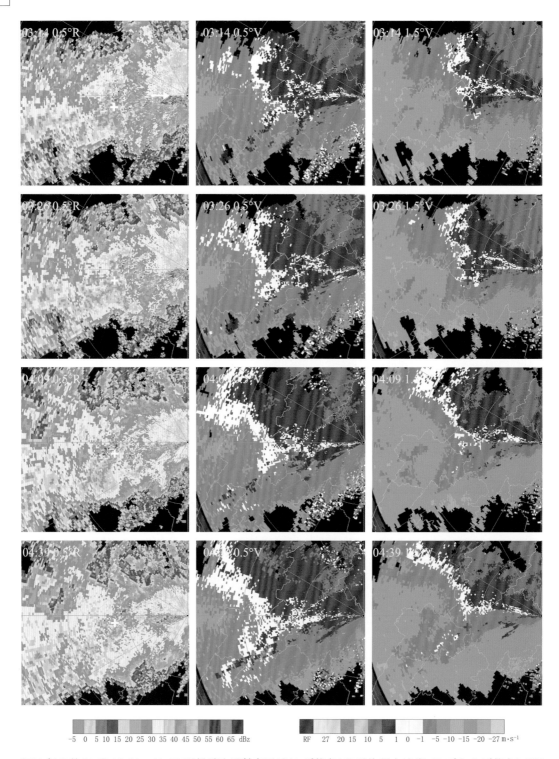

-5 0 5 10 15 20 25 30 35 40 45 50 55 60 65 dBz

RF 27 20 15 10 5   1   0 -1 -5 -10 -15 -20 -27 m·s⁻¹

2014 年 8 月 10 日 03:14—04:39 万州雷达反射率因子(0.5°仰角)和平均径向速度（0.5°和 1.5°仰角）PPI
（图中白色或紫色"+"为梁平三合位置，白色粗箭头指向雷达，三合相对于万州雷达方位 261°，距离 61 km）

　　从反射率因子动画可以看到，强降水回波包裹在大片的层状降水回波中向东偏北方向移动，三合以
西不断有降水回波东移，列车效应使得 3 h 累积雨量较大。08:00 达州探空显示零度层高度达 5.85 km，
45 dBz 的回波大多位于零度层以下，具有低回波质心特征。在低层径向速度 PPI 上三合附近有低层辐
合。VIL 在 15 kg/m² 左右；18 dBz 回波顶高在 13 km 左右；10 min 地闪密度在 1～5 次/78.5 km²。

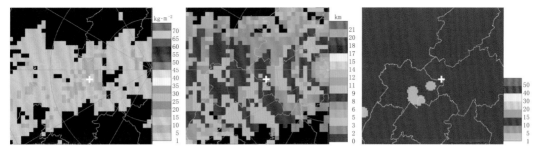

2014 年 8 月 10 日 03:26 万州雷达 VIL(左)、ET(中)和 03:20—03:30 的地闪密度图(右，单位：次/78.5 km²)

(图中白色"＋"为梁平三合位置)

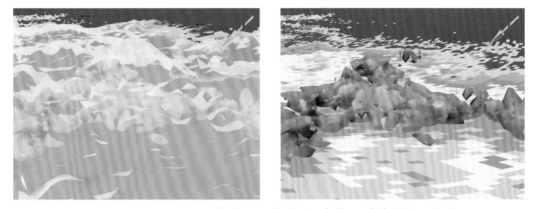

2014 年 8 月 10 日 03:26 万州雷达得到的梁平三合附近反射率因子三维视图

(左图：外层 18 dBz，内层 40 dBz；右图：外层 40 dBz，内层 45 dBz)

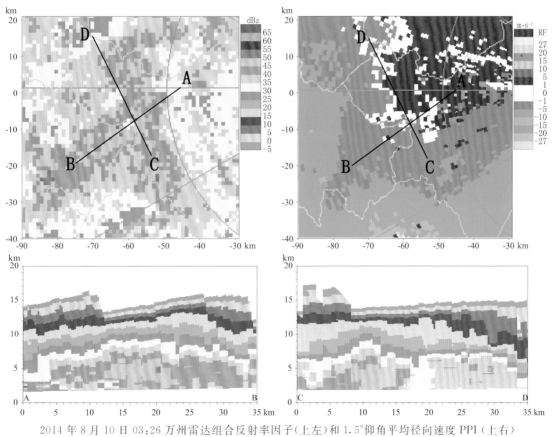

2014 年 8 月 10 日 03:26 万州雷达组合反射率因子(上左)和 1.5°仰角平均径向速度 PPI(上右)

以及沿图中 A—B(下左)和 C—D(下右)的反射率因子垂直剖面

(图中白色"＋"为梁平三合位置)

参 考 文 献

(英)M.J.巴德，G.S.福布斯，J.R.格兰特，等编；卢乃锰，冉茂农，刘健，等译；许健民，方宗义校译.1998.卫星与雷达图象在天气预报中的应用.北京：科学出版社，392.

陈渭民.2005.卫星气象学(第二版).北京：气象出版社，535.

重庆市气象局(李晶，刘婷婷，闵凡花，等编).2013.重庆市气象灾害年鉴(2006—2010).北京：气象出版社，99.

重庆市气象志编纂委员会.2007.重庆市志·气象志(1891—2005).重庆：西南师范大学出版社，548.

刘德，张亚萍，陈贵川，等.2012.重庆市天气预报技术手册.北京：气象出版社，389.

马力，王涛，张庆鸿，等.2008.中国气象灾害大典·重庆卷.北京：气象出版社，382.

孙继松，戴建华，何立富，等.2014.强对流天气预报的基本原理与技术方法——中国强对流天气预报手册.北京：气象出版社，282.

孙继松，陶祖钰.2012.强对流天气分析与预报中的若干基本问题.气象，**38**(2)：164-173.

俞小鼎，姚秀萍，熊廷南，等.2006.多普勒天气雷达原理与业务应用.北京：气象出版社，314.

俞小鼎，周小刚，王秀明.2012.雷暴与强对流临近天气预报技术进展.气象学报，**70**(3)：311-337.

张培昌，杜秉玉，戴铁丕.2001.雷达气象学.北京：气象出版社，511.

中国气象局.2003.地面气象观测规范.北京：气象出版社，151.

中国人民解放军总参谋部气象局(胡明宝，高太长，汤达章编).2000.多普勒天气雷达资料分析与应用.北京：解放军出版社，232.

朱乾根，林锦瑞，寿绍文，等.2007.天气学原理和方法(第四版).北京：气象出版社，649.

Brandes E，Ziegler C.1993.Mesoscale downdraft influences on vertical vorticity in a mature mesoscale convective system. *Mon. Wea. Rev.*，121，1337-1353.

Crisp，C A.1979.Training guide for severe weather forecasters. Air Weather Service Tech. Note 79/002. Air Force Global Weather Central，Offutt Air Force Base，NE.73 Pages.

Doswell，C A，III.1982.The operational meteorology of convective weather. Volume I：Operational Mesoanalysis. NOAA TECHNICAL MEMORANDUM NWS NSSFC—5. NTIS Accession No. PB83—162321.102 Pages.

Miller，R C.1972.Notes on the analysis and severe—storm forecasting procedures of the Air Force Global Weather Central. Air Weather Service Tech. Rept. 200 (Rev.)，Air Weather Service，Scott Air Force Base，IL.190 Pages.

附录　图集制作说明及图例

1　天气实况图

　　24 h 大风、冰雹和短时强降水分布图以重庆市辖区的区县和主要河流分布为底图。为了绘制清晰的图象，没有叠加地形，附图 1 的重庆市及周边地形分布图可供参考。

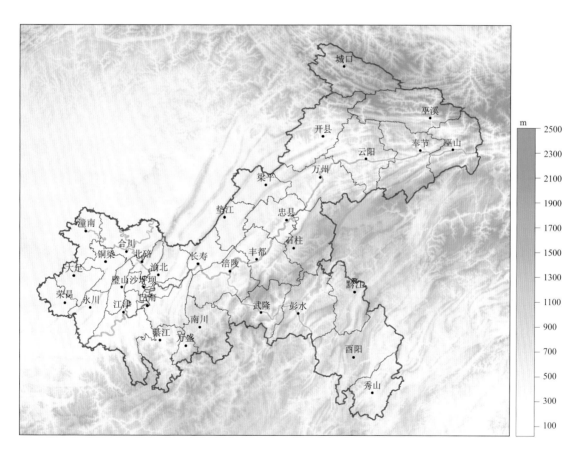

附图 1　重庆市及周边地形分布图

附图 2　大风、冰雹和短时强降水分布图例

白天(08:00—20:00)和夜间(20:00—08:00)的强对流天气用不同颜色表示。附图 2 为大风、冰雹和短时强降水分布图的图例。

2007 年以前的个例只采用区县气象站所在地的观测值,各测站 24 h 内的最大小时雨量用柱状图显示在左上角,左边坐标为雨量测值(与柱状图对应),右边坐标为该测值相应的时间(与红色实心方块对应)。横坐标中的"重庆"指沙坪坝站。对有观测时间记录的大风增加时间标注。

2007 年以后(含 2007 年)的个例采用了所有自动气象站的资料,大风只有发生在区县气象站所在地或者区县灾情直报中有报告时标出。分布图左上角给出极大风速时间和相应的小时雨量,右下角给出有短时强降水发生区县的最大小时雨量和发生时间。如果降水范围较大,还给出了 24 h 内的 24 h、12 h、6 h、3 h 和 1 h 最大降水分布,左边一列为雨量分布坐标,右边一列为最大累积雨量发生时间坐标。雨量测值的质量控制只针对各区县的最大小时雨量,主要采用与雷达回波进行比较并结合周边降水情况进行人工判断的方法。横坐标中的"重庆"指沙坪坝区以及主城没有气象机构的 4 个区。

2 天气形势图、中尺度天气环境场分析图

利用气象信息综合分析处理系统 MICAPS 3.1(Meteorological Information Comprehensive Analysis and Process System)制作。选取强对流天气发生前最近时刻及下一时刻的 MICAPS 高空及地面等资料。首先制作第一个时刻的 500 hPa 和 850 hPa 天气形势图,其中 500 hPa 形势图上叠加了 200 hPa 急流或显著流线。然后寻找对发生在重庆市辖区内强对流天气有影响的大尺度及中尺度天气系统,根据天气系统的演变规律及影响机理有选择地分别绘制两个时刻的中尺度环境条件场分析图,力求清晰简洁地表达强对流天气发生前后的天气系统配置及温湿条件。中尺度天气环境条件场分析图例见附图 3,只在概念模型图中标注强对流天气区。

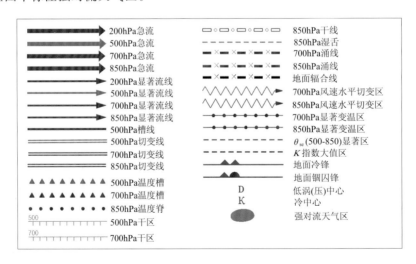

附图 3　中尺度天气环境条件场分析图例

对一些概念补充解释如下:

(1)干区:天气图上湿度显著低的区域。700 hPa 天气图上分析夏季 $T_d \leqslant 4℃$ 的区域及其他季节 $T_d \leqslant 0℃$ 的区域,500 hPa 天气图上分析 $(T-T_d) \geqslant 15℃$ 的区域。

(2)涌线:对流层低层的同方向上的风速辐合线,即气流从强风区进入弱风区,强风区前沿风速的不连续线。

(3)风速水平切变区:对流层低层偏南气流左侧出现同向风速急速减小的区域。

(4)湿区:天气图上湿度显著高的区域。850 hPa 天气图上分析 T_d 的大值区,分析数值随季节的变

化较大，一般 10～19℃之间。

(5)θ_{se}(500－850)：为 500 hPa 与 850 hPa 的假相当位温差，分析图中用 $\Delta\theta_{se}$ 表示。

(6)低空急流：在 700 hPa 或 850 hPa 天气图上连续两站水平风速≥12m/s 的区域分析低空急流带。

(7)低压：在 500 hPa、700 hPa、850 hPa 上分析低压中心，并在下方标明低压中心的位势高度值（单位：dagpm）。

3 对流参数和特征高度分布图

选取四川温江（站号 56187，2003 年及以前为成都，站号 56294）、四川宜宾（站号 56492）、四川达州（站号 57328）、重庆沙坪坝（站号 57516，1986 年及以前为陈家坪，站号 57515）、陕西安康（站号 57245）、湖北恩施（站号 57447）和湖南怀化（站号 57749）共 7 个探空站的资料，制作对流参数和特征高度分布填图，图例位于每个图的左下角，其中 SI 为沙氏指数（单位℃），K 为 K 指数（单位℃），$CAPE$ 为对流有效位能（单位 J/kg），LI 为抬升指数（单位℃），CIN 为对流抑制能（单位 J/kg），θ_{se}/5－8 为 500 hPa 与 850 hPa 的假相当位温差（单位℃），TT 为总指数（单位℃），H_0 为零度层高度（单位 m）。

4 T-$\ln p$ 图和假相当位温变化图

利用 MICAPS3.2 制作。对探空资料的分析中，LFC(Level of Free Convection)为自由对流高度。

5 卫星云图

利用 MICAPS3.1 制作，图中对－32℃、－52℃和－72℃亮温等值线进行标注，等值线间隔 20℃。

6 CR 拼图及回波跟踪图

利用灾害性短时临近预报预警业务系统 SWAN 1.0(Severe Weather Automatic Nowcast system)制作。CR 为天气雷达组合反射率因子(Composite Reflectivity)，回波跟踪为 SWAN 提供的 SCIT(风暴单体识别和跟踪，Storm Cell Identification and Tracking)产品。个别个例用到回波运动场估测产品，即 COTREC 产品(COTREC 为 TREC 矢量的连续性技术，即 Continuity of TREC vectors，其中 TREC 为利用相关技术进行雷达回波跟踪，即 Tracking Radar Echo by Correlation)。

7 雷达 VWP 演变图

通过读取天气雷达的主用户终端子系统 PUP(Principal User Processor)的 VWP(垂直风廓线，Vertical Wind Profile)产品进行重新编程和制图，将时间坐标改为从右到左显示。

8 雷达 PPI 图

利用 PUP 软件制作。PPI 指平面位置显示(Plan Position Indicator)。

9 雷达 VIL 和 ET 图

利用 PUP 软件制作。VIL 为垂直积分液态含水量(Vertical Integrated Liquid water),ET 为回波顶高(Echo Top)。

10 地闪密度图

利用 ADTD(Advanced Direction Time of arrival Detection)地闪数据,计算每个 1 km 分辨率格点上、半径 5 km 范围内的 10 min 地闪密度并制图,单位为次/78.5 km^2。

11 雷达反射率因子三维视图

利用重庆市气象台与天津悦盛公司共同开发的软件制作,图中标有"N"的箭头指向正北。

12 雷达回波垂直剖面图

利用武汉暴雨研究所肖艳姣博士开发的软件制作,对应的组合反射率因子和径向速度 PPI 图利用 PUP 软件制作。